高等学校土木工程学科专业指导委员会规划教材

（按高等学校土木工程本科指导性专业规范编写）

建筑结构抗震设计

（建筑工程专业方向适用）

李宏男　主编
霍林生　副主编
林　皋　主审

车　轶　国　巍　翟长海　参编
李　爽　李　宁

中国建筑工业出版社

图书在版编目（CIP）数据

建筑结构抗震设计/李宏男主编. —北京：中国建筑
工业出版社，2015.1
高等学校土木工程学科专业指导委员会规划教材（按
高等学校土木工程本科指导性专业规范编写）.（建筑工
程专业方向适用）
ISBN 978-7-112-17677-9

Ⅰ.①建…　Ⅱ.①李…　Ⅲ.①建筑结构-抗震结构-
防震设计-高等学校-教材　Ⅳ.①TU973

中国版本图书馆 CIP 数据核字（2015）第 015894 号

本书按照高等学校土木工程学科专业指导委员会最新编制的《高等学校土木工程本科指导
性专业规范》编写。本书主要论述了建筑结构抗震设计的基本原理和方法，内容包括：地震概
论及抗震设计的基本原则，场地、地基和基础，地震作用的计算方法和结构抗震验算方法，常
见房屋的抗震计算和构造措施，并介绍了结构振动控制的概念和方法。
　　为便于读者学习和应用，书中还附有大量例题、思考题和习题。
　　本书可作为大专院校土建类相关专业的教学用书，也可作为结构设计、科研和施工技术人
员的参考书。

＊　　＊　　＊

责任编辑：王　跃　吉万旺
责任设计：陈　旭
责任校对：李美娜　关　健

高等学校土木工程学科专业指导委员会规划教材
（按高等学校土木工程本科指导性专业规范编写）

建筑结构抗震设计
（建筑工程专业方向适用）

李宏男　主编
霍林生　副主编
林　皋　主审
车　轶　国　巍　翟长海　参编
李　爽　李　宁

＊

中国建筑工业出版社出版、发行（北京西郊百万庄）
各地新华书店、建筑书店经销
北京科地亚盟排版公司制版
北京君升印刷有限公司印刷

＊

开本：787×1092 毫米　1/16　印张：19¾　字数：415 千字
2015 年 4 月第一版　　2018 年 9 月第二次印刷
定价：**38.00 元**
ISBN 978-7-112-17677-9
（26977）

本系列教材编审委员会名单

主　　　任： 李国强

常务副主任： 何若全　沈元勤　高延伟

副　主　任： 叶列平　郑健龙　高　波　魏庆朝　咸大庆

委　　　员：（按拼音排序）

陈昌富　陈德伟　丁南宏　高　辉　高　亮　桂　岚
何　川　黄晓明　金伟良　李　诚　李传习　李宏男
李建峰　刘建坤　刘泉声　刘伟军　罗晓辉　沈明荣
宋玉香　王　跃　王连俊　武　贵　肖　宏　许　明
许建聪　徐　蓉　徐秀丽　杨伟军　易思蓉　于安林
岳祖润　赵宪忠

组 织 单 位： 高等学校土木工程学科专业指导委员会
中国建筑工业出版社

出 版 说 明

近年来，高等学校土木工程学科专业教学指导委员会根据其研究、指导、咨询、服务的宗旨，在全国开展了土木工程学科教育教学情况的调研。结果显示，全国土木工程教育情况在 2000 年以后发生了很大变化，主要表现在：一是教学规模不断扩大，据统计，目前我国有超过 400 余所院校开设了土木工程专业，有一半以上是 2000 年以后才开设此专业的，大众化教育面临许多新的形势和任务；二是学生的就业岗位发生了很大变化，土木工程专业本科毕业生中 90% 以上在施工、监理、管理等部门就业，在高等院校、研究设计单位工作的本科生越来越少；三是由于用人单位性质不同、规模不同、毕业生岗位不同，多样化人才的需求愈加明显。土木工程专业教指委根据教育部印发的《高等学校理工科本科指导性专业规范研制要求》，在住房和城乡建设部的统一部署下，开展了专业规范的研制工作，并于 2011 年由中国建筑工业出版社正式出版了土建学科各专业第一本专业规范——《高等学校土木工程本科指导性专业规范》。为紧密结合此次专业规范的实施，土木工程教指委组织全国优秀作者按照专业规范编写了《高等学校土木工程学科专业指导委员会规划教材（专业基础课）》。本套专业基础课教材共 20 本，已于 2012 年底前全部出版。教材的内容满足了建筑工程、道路与桥梁工程、地下工程和铁道工程四个主要专业方向核心知识（专业基础必需知识）的基本需求，为后续专业方向的知识扩展奠定了一个很好的基础。

为更好地宣传、贯彻专业规范精神，土木工程教指委组织专家于 2012 年在全国二十多个省、市开展了专业规范宣讲活动，并组织开展了按照专业规范编写《高等学校土木工程学科专业指导委员会规划教材（专业课）》的工作。教指委安排了叶列平、郑健龙、高波和魏庆朝四位委员分别担任建筑工程、道路与桥梁工程、地下工程和铁道工程四个专业方向教材编写的牵头人。于 2012 年 12 月在长沙理工大学召开了本套教材的编写工作会议。会议对主编提交的编写大纲进行了充分的讨论，为与先期出版的专业基础课教材更好地衔接，要求每本教材主编充分了解前期已经出版的 20 种专业基础课教材的主要内容和特色，与之合理衔接与配套、共同反映专业规范的内涵和实质。此次共规划了四个专业方向 29 种专业课教材。为保证教材质量，系列教材编审委员会邀请了相关领域专家对每本教材进行审稿。

本系列规划教材贯彻了专业规范的有关要求，对土木工程专业教学的改革和实践具有较强的指导性。在本系列规划教材的编写过程中得到了住房和城乡建设部人事司及主编所在学校和单位的大力支持，在此一并表示感谢。希望使用本系列规划教材的广大读者提出宝贵意见和建议，以便我们在重印再版时得以改进和完善。

高等学校土木工程学科专业指导委员会
中国建筑工业出版社
2014 年 4 月

前　言

我国是一个地震多发的国家，而地震中建筑物的倒塌和破坏是造成人员伤亡和经济损失的主要原因，因此建筑结构的抗震是结构设计的主要内容。自 1976 年唐山大地震以后，结构的抗震问题在我国得到普遍重视，高等学校的土木工程专业相继开设了结构抗震设计课程，我国的《建筑抗震设计规范》也先后经历了多次修订。现行的《建筑抗震设计规范》GB 50011—2010 是在以往抗震设计规范的基础上，吸取了 2008 年汶川地震震害的经验教训，并采纳了地震工程的最新科研成果编制而成。

本书紧密结合现行的《建筑抗震设计规范》GB 50011—2010，主要阐述建筑结构抗震设计的原理与方法，同时也介绍了结构减振控制的研究进展，目的在于使学生掌握结构抗震的基本理论和设计方法，能够按照规范进行结构的抗震设计，并对抗震技术发展的前沿领域有所了解。

全书共分为 8 章，第 1 章由李宏男（大连理工大学）负责编写，第 2 章由翟长海和李爽（哈尔滨工业大学）负责编写，第 3 章由李宁（天津大学）负责编写，第 4 章由霍林生和李宏男（大连理工大学）负责编写，第 5 章由车轶（大连理工大学）负责编写，第 6 章由霍林生（大连理工大学）负责编写，第 7 章由国巍（中南大学）负责编写，第 8 章由霍林生和李宏男（大连理工大学）负责编写。大连理工大学林皋院士对本书进行了审阅。

本书的编写，引用了一些公开出版和发表的文献，谨向这些作者一并表示谢意。由于作者水平所限，书中必有疏漏及错误之处，敬请读者批评指正。

为配合本书的使用和相关课程的教学，开设微信服务平台，可以在微信公众号中搜索"建筑结构抗震"或扫描下面的二维码图片加入。如果大家在使用本书过程中有任何疑问，欢迎通过微信平台讨论。

目　录

第1章
地震概论及抗震设计的基本原则

本章知识点

【知识点】地震产生的机理，与工程抗震有关的术语，工程抗震设防标准，工程抗震设计的方法，工程抗震设计的总体原则。

【重　点】掌握工程抗震有关的基本理论和术语，区分地震震级和地震烈度，理解三水准抗震设防要求和两阶段设计的理论，把握抗震概念设计的思想。

【难　点】震级与烈度的区别，三水准设防目标及两阶段设计理论含义。

1.1　地震成因

1.1.1　地球内部构造

地球是一个一端微扁的球体，平均半径 6400km。研究表明，地球从地表至核心由三种性质不同的物质构成：最外层是很薄的地壳，平均厚度约为 30km；中间一层是地幔，厚度约为 2900km；最里面部分叫地核，半径约为 3500km（图 1-1）。

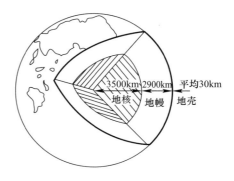

图 1-1　地球的构造

1. 地壳

地壳由各种不均匀的岩石组成。地表覆盖一层薄薄的沉积岩、风化土以及疏松沉积物等。陆地下面的地壳上部主要是花岗岩层，下部主要为玄武岩层；海洋下面的地壳性质较单一，一般只有玄武岩层。地壳厚度变化很大，在海洋下面，一般仅有几千米；而在大陆下面，平均厚度为 30～40km。世界上绝大部分地震都发生在地壳内。

2. 地幔

地幔主要由质地坚硬、密度较大的黑色橄榄岩组成。据推测，它占地球全部体积的 5/6。从地下 20～700km，其温度由约为 600℃上升到 2000℃。在这一范围内，存在一个厚几百千米的软流层。由于温度分布不均匀，发生了地幔内部物质的对流；此外，地球内部的压力也是不均匀的。因此，地幔内部物质在这样的热状态和不均衡压力作用下缓慢地运动着，这可能是地壳运动的根源。到目前为止，所观测到的最深地震发生在地下约 700km 处，可见地震仅发生在地壳内和地幔上部。

3. 地核

地核可分为外核与内核，其主要构成物质是镍和铁。据推测，外核可能处于液态，厚度约为 2100km；内核可能处于固态，半径约为 1400km。

1.1.2　地震类型

地震是由于某种原因引起的地面强烈振动，属于一种自然现象。按其成因，地震可以分为以下三种主要类型：

1. 火山地震

由于火山爆发，地下岩浆猛烈冲击地面时引起的地面振动，称为火山地震。由于这种地震释放能量小，相对来说影响范围和造成的破坏程度均比较小。

2. 塌陷地震

由于地表或地下岩层因某种原因突然造成大规模陷落和崩塌时引起的地面振动，称为塌陷地震，如石灰岩地区较大的地下溶洞的塌陷或古旧矿坑的塌陷等。此类地震不仅能量小，数量也少。我国 40 余年来发生的多次大地震中，仅 1954 年和 1965 年四川自贡发生的两次地震，属塌陷地震，震源极浅，波及范围很小。

3. 构造地震

由于地壳运动产生的自然力推挤地壳岩层，使其薄弱部位突然发生断裂错动，这种在构造变动中引起的地震称为构造地震。此类地震破坏性大、发生频繁、影响面广，占破坏性地震总量的 95% 以上。因此，在建筑抗震设计中，仅讨论构造地震作用下建筑的设防问题。构造地震，简称地震。

1.1.3　地震成因

地球内部总是在不停地运动着，在它的运动过程中，始终存在着巨大的能量，地壳中的岩层在这些能量引发的巨大的力的作用下，使处在原始水平状态的岩层发生变形（图 1-2a）。当作用力仅能使岩层产生弯曲变形而没有丧失其连续性时，岩层只产生褶皱；但当作用力超过岩层所能承受的程度时，岩层产生断裂和错动。在这种地壳岩层构造状态的变化过程中，岩层处在复杂的地应力作用状态之下。随着地壳运动的不断变化，地应力的作用超过某处岩层的强度极限时，岩层就会发生突然的断裂和错动，从而引起振动，并以弹性波的形式传到地面，形成了地震。由于岩层的破裂往往是由一系列裂缝组成的破碎地带，整个破碎地带的岩层不可能同时达到平衡，因此，在一次强烈地震（主震）之后，岩层的变形还将继续进行调整，进而形成一系列余震。

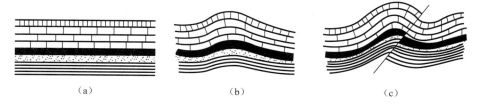

图 1-2　构造变动与地震形成示意图

（a）岩层原始状态；（b）受力后发生褶皱变形；（c）引起岩层断裂产生振动

1.2　地震名词解释

1.2.1　震源

地壳深处岩层发生断裂、错动的地方称为震源。震源至地面的距离称为震源深度，如图 1-3 所示。震源深度小于 70km 的地震称为浅源地震；70～700km 的地震称为中源地震；大于 700km 的地震称为深源地震。世界上绝大多数破坏性地震都属于浅源地震，一般深度为 5～40km。

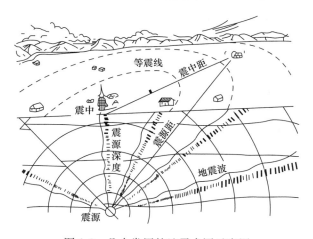

图 1-3　几个常用的地震术语示意图

1.2.2　震中

震源在地表面上的垂直投影点，称为震中。震中周围地区称为震中区。地震灾害最严重的地区，称为极震区。一般情况下，极震区与震中区大体上是一致的。

1.2.3　震级

震级是表示地震本身大小的一种度量，其数值是根据地震仪记录到的地震波来确定的。目前，世界上比较通用的是里氏震级。其最初定义为里克特（Richter）于 1935 年提出的，即：震级大小是指用标准地震仪（指周期为 0.8s，阻尼为 0.8，放大倍数为 2800 的地震仪）在距震中 100km 处记录的以微米（$1\mu m = 10^{-3} mm$）为单位的最大水平地面位移 A 的常用对数：

$$M = \log A \tag{1-1}$$

式中　M——地震震级（里氏震级）；

$\quad\quad A$——地震时程曲线图上的最大振幅（μm）。

实际上，地震时距震中 100km 处不一定恰好有地震仪，且现今一般都不用上述标准地震仪。因此，对于震中距不是 100km 的地震台站和采用非标准地震仪时，要按修正后的计算公式计算震级。

根据我国现用仪器，计算近震（指震中距小于 1000km）震级按下式计算：

$$M_L = \log A_\mu + R(\Delta) \tag{1-2}$$

式中　M_L——近震体波震级；

$\quad\quad A_\mu$——地震曲线上水平向最大振幅（μm）；

$\quad\quad R(\Delta)$——随震中距 Δ 变化的起算函数。

远震（指震中距大于 1000km）测定震级的方法，一般采用体波法和面波法。我国采用的面波震级的经验公式为：

$$M_s = \log\left(\frac{A_\mu}{T}\right)_{max} + \sigma(\Delta) \tag{1-3}$$

式中　M_s——近震体波震级；

$\quad\quad A_\mu$——地震曲线上水平向最大振幅（μm）；

$\quad\quad T$——与 A_μ 相应的周期；

$\quad\quad \sigma(\Delta)$——面波震级的量规函数。

然而，不论采用什么震级，由于地震波传播介质的差异，同一次地震在不同地点确定的震级常常不同，差别常达 $0.3 \sim 0.5$，有时甚至超过 1.0。

震级 M 与震源释放的能量 E（以尔格计）之间有如下对应关系：

$$\log E = 1.5M + 11.8 \tag{1-4}$$

由式（1-1）和式（1-4）可知，当震级增大一级时，地面振动幅值增加 10 倍，而能量增加 32 倍。一个七级破坏性地震释放的能量，相当于近 30 个 2 万吨级的原子弹所具有的能量。

通常将震级划分为若干等级：小于 2 级的地震，人们通常感觉不到，只有仪器才能记录下来，称为微震；$2 \sim 4$ 级地震，称为有感地震；5 级以上地震，会对建筑物造成不同程度的破坏，称为破坏性地震；7 级以上地震，称为强烈地震或大地震；大于 8 级的地震，称为特大地震。目前世界上已记录到的最大地震震级为 8.9 级。

1.2.4　地震烈度与基本烈度

地震烈度是指地震时某一地区的地面和各类工程结构遭受地震影响的平均强弱程度，是衡量地震引起的后果的一种标度。

基本烈度是指一个地区今后一定时期（如 100 年）内在一般场地条件下可能遭遇的最大地震烈度，即现行全国地震烈度区划图规定的烈度，带有中长期地震预报的性质。

对应于一次地震，震级只有一个，而地震烈度在不同的地点却是不同的。一般说来，距震中愈远，地震影响愈小，烈度就愈低；反之，烈度就愈高。地震烈度还与地震大小、震源深度、地震波传播介质、表土性质、建筑物特性和施工质量等许多因素有关。震中区的烈度称为震中烈度。迄今为止，我国发生的大多数地震属于浅源地震，地震震级 M 与震中距烈度 I_0 大致的对应关系如关系表 1-1 所示。

我国浅源地震的震级与震中烈度的对应关系　　表 1-1

M	$4\frac{3}{4}\sim 5\frac{1}{4}$	$5\frac{1}{2}\sim 5\frac{3}{4}$	$6\sim 6\frac{1}{2}$	$6\frac{3}{4}\sim 7$	$7\frac{1}{4}\sim 7\frac{3}{4}$	$8\sim 8\frac{1}{8}$	$8\frac{1}{2}$
I_0	6	7	8	9	10	11	12

1.2.5　地震烈度表

地震烈度表的使用已有 400 多年的历史。早期的烈度表由于没有地震观测仪器，只能根据地震宏观现象来制定，人的感觉、物体的反应、地表和建筑的影响和破坏程度等。由于宏观烈度表没有提供定量的数据，因而不能直接应用于工程抗震设计。强震观测仪器的出现，人们才有可能用记录到的地面运动的某些参数，如加速度峰值、速度峰值等来定义烈度，从而出现了将地震宏观烈度与地面运动参数建立起联系的地震烈度表，表 1-2 所示为由国家地震局于 2008 年颁布实施的中国地震烈度表。值得指出的是，现已有足够资料证明，同一烈度区可以有相差几十倍甚至上百倍的加速度值或速度值与之相对应，故表 1-2 中的水平向加速度和速度不能作为烈度评定指标，而只能作为参考指标。

中国地震烈度表　　表 1-2

地震烈度	人的感觉	房屋震害			其他震害现象	水平向地面运动	
		类型	震害程度	平均震害指数		峰值加速度 m/s²	峰值速度 m/s
I	无感	—	—	—	—		
II	室内个别静止中人有感觉	—	—	—	—		
III	室内少数静止中人有感觉	—	门、窗轻微作响	—	悬挂物微动		
IV	室内多数人、室外少数人有感觉，少数人梦中惊醒	—	门、窗作响	—	悬挂物明显摆动，器皿作响		

续表

地震烈度	人的感觉	房屋震害			其他震害现象	水平向地面运动	
		类型	震害程度	平均震害指数		峰值加速度 m/s²	峰值速度 m/s
V	室内绝大多数、室外多数人有感觉，多数人梦中惊醒	一	门窗、屋顶、屋架颤动作响，灰土掉落，个别房屋抹灰出现细微裂缝，个别有檐瓦掉落，个别屋顶烟囱掉砖	一	悬挂物大幅度晃动，不稳定器物摇动或翻倒	0.31 (0.22～0.44)	0.03 (0.02～0.04)
VI	多数人站立不稳，少数人惊逃户外	A	少数中等破坏，多数轻微破坏和/或基本完好	0.00～0.11	家具和物品移动；河岸和松软土出现裂缝，饱和砂层出现喷砂冒水；个别独立砖烟囱轻度裂缝	0.63 (0.45～0.89)	0.06 (0.05～0.09)
		B	个别中等破坏，少数轻微破坏，多数基本完好				
		C	个别轻微破坏，大多数基本完好	0.00～0.08			
VII	大多数人惊逃户外，骑自行车的人有感觉，行驶中的汽车驾乘人员有感觉	A	少数毁坏和/或严重破坏，多数中等和/或轻微破坏	0.09～0.31	物体从架子上掉落；河岸出现塌方，饱和砂层常见喷水冒砂，松软土地上地裂缝较多；大多数独立砖烟囱中等破坏	1.25 (0.90～1.77)	0.13 (0.10～0.18)
		B	少数毁坏，多数严重和/或中等破坏				
		C	个别毁坏，少数严重破坏，多数中等和/或轻微破坏	0.07～0.22			
VIII	多数人摇晃颠簸，行走困难	A	少数毁坏，多数严重和/或中等破坏	0.29～0.51	干硬土上出现裂缝，饱和砂层绝大多数喷砂冒水；大多数独立砖烟囱严重破坏	2.50 (1.78～3.53)	0.25 (0.19～0.35)
		B	个别毁坏，少数严重破坏，多数中等和/或轻微破坏				
		C	少数严重和/或中等破坏，多数轻微破坏	0.20～0.40			
IX	行动的人摔倒	A	多数严重破坏或/和毁坏	0.49～0.71	干硬土上多处出现裂缝，可见基岩裂缝、错动，滑坡、塌方常见；独立砖烟囱多数倒塌	5.00 (3.54～7.07)	0.50 (0.36～0.71)
		B	少数毁坏，多数严重和/或中等破坏				
		C	少数毁坏和/或严重破坏，多数中等和/或轻微破坏	0.38～0.60			
X	骑自行车的人会摔倒，处不稳状态的人会摔离原地，有抛起感	A	绝大多数毁坏	0.69～0.91	山崩和地震断裂出现；基岩上拱桥破坏；大多数独立砖烟囱从根部破坏或倒毁	10.00 (7.08～14.14)	1.00 (0.72～1.41)
		B	大多数毁坏				
		C	多数毁坏和/或严重破坏	0.58～0.80			

地震烈度	人的感觉	房屋震害			其他震害现象	水平向地面运动	
		类型	震害程度	平均震害指数		峰值加速度 m/s²	峰值速度 m/s
Ⅺ		A	绝大多数毁坏	0.89～1.00	地震断裂延续很大，大量山崩滑坡	—	—
		B					
		C		0.78～1.00			
Ⅻ	—	A	几乎全部毁坏	1.00	地面剧烈变化，山河改观	—	—
		B					
		C					

注：表中给出的"峰值加速度"和"峰值速度"是参考值，括弧内给出的是变动范围。
1. 表中的数量词，"个别"为10%以下；"少数"为10%～50%；"多数"为50%～70%；"大多数"为60%～90%；"绝大多数"为80%以上。
2. 评定地震烈度时，Ⅰ～Ⅴ度应以地面上以及底层房屋中的人的感觉和其他震害现象为主；Ⅵ～Ⅹ度应以房屋震害为主，参照其他震害现象，当用房屋震害程度与平均震害指数评定结果不同时，应以震害程度评定结果为主，并综合考虑不同类型房屋的平均震害指数；Ⅺ度和Ⅻ度应综合房屋震害和地表震害现象。
3. 以下三种情况的地震烈度评定结果，应作适当调整：
   （1）当采用高楼上人的感觉和器物反应评定地震烈度时，适当降低评定值；
   （2）当采用低于或高于Ⅶ度抗震设计房屋的震害程度和平均震害指数评定地震烈度时，适当降低或提高评定值；
   （3）当采用建筑质量特别差或特别好房屋的震害程度和平均震害指数评定地震烈度时，适当降低或提高评定值。
4. 当计算的平均震害指数值位于表1-2中地震烈度对应的平均震害指数重叠搭接区间时，可参照其他判别指标和震害现象综合判定地震烈度。

从实际应用的情况来看，使用最经常的烈度是Ⅵ～Ⅹ度。它们大多是根据低层房屋的震害评定的，这也是工程抗震中最关心的烈度范围。因为更小的烈度对工程无影响，更高的烈度既少见而又超过人们可以经济地防御范围。

由地震烈度表可知，房屋破坏等级分为基本完好、轻微破坏、中等破坏、严重破坏和毁坏五类，其定义和对应的震害指数 d 如下：

（1）基本完好：承重和非承重构件完好，或个别非承重构件轻微损坏，不加修理可继续使用。对应的震害指数范围为 $0.00 \leqslant d < 0.10$。

（2）轻微破坏：个别承重构件出现可见裂缝，非承重构件有明显裂缝，不需要修理或稍加修理即可继续使用。对应的震害指数范围为 $0.10 \leqslant d < 0.30$。

（3）中等破坏：多数承重构件出现轻微裂缝，部分有明显裂缝，个别非承重构件破坏严重，需要一般修理后可使用。对应的震害指数范围为 $0.30 \leqslant d < 0.55$。

（4）严重破坏：多数承重构件破坏较严重，非承重构件局部倒塌，房屋修复困难。对应的震害指数范围为 $0.55 \leqslant d < 0.85$。

（5）毁坏：多数承重构件严重破坏，房屋结构濒于崩溃或已倒毁，已无修复可能。对应的震害指数范围为 $0.85 \leqslant d \leqslant 1.00$。

抗震烈度表中平均震害指数的计算公式为：

$$D = \sum_{i=1}^{5} d_i \lambda_i \qquad (1\text{-}5)$$

式中　D——平均震害指数；

　　　d_i——房屋破坏等级为 i 的震害指数；

　　　λ_i——破坏等级为 i 的房屋破坏比，用破坏面积与总面积之比或破坏栋数与总栋数之比表示。

1.3　等震线和烈度区划图

对应于一次地震，在受到影响的区域内，根据地震烈度表对每一地点评定出一个烈度。烈度相同区域的外包线，称为等震线（或等烈度线）。等震线的形状与地震构造断裂带和地面断裂密切相关，并与地形、土质等条件有关，多数呈椭圆形状。但实际上，由于建筑物的差异及地质、地形等因素的影响，等震线多为一些不规则的封闭曲线。图1-4示出了1976年我国唐山地震的等震线图。绘制等震线图时，一般取地震烈度的差为一度。图1-4上某一度线表示该烈度区的外边界。

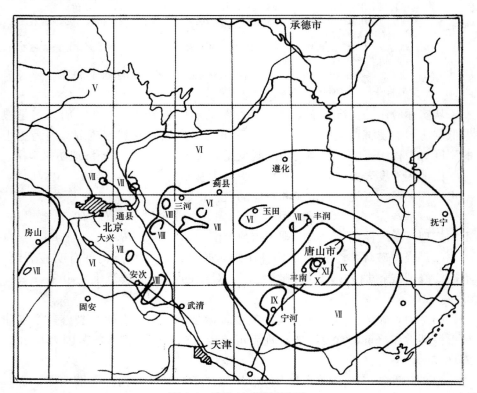

图1-4　唐山地震等烈度线

一般情况下，等震线的度数随震中距的增大而递减。但有时由于局部地形、地质情况的影响，也会在某一烈度区内局部出现比它高一度或低一度的烈度异常区。例如图 1-4 中Ⅷ度的等震线圆内，有Ⅶ度（丰润）和Ⅸ度（宁河）的异常区。

地震烈度区划图是指在地图上按地震烈度的差异划分出不同区域的图。为了预估某一地区地震发生和破坏的影响，要依靠历史地震活动性和震害等大量资料。中国从 20 世纪 30 年代开始作地震区划工作。新中国建立以来，曾三次（1956 年、1977 年、1990 年）编制全国性的地震烈度区划图。2015 年《中国地震烈度区划图》（图 1-5）的编制采用当前国际上通用的地震危险性分析的综合概率法，并作了重要的改进，并于 1992 年 5 月经国务院批准由国家地震局和建设部联合颁布使用。图上所标示的地震烈度值系指在 50 年期限内、一般场地土条件下、可能遭遇的地震事件中超越概率为 10％所对应的烈度值（50 年期限内超越概率为 10％的风险水平是国际上普遍采用的一般建筑物抗震设计标准）。图中所划出的各地区的烈度，不仅表示历史震害情况，而且也说明未来该地区地震活动的趋向，这对工程抗震工作具有重要的指导意义。然而，由于现代抗震设计正在逐步走向安全度要求高、分析方法力求符合实际的阶段，要求在抗震设计中考虑地震动的振幅、频谱和持时这三个要素。所以，地震区划也逐渐从简单、粗略的烈度区划向更复杂的多个地震动参数指标过渡。

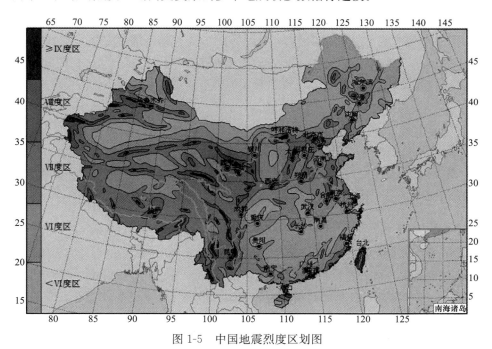

图 1-5　中国地震烈度区划图

1.4　地震地面运动

1.4.1　地震波

地震发生时，地下岩层破裂、错动所产生的强烈震动，以波的形式从震源向四周传播，这种波称为地震波。地震波是一种弹性波，它包含在地球内部传播的体波和只限于在地面附近传播的面波。

1. 体波

体波包括两种形式，即纵波（又称压缩波或 P 波）和横波（又称剪切波或 S 波）。

纵波由震源向外传播的过程中，介质质点的振动方向与波的前进方向一致，如图 1-6（a）所示。根据弹性波动理论，纵波的传播速度可按下式计算：

$$V_{P} = \sqrt{\frac{E(1-\mu)}{\rho(1+\mu)(1-2\mu)}} \tag{1-6}$$

式中　E——介质的弹性模量；

　　　μ——介质的泊松比；

　　　ρ——介质的密度。

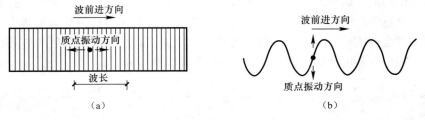

图 1-6　弹性波传播示意图
(a) 纵波；(b) 横波

在地壳内，纵波速度约为 7～8km/s。

横波由震源向外传播的过程中，介质质点的振动方向与波的前进方向垂直，如图 1-6（b）所示。

横波比纵波速度慢。同样，根据弹性波动理论，横波的传播速度可按下式计算：

$$V_{S} = \sqrt{\frac{E}{2\rho(1+\mu)}} = \sqrt{\frac{G}{\rho}} \tag{1-7}$$

式中　G——介质的剪切模量。

在地壳中，横波速度约为 4～5km/s。

由式（1-5）和式（1-6）得：

$$\left(\frac{V_{P}}{V_{S}}\right)^{2} = 1 + \frac{1}{1-2\mu} \tag{1-8}$$

由于实际上 μ 只能在 0～1/2 内变动，故 V_{P} 总是大于 V_{S}。在地球介质内，通常取 $\mu=1/4$，由式（1-8）得：

$$V_{P} = \sqrt{3}V_{S} \tag{1-9}$$

2. 面波

面波主要包括两种形式，即瑞雷波（Rayleigh 波，简称 R 波）和洛夫波（Love 波，简称 L 波）。

如果介质是均匀无限空间，则只可能存在上述体波。如果介质存在界面，且界面两侧的介质性质不同，体波经界面多次反射、折射就可能产生其他波。瑞雷波和洛夫波都是在地层界面处产生的，统称面波。

瑞雷波传播时，质点在波的传播方向和地面法线组成的平面内作椭圆运动（图1-7中 xz 平面），而与该平面垂直的水平方向没有振动，质点在地面上呈滚动形式，如图1-7（a）所示。

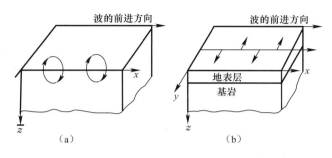

图 1-7　面波质点振动
（a）瑞雷波质点振动；（b）洛夫波质点振动

洛夫波传播时，质点只是在与波的传播方向相垂直的水平方向运动，在地面上呈蛇形运动形式，如图1-7（b）所示。

面波振幅大，周期长，只在地表附近传播，比体波衰减慢，因此能传播到很远的地方。

在地壳内，瑞雷波波速约为横波速的0.92倍。而洛夫波波速介于介质上层横波和下层横波速度之间。一般来说，纵波（P波）最快，首先到达；横波（S波）次之；面波最慢。图1-8为某次地震记录到的地震波曲线示意图。

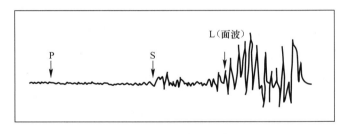

图 1-8　地震记录图

1.4.2　地震记录

在工程抗震领域内，地震时测量的地面运动是加速度记录，因为它与结构地震惯性力密切相连，是结构抗震设计最重要和最基本的地震动参数。图1-9所示为2008年汶川地震的地震记录（东西、南北和上下分量），它们包含了地震波的各种成分。

从世界范围内看，到目前为止已取得了几千条有用的地震加速度记录。这些记录在工程抗震中起到了十分重要的作用。如世界各国抗震规范中的反

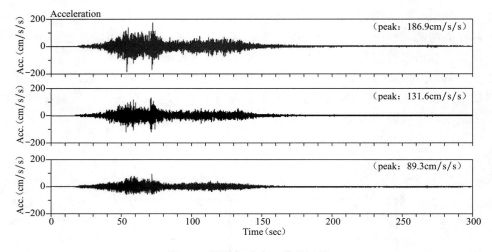

图 1-9　强震加速度三分量记录

应谱，就是用地震加速度记录计算、统计得到的；在工程结构的抗震设计、结构地震反应分析和抗震结构试验中，这些加速度记录提供了地震地面运动输入等。

1.5　地震的破坏现象

如上节所述，地震是一种自然现象，经常都在发生，但只有较强烈地震才会造成灾害。强震发生后，它所造成的破坏现象主要有以下三个方面。

1.5.1　地表破坏

1. 地裂缝

强震时，地表裂缝是常见的现象。它可分为两种类型：一种是由于地下断层错动延伸至地表的裂缝，称为构造地裂缝。它与地下断裂带走向一致，规模较大，常呈带状出现（由数条裂缝组成），有时可延续几千米甚至几十千米，裂缝宽度和错动常达数十厘米甚至数米；另一种是在湖河岸边、古河道上、陡坡及较厚的饱和松软土层地区产生的地表裂缝。它一般规模较小，但数量多，通常造成公路、房屋破坏。

2. 地面下沉（或称震陷）

这种震害会造成地面结构的不均匀沉降，严重时可使成片的建筑物下陷。地面下沉多发生在岩溶洞、采掘的地下坑道以及在松软而富于压缩性的土层中。

3. 喷砂冒水

在地下砂层较浅、水位较高地区，地震时的强烈振动使地下水压力急剧升高，并使含水粉细砂层液化，地下水夹着砂子经地震裂缝或土质松软的地方喷出，形成喷砂冒水现象。

4. 滑坡

在陡坡、河岸等处，在强烈地震的摇动下常引起塌方、滑坡，有时造成掩埋村庄，堵河成湖，破坏道路，房屋倒塌等。

1.5.2　建筑物的破坏

地震时，造成人民生命财产损失的主要原因是各类建筑物的破坏。按照其破坏形态及原因，可分为以下几种类型：

1. 结构丧失整体稳定性

在地震作用下，结构构件连接不牢、节点破坏及支撑失效等，都会使建筑物丧失整体稳定性，从而发生局部或全部倒塌。

2. 结构强度不足而造成的破坏

在地震作用下，由于承重构件的抗剪、抗弯、抗压强度不足或变形能力等不够而发生破坏，以至造成建筑物丧失其使用功能。

3. 地基失效造成的破坏

在强震作用下，虽然有些建筑物上部结构或构件本身无损坏，但由于地基震陷或地基土液化而使建筑物倾斜，甚至倒塌而破坏。

1.5.3　次生灾害

地震时，水坝、给排水管网、燃气管道、供电线路以及易燃、易爆、有毒物质容器的破坏，可造成水灾、火灾、空气污染等灾害，这种灾害称为次生灾害。这种灾害有时造成的损失更大，特别是在大城市和大工业区。例如1923年9月1日日本关东大地震，震倒房屋12.8万幢，而震后火灾烧毁的房屋44.7万幢。表1-3给出了这次地震日本东京各类房屋遭受火灾损失情况。

东京市烧毁残存建筑物受灾统计　　　　　　表1-3

结构种类	重破损（%）	轻破损（%）	无破损（%）	受灾率（%）
泥灰墙房屋	20	53	27	46
石结构	60	26	14	73
木骨架石结构	33	67	0	66
木骨架砖结构	100	0	0	100
砖结构	68	17	15	76
钢骨架砖结构	45	11	44	50
钢骨架钢筋混凝土结构	48	20	32	58
钢筋混凝土结构	50	39	11	69

注：受灾率＝重破损（%）＋1/2轻破损（%）。

1.6　工程抗震设防的标准

由于地震发生的时间、空间和强度是十分复杂的，而且人们对建筑的破坏机理和过程的认识很不全面，因此，多年来各国的抗震规范对建筑物的抗震设防提出了不同的标准。随着人们抗震经验的不断积累，对地震动和结构动力特性理解的不断深入，目前已逐步统一到采用多级设防标准上来，即要

13

求建筑物在使用期间内，对不同频度和强度的地震，应具有不同的抵抗能力。

我国的《建筑抗震设计规范》GB 50011—2010（以下简称《抗震规范》），根据我国地震的实际情况及抗震设计的传统习惯，提出了可以概括为"小震不坏、中震可修、大震不倒"的三水准抗震设防目标。具体描述为：

第一水准：当遭受低于本地区设防烈度（即基本烈度）的多遇地震（或称小震）影响时，建筑物不需修理，仍可正常使用。一方面要使结构处于弹性工作阶段；另一方面还须限制层间位移（对普通房屋）和避免设备破坏，即须保持必要的刚度。

第二水准：当遭受本地区规定设防烈度的多遇地震影响时，建筑可能产生一定的损坏，但经修复后仍可继续使用。

第三水准：当遭受高于本地区规定设防烈度预估的罕遇地震（或称大震）影响时，建筑物可能产生重大破坏，不致倒塌或发生危及生命的严重破坏。

所谓小震即为发生频度较高、强度较低的地震。《抗震规范》所采用的小震烈度（又称众值烈度）是在 50 年设计基准期内，超越概率为 63.3% 的地震烈度，即指超过该烈度的地震出现的可能性在全部地震中所占的比例为 63.3%，它比基本烈度约低 1.55 度；而中震烈度即为基本烈度（或设防烈度），是在 50 年设计基准期内，超越概率为 10%～13% 的地震烈度；大震指的是发生概率极小的罕遇地震，相应的大震烈度是在 50 年设计基准期内，超越概率为 2%～3% 的地震烈度，为小概率事件。图 1-10 示出了在 50 年设计基准期内从超越概率上来看小震、中震和大震。

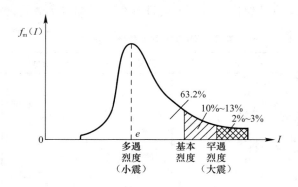

图 1-10　烈度概率密度函数

在进行建筑物抗震设计时，应根据建筑物的重要性不同，采用不同的抗震设防标准。《抗震规范》将建筑物按其重要程度不同，分为四类：

特殊设防类——指使用上有特殊设施，涉及国家公共安全的重大建筑工程和地震时可能发生严重次生灾害等特别重大灾害后果，需要进行特殊设防的建筑，简称甲类。

重点设防类——指地震时使用功能不能中断或需尽快恢复的生命线相关建筑，以及地震时可能导致大量人员伤亡等重大灾害后果，需要提高设防标准的建筑，简称乙类。

标准设防类——指大量的除特殊设防类、重点设防类、适度设防类以外按标准要求进行设防的建筑，简称丙类。

适度设防类——指使用上人员稀少且震损不致产生次生灾害，允许在一定条件下适度降低要求的建筑，简称丁类。

上述四类建筑的抗震设计，《抗震规范》规定应符合下列要求：

（1）特殊设防类，应按高于本地区抗震设防烈度提高一度的要求加强其抗震措施；但抗震设防烈度为9度时应按比9度更高的要求采取抗震措施。同时，应按批准的地震安全性评价的结果且高于本地区抗震设防烈度的要求确定其地震作用。

（2）重点设防类，应按高于本地区抗震设防烈度一度的要求加强其抗震措施；但抗震设防烈度为9度时应按比9度更高的要求采取抗震措施；地基基础的抗震措施，应符合有关规定。同时，应按本地区抗震设防烈度确定其地震作用。

（3）标准设防类，应按本地区抗震设防烈度确定其抗震措施和地震作用，达到在遭遇高于当地抗震设防烈度的预估罕遇地震影响时不致倒塌或发生危及生命安全的严重破坏的抗震设防目标。

（4）适度设防类，允许比本地区抗震设防烈度的要求适当降低其抗震措施，但抗震设防烈度为6度时不应降低。一般情况下，仍应按本地区抗震设防烈度确定其地震作用。

1.7　抗震设计方法

根据上述抗震设防目标的要求，在第一水准时，结构应处于弹性工作阶段。因此，可以采用线弹性动力理论进行建筑结构地震反应分析，以满足强度要求；在第二和第三水准时，结构已进入弹塑性工作阶段，主要依靠其变形和吸能能力来抗御地震。在此阶段，应控制建筑结构的层间弹塑性变形，以避免产生不易修复的变形（第二水准要求）或避免倒塌和危及生命的严重破坏（第三水准要求），因此，应对建筑结构进行变形验算。

在具体进行建筑结构的抗震设计时，为简化计算，《抗震规范》提出了两阶段设计方法：

第一阶段设计：首先按众值烈度（相当于小震）的地震动参数，用弹性反应谱法求得结构在弹性状态下的地震作用效应；然后与其他荷载效应按一定的组合原则进行组合，对这一阶段设计，用以满足第一水准的抗震设防要求。

第二阶段设计：在大震作用下，验算结构薄弱部位的弹塑性变形，并采取相应的构造措施，以满足第三水准的抗震设防要求。对绝大多数建筑结构来说，第二水准的抗震要求主要通过抗震概念设计和构造措施来保障，仅对少部分特别重要的或存在薄弱部位的建筑结构，才需做第二水准的抗震设计。

16

1.8　抗震概念设计

一般说来，抗震设计要求设计出来的结构在强度、刚度、延性、变形和吸能能力等方面有一种最佳的选择，使其能够经济地达到"小震不坏、中震可修、大震不倒"的目的。《抗震规范》是以现有科学技术水平和经济条件为前提的。但到目前为止，人们对地震及结构地震反应的许多规律未完全认识；抗震设计计算方法还不够完善。因此，要精确地进行结构抗震计算是困难的，而且是不可能的。多年来，人们在总结历次大地震灾害的经验中逐渐发现，一个合理的结构抗震设计，需要建筑师和结构工程师的密切配合，不能仅仅依赖于"计算设计"，良好的"概念设计"往往更加重要。

所谓"概念设计"（Conceptual Design）就是正确地处理总体方案、材料使用和细部构造等，着眼于结构总体地震反应，以达到合理的抗震设计的目的。

由于抗震设计涉及许多不确定性因素，因此，正确地掌握概念设计，有助于设计工程师明确抗震设计思想，恰当、灵活地运用抗震设计原则，使其不至于盲目地陷入数值计算中，从而做到比较合理地进行抗震设计。

根据近年来地震灾害的经验教训和理论认识，工程抗震的研究人员和设计人员一致认为，抗震设计应尽可能遵循以下一些基本原则。

1. 场地选择

选择建筑场地时，宜选择对建筑抗震有利的地段。避开对建筑抗震不利的地段，当无法避开时，应采取有效的抗震措施。在危险地段，严禁建造甲、乙类建筑，不应建造丙类建筑物。关于有利地段、不利地段、危险地段的划分，详见第2章内容。

2. 地基和基础设计

（1）同一结构单元不宜设置在性质截然不同的地基土上，也不宜部分采用天然地基，部分采用桩基础。

（2）当地基有软弱黏土、可液化土、新近填土或严重不均匀土层时，宜加强基础的整体性和刚性，以防止地震引起的动态和永久的不均匀变形。当采用不同基础类型或基础埋深显著不同时，应根据地震时两部分地基基础的沉降差异，在基础、上部结构的相关部位采取相应措施。

（3）地基为软弱黏性土、液化土、新近填土或严重不均匀土时，应根据地震时地基不均匀沉降和其他不利影响，采取相应的措施。

3. 建筑和结构的布局

无论在建筑平面上或立面上，应力求使质量、刚度、延性等均匀、对称、规整，避免突然变化。结构对称，有利于减轻结构的扭转效应。形状规则的建筑，地震时各部分的振动易协调一致，减小应力集中的可能性，有利于抗震。

因此，在抗震设计时应严格区分规则结构和不规则结构，对不规则结构应采取相应的加强措施。《抗震规范》对于平面不规则和立面不规则的主要类型作出详细规定，如表 1-4 和表 1-5 所示。

平面不规则的主要类型 表 1-4

不规则类型	定义和参考指标
扭转不规则	在规定的水平力作用下，楼层的最大弹性水平位移或（层间位移），大于该楼层两端弹性水平位移（或层间位移）平均值的 1.2 倍
凹凸不规则	平面凹进的尺寸，大于相应投影方向总尺寸的 30%
楼板局部不连续	楼板的尺寸和平面刚度急剧变化，例如，有效楼板宽度小于该层楼板典型宽度的 50%，或开洞面积大于该层楼面面积的 30%，或较大的楼层错层

竖向不规则的主要类型 表 1-5

不规则类型	定义和参考指标
侧向刚度不规则	该层的侧向刚度小于相邻上一层的 70%，或小于其上相邻三个楼层侧向刚度平均值的 80%；除顶层或出屋面小建筑外，局部收进的水平向尺寸大于相邻下一层的 25%
竖向抗侧力构件不连续	竖向抗侧力构件（柱、抗震墙、抗震支撑）的内力由水平转换构件（梁、桁架等）向下传递
楼层承载力突变	抗侧力结构的层间受剪承载力小于相邻上一楼层的 80%

建筑的防震缝应根据其类型、结构体系和形状等具体情况的实际需要设置。当建筑体型复杂而又不设防震缝时，应选用符合实际的结构计算模型，进行较精细的抗震分析，估计其局部应力和变形集中及扭转影响，判明其易损部位，采取措施提高抗震能力；当设置防震缝时，应将建筑分成规则的结构单元。防震缝应根据烈度、场地类别、房屋类型等留有足够的宽度，其两侧的上部结构应完全分开。伸缩缝、沉降缝的宽度应符合防震缝的要求。

4. 抗震结构体系

抗震结构体系是抗震设计应考虑的最关键问题，应根据建筑的重要性、设防烈度、房屋高度、场地、地基、基础、材料和施工等因素，以及经济技术、经济条件比较综合确定。

在选择建筑结构体系时，应符合下列各项要求：

（1）应具有明确的计算简图和合理的地震作用传递途径。

（2）宜有多道抗震防线，应避免因部分结构或构件破坏而导致整个体系丧失抗震能力或对重力的承载能力。因此，超静定结构优于同种类型的静定结构。

（3）应具备必要的抗震承载力、良好的变形能力和耗能能力。

（4）宜具有合理的刚度和强度分布，避免因局部削弱或突变形成薄弱部位。对可能出现的薄弱部位，应采取措施提高抗震能力。

在选择抗震结构的构件时，应符合下列要求：

（1）砌体结构构件，应按规定设置钢筋混凝土圈梁和构造柱、芯柱（指在中小砌块墙体中，在砌块孔内浇筑钢筋混凝土所形成的柱）或采用约束砌体、配筋砌体等，以改善变形能力。

（2）混凝土结构构件，应合理地选择截面尺寸、配置受力钢筋和箍筋，避免剪切先于弯曲破坏、混凝土压溃先于钢筋屈服、钢筋锚固粘结先于构件破坏。

（3）预应力混凝土的构件，应配有足够的非预应力钢筋。

（4）钢结构构件，应合理控制尺寸，避免局部或整个构件失稳。

（5）多、高层的混凝土楼、屋盖宜优先采用现浇混凝土板。当采用预制装配式混凝土楼、屋盖时，应从楼盖体系和构造上采取措施确保各预制板之间连接的整体性。

抗震结构各构件之间的连接，应符合下列要求：

（1）构件节点的破坏，不应先于其连接的构件。

（2）预埋件的锚固破坏，不应先于连接件。

（3）装配式结构构件的连接，应能保证结构的整体性。

（4）预应力混凝土构件的预应力钢筋，宜在节点核心区以外锚固。

5. 非结构构件

非结构构件，包括建筑非结构构件和建筑附属机电设备。其中建筑非结构构件一般指以下三类，包括附属结构构件（如女儿墙、雨篷、厂房高低跨封墙等）、装饰物（如建筑贴面、装饰、吊顶和悬吊重物）以及围护墙和隔墙。非结构构件一般不属于主体结构的一部分，是非承重结构。抗震设计时，往往易被忽视。但从地震灾害看，如果非结构构件处理不好，可能会倒塌伤人、砸坏设备、损坏主体结构。特别是装修占很大比例的现代建筑，非结构构件的破坏，影响更大。因此，近年来非结构构件的抗震问题，已引起了更大的重视。《抗震规范》对于非结构构件的一般要求如下：

（1）附着于楼、屋面结构上的非结构构件以及楼梯间的非承重墙体，应与主体结构有可靠的连接或锚固，避免地震时倒塌伤人或砸坏重要设备。

（2）框架结构的围护墙和隔墙，应估计其设置对结构抗震的不利影响，避免不合理设置而导致主体结构的破坏。

（3）幕墙、装饰贴面与主体结构应有可靠连接，避免地震时脱落伤人。

此外，安装在建筑上的附属机械、电气设备系统的支座和连接，应符合地震时使用功能的要求，且不应导致相关部件的损坏。

6. 材料的选择与施工质量

抗震结构在材料选用、施工质量上有其特殊要求，应予以重视。结构材料的性能指标，应符合下列要求：

（1）普通砖和多孔砖的强度等级不应低于 MU10，其砌筑砂浆强度等级不应低于 M5。

（2）混凝土小型空心砌块的强度等级不应低于 MU7.5，其砌筑砂浆强度等级不应低于 Mb7.5。

（3）混凝土的强度等级，框支梁、框支柱及抗震等级为一级的框架梁、柱、节点核心区，不应低于 C30；构造柱、芯柱、圈梁及其他各类构件不应低于 C20。

（4）抗震等级为一、二、三级的框架和斜撑构件（含梯段），其纵向受力钢筋采用普通钢筋时，钢筋的抗拉强度实测值与屈服强度实测值的比值不应小于 1.25；钢筋的屈服强度实测值与屈服强度标准值的比值不应大于 1.3，且钢筋在最大拉力下的总伸长率实测值不应小于 9%。

小结及学习指导

本章主要讲述建筑结构抗震的基本概念和术语，学习时应掌握以下内容：

（1）对于地球的内部构造有所认识，了解地震的分类和成因，尤其是构造地震的产生机理，要明确建筑结构抗震所针对的地震类型是构造地震。

（2）掌握震源、震中、震级、烈度等地震工程的常用术语，能够区分地震级与烈度。对于一次地震而言，只有一个震级，但是在不同的地区却有多个烈度。

（3）地震波可分为体波和面波，体波又包括纵波和横波，面波包括瑞雷波和洛夫波。就地震波的传播速度而言，纵波最快，横波次之，面波最慢。另外，面波衰减最慢，传播距离最远。

（4）地震动三要素指的是振幅、频谱和持时。

（5）要理解"小震不坏、中震可修、大震不倒"三水准设防的含义，掌握小震烈度、中震烈度和大震烈度的定义。

（6）根据建筑物的重要性不同，《抗震规范》将建筑物划分特殊设防类、重点设防类、标准设防类和适度设防类，要理解这四大类建筑物的划分标准以及如何采取相应的抗震措施。

（7）掌握两阶段设计的核心思想。

（8）建筑抗震主要包括概念设计、抗震计算和构造措施这三方面的内容，其中概念设计是最为重要的内容，因此应掌握抗震的"概念设计"中的一些基本原则。

思考题与习题

1-1 什么是地震震级和地震烈度？地震烈度主要与哪些因素有关？

1-2 什么是基本烈度？

1-3 等震线是如何绘制的？

1-4 建筑物的地震破坏分哪几类？

1-5 什么是小震烈度和大震烈度？

1-6 什么是"三水准"的抗震设防目标？

1-7 建筑按其重要程度分为哪几类？分类的作用是什么？

1-8 什么是两阶段设计方法？简述其步骤。

1-9 什么是概念设计？

第2章
场地和地基

本章知识点

【知识点】地基和场地震害现象分析，场地类型划分、剪切波速和覆盖土层厚度，地基抗震设计原则和方法，地基土液化现象和判定，震陷的判定。

【重　点】掌握场地类型划分、剪切波速和覆盖土层厚度的确定方法，能够利用《抗震规范》解决场地和地基抗震的相关问题。

【难　点】场地类型划分、剪切波速和覆盖土层，地基抗震设计，地基土液化判别。

2.1　震害现象

场地是指建筑物所在地，其范围大致相当于工厂、居民小区、村庄的区域。地基是指建筑物基础下面受力层范围内的土层。地基不同于通常所说的基础，基础是建筑物的一部分，位于建筑物底部深入地面的部分。历史震害表明，场地和地基是影响震害的主要因素之一。有震害调查表明，房屋的倒塌率随土层厚度的增大而增大；一般而言，软弱场地上的建筑物震害重于坚硬场地。从原理上来解释，地震波从底部的岩层（一般称为基岩）向上通过土层传到地表，岩层中的地震波本身就具有多种频率成分。其中，成分占优的波对应的频率可以通过地震动的加速度反应谱的峰值对应的频率看出。土层在岩层表面地震动的作用下，将会发生受迫振动。在地震波通过覆盖土层传向地表的这一过程中，与土层振动的自振周期相接近的一些频率的波将被放大，而另一些频率的波将被衰减甚至被完全过滤掉。因此，土层对地震波具有选择性放大和过滤作用，地表地震动的卓越周期，即加速度反应谱峰值对应的周期，在很大程度上与场地土层的自振周期有关。当建筑物的自振周期与地震动卓越周期相接近时，建筑物的振动趋于增大，震害趋于加重。

2.2　场地

选择建筑场地时，应该根据工程学要求和地震活动情况、工程地质和地震地质的有关资料，对抗震有利、一般、不利和危险地段作出综合评价。对于不利地段，应提出避开要求；当无法避开时，应采取有效的措施。对于危险地段，严禁建造甲、乙类的建筑物，不应建造丙类的建筑物。表2-1中给出了各种地段的划分情况。

对场地有利、一般、不利和危险地段的划分　　　　　　　　表2-1

地段类别	地质、地形、地貌
有利地段	稳定基岩，坚硬土，开阔、平坦、密实、均匀的中硬土等
一般地段	不属于有利、不利和危险的地段
不利地段	软弱土，液化土，条状突出的山嘴，高耸孤立的山丘，陡坡，陡坎，河岸和边坡的边缘，平面分布上成因、岩性、状态明显不均匀的土层（含故河道、疏松的断层破碎带、暗埋的塘浜沟谷和半填半挖地基），高含水量的可塑黄土，地表存在结构性裂缝等
危险地段	地震时可能发生滑坡、崩塌、地陷、地裂、泥石流等及发震断裂带上可能发生地表位错的位置

2.2.1　剪切波速

剪切波速是土的重要动力参数，能反应土的动力特征，一般来讲，刚度越大剪切波速越大。工程中对剪切波速的测量，应该符合下列要求：在场地初步勘察阶段，对大面积的同一地质单元，测试土层剪切波速的钻孔数量不宜少于3个。在场地详细勘察阶段，对单个建筑物，测试土层剪切波速的钻孔数量不宜少于2个，测试所得到的数据如果变化较大时，可考虑适量增加钻孔数量；对小区中处于同一地质单元内的密集建筑群，测试土层剪切波速的钻孔数量可适量减少，但每个高层建筑物和大跨空间结构的钻孔数量均不得少于1个。对丁类建筑物及丙类建筑物中层数不超过10层、高度不超过24m的多层建筑物，当无实测剪切波速时，可根据岩土名称和性状，按表2-2划分土的类型，再利用当地经验在表2-2的剪切波速范围内估算各土层的剪切波速。

土的类型划分和剪切波速范围　　　　　　　　表2-2

土的类型	岩土名称和性状	土层剪切波速范围(m/s)
岩石	坚硬、较硬且完整的岩石	$v_s > 800$
坚硬土或软质岩石	破碎和较破碎的岩石或软和较软的岩石，密实的碎石土	$800 \geqslant v_s > 500$
中硬土	中密、稍密的碎石土，密实、中密的砾、粗、中砂，$f_{ak} > 150$ 的黏性土和粉土，坚硬黄土	$500 \geqslant v_s > 250$
中软土	稍密的砾、粗、中砂，除松散外的细、粉砂，$f_{ak} \leqslant 150$ 的黏性土和粉土，$f_{ak} > 130$ 的填土，可塑新黄土	$250 \geqslant v_s > 150$
软弱土	淤泥和淤泥质土，松散的砂，新近沉积的黏性土和粉土，$f_{ak} \leqslant 130$ 的填土，流塑黄土	$v_s \leqslant 150$

注：f_{ak} 为由载荷试验等方法得到的地基承载力特征值（kPa）。

在实际工程中，一般均为层状土，因此通常使用土层等效剪切波速。土层等效剪切波速 v_{se} 可按下式计算：

$$v_{se} = d_0/t \tag{2-1a}$$

$$t = \sum_{i=1}^{n} (d_i/v_{si}) \tag{2-1b}$$

式中　v_{se}——土层等效剪切波速（m/s）；

$\quad\quad d_0$——计算深度（m），取覆盖层厚度和 20m 两者的较小值；

$\quad\quad d_i$——计算深度范围内第 i 土层的厚度（m）；

$\quad\quad t$——剪切波在地面至计算深度之间的传播时间；

$\quad\quad v_{si}$——计算深度范围内第 i 土层的剪切波速（m/s）；

$\quad\quad n$——计算深度范围内土层的分层数。

2.2.2　覆盖土层厚度

覆盖土层是指从地表到地下基岩表面之间土体的厚度。从物理特征上来看，基岩较覆盖土层的刚度大得多，因此剪切波速也比土层大得多。工程中对覆盖土层厚度的确定，并未严格按照其物理含义，认为可使用下列准则来判断其厚度：一般情况下，应按地面至剪切波速大于 500m/s 且其下卧各层岩土的剪切波速均不小于 500m/s 的土层顶面的距离确定。当地面 5m 以下存在剪切波速大于其上部各土层剪切波速 2.5 倍的土层，且该层及其下卧各层岩土的剪切波速均不小于 400m/s 时，可按地面至该土层顶面的距离确定。剪切波速大于 500m/s 的孤石、透镜体，应视同周围土层。土层中的火山岩硬夹层，应视为刚体，其厚度应从覆盖土层中扣除。

2.2.3　建筑场地类别

建筑的场地类别，应根据土层等效剪切波速和场地覆盖层厚度按表 2-3 划分为四类，其中 I 类分为 I_0、I_1 两个亚类。此分类的原因是考虑到剪切波速为 500～800m/s 的场地还不是很坚硬，所以将这一部分分为 I_0 类，而对于剪切波速大于 800m/s 的土才认为是硬质岩石。当有可靠的剪切波速和覆盖层厚度且其值处于表 2-3 所列场地类别的分界线附近时，可以按插值方法确定地震作用计算所用的特征周期。

建筑场地的覆盖层厚度（m）　　　　　　　　表 2-3

岩石的剪切波速或土的等效剪切波速（m/s）	场 地 类 别				
	I_0	I_1	II	III	IV
$v_s > 800$	0				
$800 \geqslant v_s > 500$		0			
$500 \geqslant v_s > 250$			<5	⩾5	
$250 \geqslant v_s > 150$			<3	3～50	>50	
$v_s \leqslant 150$			<3	3～15	15～50	>80

2.2.4　断裂和地形影响

建筑场地内存在可能的发震断裂时，应对断裂的工程影响进行评价。这主要是考虑到地震时老断裂重新错动直通地表，在地表上产生位错，对建在位错带上的建筑物，其破坏不易使用工程上的措施来避免。对符合下列规定之一的情况，可忽略发震断裂错动对地面建筑物的影响：（1）抗震设防烈度小于8度；（2）非全新世活动断裂；（3）抗震设防烈度为8度和9度时，隐伏断裂的土层覆盖厚度分别大于60m和90m。对不符合以上3款规定的情况，则应该避开主断裂带：其避让距离不宜小于表2-4对发震断裂最小避让距离的规定。在避让距离的范围内确有需要建造分散的、低于三层的丙、丁类建筑时，应按提高一度采取抗震措施，并提高基础和上部结构的整体性，且不得跨越断层线，以提高建筑物的安全性。

发震断裂的最小避让距离（m）　　　　表 2-4

烈度	建筑抗震设防类别			
	甲	乙	丙	丁
8	专门研究	200	100	—
9	专门研究	400	200	—

当需要在条状突出的山嘴、高耸孤立的山丘、非岩石和强风化岩石的陡坡、河岸和边坡边缘等不利地段建造丙类及丙类以上建筑时，除保证其在地震作用下的稳定性外，尚应估计不利地段对设计地震动参数可能产生的放大作用，其水平地震影响系数最大值应乘以增大系数。其值应根据不利地段的具体情况确定，一般取在1.1～1.6之间。

2.3　天然地基和基础

2.3.1　地基抗震设计的一般原则

在地震作用下，为了保证建筑物的安全和正常使用，对地基和基础的抗震能力应给予计算。我国多次地震的震害经验表明，因地基失效导致的破坏较上部结构的破坏小，这些地基主要由饱和松砂、软弱黏性土和成因岩性状态严重不均匀的土层组成。大量一般的天然地基都具有较好的抗震性能。因此，设计地震区的建筑物，应根据土质情况不同采用不同的处理方案。下列建筑可不进行天然地基及基础的抗震承载力验算：（1）地基主要受力层范围内不存在软弱黏性土层的建筑，如一般的单层厂房和单层空旷房屋、砌体房屋；（2）不超过8层且高度在24m以下的一般民用框架和框架-抗震墙房屋；（3）基础荷载与上述所包含的结构相当的多层框架厂房和多层混凝土抗震墙房屋。此处，软弱黏性土层指7度、8度和9度时地基承载力特征值分别小于80、100和120kPa的土层。

2.3.2 地基抗震验算

地基土抗震承载力的计算使用在地基土静力承载力的基础上乘以调整系数的方法。在进行天然地基基础抗震验算时，应采用地震作用效应标准组合，将地基抗震承载力取地基承载力特征值乘以地基抗震承载力调整系数。地基抗震承载力使用下式计算：

$$f_{aE} = \xi_a f_a \tag{2-2}$$

式中　f_{aE}——调整后的地基抗震承载力；

　　　ξ_a——地基抗震承载力调整系数，应按表 2-5 采用；

　　　f_a——深宽修正后的地基承载力特征值，应按现行国家标准《建筑地基基础设计规范》中规定采用。

地基抗震承载力调整系数　　　　　　　　　　表 2-5

岩土名称和性状	ξ_a
岩石，密实的碎石土，密实的砾、粗、中砂，$f_{ak} \geqslant 300kPa$ 的黏性土和粉土	1.5
中密、稍密的碎石土，中密和稍密的砾、粗、中砂，密实和中密的细、粉砂，$150kPa \leqslant f_{ak} < 300kPa$ 的黏性土和粉土，坚硬黄土	1.3
稍密的细、粉砂，$100kPa \leqslant f_{ak} < 150kPa$ 的黏性土和粉土，可塑黄土	1.1
淤泥，淤泥质土，松散的砂，杂填土，新近堆积黄土及流塑黄土	1.0

对地基抗震承载力进行调整，主要考虑了两个因素，其一为荷载方面的原因，其二为土体自身的动力特征。地震是一种偶然作用，历时较为短暂，所以土体在地震作用下的可靠度要求可适当降低。地震作用下，除十分软弱的土外，大多数土的动强度都比静强度高。综合以上因素，在计算时考虑了承载力调整系数。

地震区的建筑物，需先根据静力设计的要求确定基础尺寸，对地基强度和沉降量进行核算。然后，根据情况进一步进行地基抗震强度验算。验算天然地基地震作用下的竖向承载力时，按地震作用效应标准组合的基础底面平均压力和边缘最大压力应符合下列两式要求：

$$p \leqslant f_{aE} \tag{2-3a}$$
$$p_{max} \leqslant 1.2 f_{aE} \tag{2-3b}$$

式中　p——地震作用效应标准组合的基础底面平均压力；

　　　p_{max}——地震作用效应标准组合的基础边缘的最大压力（见图 2-1）。

对于高宽比大于 4 的高层建筑，在地震作用下基础底面不宜出现脱离区（零应力区）；对于其他建筑，基础底面

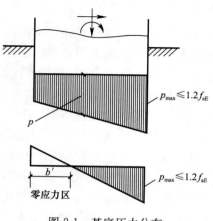

图 2-1　基底压力分布

与地基土之间脱离区（零应力区）面积不应超过基础底面面积的15%。

2.4 液化土和软土地基

2.4.1 液化现象及其危害

液化在很多次的地震中被观察到，在地震作用下地表喷砂冒水，建筑物地基失效。产生这种现象的机理是地震时饱和砂土和粉土颗粒在强烈振动下有变密的趋势，颗粒之间发生相对位移，颗粒间的孔隙水来不及排泄而受到挤压，因而孔隙水压力急剧上升，当孔隙水压力上升到与土颗粒所受到总的正压应力接近时，土颗粒之间因摩擦产生的抗剪力接近零，因此这时的土像液体一样，产生了液化现象。液化时土体的抗震承载能力丧失，引起地基不均匀沉降进而引起建筑物破坏和倒塌。

2.4.2 液化地基的判别

场地液化与许多因素有关，因此一般需要根据多项指标综合分析判断土是否会发生液化。对于饱和砂土和饱和粉土（不含黄土）的液化判别和地基处理，6度时，一般情况下可不进行判别和处理，但对液化沉陷敏感的乙类建筑可按7度的要求进行判别和处理；7～9度时，乙类建筑可按本地区抗震设防烈度的要求进行判别和处理。当地面下存在饱和砂土和饱和粉土且不含黄土和粉质黏土时，除6度外，应进行液化判别；存在液化土层的地基，应根据建筑的抗震设防类别、地基的液化等级，结合具体情况采取相应的措施。地基土液化判别过程可以分为初步判别和标准贯入试验判别两个步骤。

1. 初步判别

饱和的砂土或粉土（不含黄土），当符合下列条件之一时，可初步判别为不液化或可不考虑液化影响：（1）地质年代为第四纪晚更新世（Q3）及其以前时，7、8度时可判为不液化。（2）粉土的黏粒（粒径小于0.005mm的颗粒）含量百分率，7、8和9度分别不小于10、13和16时，可判为不液化土。用于液化判别的黏粒含量应采用六偏磷酸钠作分散剂测定，如果使用其他方法时可以按有关规定换算。（3）浅埋天然地基的建筑，当上覆非液化土层厚度和地下水位深度符合下列条件之一时，可不考虑液化影响：

$$d_u > d_0 + d_b - 2 \tag{2-4a}$$

$$d_w > d_0 + d_b - 3 \tag{2-4b}$$

$$d_u + d_w > 1.5d_0 + 2d_b - 4.5 \tag{2-4c}$$

式中　d_u——上覆盖非液化土层厚度（m），计算时宜将淤泥和淤泥质土层扣除；

　　　d_w——地下水位深度（m），宜按设计基准期内年平均最高水位采用，也可按近期内年最高水位采用；

　　　d_b——基础埋置深度（m），不超过2m时应采用2m；

　　　d_0——液化土特征深度（m），可按表2-6中的数据采用，并应考虑区域地下水位处于变动状态时的不利情况。

饱和土类别	7 度	8 度	9 度
粉土	6	7	8
砂土	7	8	9

液化土特征深度（m）　表 2-6

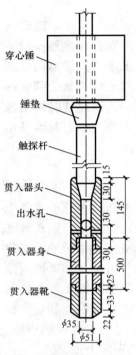

图 2-2　标准贯入试验
设备示意图

穿心锤
锤垫
触探杆
贯入器头
出水孔
贯入器身
贯入器靴

2. 标准贯入试验判别

当上述所有条件均不能满足时，地基土存在液化的可能性。此时，需使用标准贯入试验进一步判别地基土是否液化。标准贯入试验的设备由落锤、贯入器等部分组成（见图 2-2）。试验时，先用钻孔设备钻至试验土层标高以上 15cm，再将贯入器打入至试验土层标高位置，在落锤的落距为 76cm 的情况下，连续打击进入土层深度 30cm 时停止，记录下使用的锤击数，将其称为 $N_{63.5}$。

当饱和砂土、粉土的初步判别认为需进一步进行液化判别时，应采用标准贯入试验判别法判别地面下 20m 范围内土的液化；但对可不进行天然地基及基础的抗震承载力验算的各类建筑，可只判别地面下 15m 范围内土的液化。当饱和土标准贯入锤击数小于或等于液化判别标准贯入锤击数临界值时，可判定为液化土。

在地面下 20m 深度范围内，液化判别标准贯入锤击数临界值可按下式计算：

$$N_{cr} > N_0\beta\left[\ln(0.6d_s + 1.5) - 0.1d_w\right]\sqrt{3/\rho_c}$$

（2-5）

式中　N_{cr}——液化判别标准贯入锤击数临界值；
　　　N_0——液化判别标准贯入锤击数基准值，可按表 2-7 采用；
　　　d_s——饱和土标准贯入点深度（m）；
　　　d_w——地下水位（m）；
　　　ρ_c——黏粒含量百分率（%），当小于 3 或为砂土时，应采用 3；
　　　β——调整系数，设计地震第一组取 0.80，第二组取 0.95，第三组取 1.05。

液化判别标准贯入锤击数基准值 N_0　表 2-7

设计基本地震加速度（g）	0.10	0.15	0.20	0.30	0.40
液化判别标准贯入锤击数基准值	7	10	12	16	19

由式（2-5）可知，地基土液化的临界指标 N_{cr} 主要与土层所处的深度、地下水位深度、黏粒的含量以及场地所处地的设计考虑地震强度等因素有关。

2.4.3　液化的评价和措施

上述为对地基土液化问题的发生与否进行判断，不能对发生液化的程度和危害性进行定量的评价，所以也就难以采取针对后果进行的相应抗液化措施。因此，当经过上述两步判别证实地基土可能出现液化的情况后，应进一步进行定量的分析，评价地基土液化可能造成的危害程度。这一工作，可以通过计算地基土的液化指数并通过其大小来进行度量。对存在液化砂土层、粉土层的地基，应探明各液化土层的深度和厚度，按下式计算每个钻孔的液化指数，并按表 2-8 综合划分地基的液化等级：

$$I_{lE} = \sum_{i=1}^{n} \left[1 - \frac{N_i}{N_{cri}} \right] d_i W_i \tag{2-6}$$

式中 I_{lE}——液化指数；

n——在判别深度范围内每一个钻孔标准贯入试验点的总数；

N_i、N_{cri}——分别为 i 点标准贯入锤击数的实测值和临界值，当实测值大于临界值时应取临界值；当只需要判别 15m 范围以内的液化时，15m 以下的实测值可按临界值采用；

d_i——i 点所代表的土层厚度（m），可采用与该标准贯入试验点相邻的上、下两标准贯入试验点深度差的一半，但上界不高于地下水位深度，下界不深于液化深度；

W_i——i 土层单位土层厚度的层位影响权函数值（单位为 m^{-1}）。当该层中点深度不大于 5m 时应采用 10，等于 20m 时应采用 0，5～20m 时可按线性内插法取值。

液化等级与液化指数的对应关系　　　　　　　　　　　　表 2-8

液化等级	轻微	中等	严重
液化指数 I_{lE}	$0 < I_{lE} \leqslant 6$	$6 < I_{lE} \leqslant 18$	$I_{lE} > 18$

当液化砂土层、粉土层较平坦且均匀时，宜按表 2-9 选用地基抗液化措施；尚可计入上部结构重力荷载对液化危害的影响，根据液化震陷量的估计适当调整抗液化措施。同时需要注意的是不宜将未经处理的液化土层作为天然地基持力层；同时，甲类建筑的地基抗液化措施应进行专门研究，但不宜低于乙类的相应要求。

抗液化措施　　　　　　　　　　　　表 2-9

建筑抗震设防类别	地基的液化等级		
	轻　微	中　等	严　重
乙类	部分消除液化沉陷，或对基础和上部结构处理	全部消除液化沉陷，或部分消除液化沉陷且对基础和上部结构处理	全部消除液化沉陷
丙类	基础和上部结构处理，亦可不采取措施	基础和上部结构处理，或更高要求的措施	全部消除液化沉陷，或部分消除液化沉陷且对基础和上部结构处理
丁类	可不采取措施	可不采取措施	基础和上部结构处理，或其他经济的措施

如果需要全部消除地基液化沉陷，使用的措施应符合下列要求：采用桩基础时，桩端伸入液化深度以下稳定土层中的长度（不包括桩尖部分），应按计算确定，且对碎石土、砾、粗、中砂，坚硬黏性土和密实粉土尚不应小于 0.8m，对其他非岩石土尚不宜小于 1.5m。采用深基础时，基础底面应埋入液化深度以下的稳定土层中，其深度不应小于 0.5m。采用加密法（如振冲、振动加密、挤密碎石桩、强夯等）加固时，应处理至液化深度下界；振冲或挤密碎石桩加固后，桩间土的标准贯入锤击数不宜小于液化判别标准贯入锤击数临界值。用非液化土替换全部液化土层，或增加上覆非液化土层的厚度。采用加密法或换土法处理时，在基础边缘以外的处理宽度，应超过基础底面下处理深度的 1/2 且不小于基础宽度的 1/5。

如果需要部分消除地基液化沉陷，使用的措施应符合下列要求：处理深度应使处理后的地基液化指数减少，其值不宜大于 5；大面积筏形基础、箱形基础的中心区域，处理后的液化指数可比上述规定降低 1，这里的中心区域指位于基础外边界以内沿长宽方向距外边界大于相应方向 1/4 长度的区域。对独立基础和条形基础，尚不应小于基础底面下液化土特征深度和基础宽度的较大值。采用振冲或挤密碎石桩加固后，桩间土的标准贯入锤击数不宜小于液化判别标准贯入锤击数临界值。基础边缘以外的处理宽度，应超过基础底面下处理深度的 1/2 且不小于基础宽度的 1/5。也可采取减小液化震陷的其他方法，如增厚上覆非液化土层的厚度和改善周边的排水条件等。

减轻液化影响的基础和上部结构处理，可综合采用下列各项措施：选择合适的基础埋置深度；调整基础底面积，减少基础偏心；加强基础的整体性和刚度，如采用箱形基础、筏形基础或钢筋混凝土交叉条形基础，加设基础圈梁等；减轻荷载，增强上部结构的整体刚度和均匀对称性，合理设置沉降缝，避免采用对不均匀沉降敏感的结构形式等；管道穿过建筑处应预留足够尺寸或采用柔性接头等。

2.5 震陷土的判别

对于某些地基土，地震时可能发生塌陷。地基中软弱黏性土层的震陷判别，使用液性指数来作为一个指标。液性指数是表示天然含水量与界限含水量相对关系的指标。可塑状态的土的液性指数在 0～1 之间，液性指数越大，表示土越软；液性指数大于 1 的土处于流动状态；小于 0 的土则处于固体状态或半固体状态。黏性土的状态可根据液性指数 I_L 分为坚硬、硬塑、可塑、软塑和流塑。一般情况，可按坚硬（$I_L \leqslant 0$）、硬塑（$0 < I_L \leqslant 0.25$）、可塑（$0.25 < I_L \leqslant 0.75$）、软塑（$0.75 < I_L \leqslant 1$）和流塑（$I_L > 1$）界定。

饱和粉质黏土震陷的危害性和抗震陷措施应根据沉降和横向变形大小等因素综合研究确定，8 度（0.30g）和 9 度时，当塑性指数小于 15 且符合下式规定的饱和粉质黏土可判为震陷性软土：

$$w_S \geqslant 0.9 w_L \tag{2-7a}$$

$$I_L \geqslant 0.75 \qquad\qquad (2\text{-}7\text{b})$$

式中　w_S——天然含水量；

　　　w_L——液限含水量，采用液、塑限联合测定法测定；

　　　I_L——液性指数。

如果地基主要受力层范围内存在软弱黏性土层和高含水量的可塑性黄土时，应结合具体情况综合考虑，采用桩基础、地基加固处理等各项措施，也可根据软土震陷量的估计，采取相应措施。

小结及学习指导

上部结构的荷载最终要通过基础传递到地基，因此只有保证地基和基础的安全，才能保证上部结构的抗震性能。本章主要阐述场地类别的划分，地基的抗震验算方法，砂土液化产生的机理及判别方法，震陷土的判别。本章学习时应重点把握以下内容：

（1）剪切波速和覆盖土层厚度的定义，如何根据场地土的等效剪切波速和覆盖土层厚度划分场地类别。

（2）掌握如何对地基土的抗震承载力进行验算，理解地基抗震承载力调整系数的含义。

（3）砂土液化是非常重要的一种震害现象，通过本章的学习，要理解砂土液化产生的机理，并掌握如何对砂土液化进行判别，了解砂土抗液化措施。

思考题与习题

2-1　场地土分为几类？分类的根据是什么？

2-2　为什么地基的抗震承载力大于其静力承载力？

2-3　地基土液化的机理是什么？

2-4　如何判别地基土液化？液化的主要影响因素是什么？

第3章
地震作用与抗震验算

本章知识点

【知识点】单自由度体系地震反应分析，多自由度体系地震反应分析，建筑结构的抗震验算。

【重　点】掌握单自由度体系地震作用的确定方法，掌握振型分解反应谱法和底部剪力法，熟悉建筑结构的抗震验算方法。

【难　点】结构的地震反应分析和抗震设计的理论与方法，反应谱理论和振型分解法。

3.1　概述

地震作用是指地震发生时，在建筑结构上产生的动荷载（惯性力）。地震作用下在建筑结构中产生的内力、变形、位移和加速度等统称为结构的地震反应（或地震响应），也称为结构的地震作用效应。结构地震作用效应是进行结构抗震设计的依据。要进行建筑结构抗震设计，首先要计算结构的地震作用，再由此求出结构和构件的地震作用效应，然后将地震作用效应与其他荷载效应进行组合，验算结构和构件的抗震承载力及变形，以满足"小震不坏、中震可修、大震不倒"的抗震设防目标。

结构的地震反应分析属于结构动力学范畴，与地震作用的大小及其随时间变化的特性、结构的刚度、质量及两者分布、阻尼等因素都有关系，且地震本身、传播途径和场地条件差异，使地面振动具有很强的随机性，因而比结构静力分析复杂得多。再者，建筑结构是一个由不同构件构成的空间体系，地震引起的结构振动实际上是一个复杂的空间振动过程。为此，在进行结构地震反应分析时，为了便于实际计算，通常需要对结构体系进行合理的简化，主要包括：将对称的或接近对称的空间结构简化为平面结构；将参与振动的质量集中于该结构的楼、屋盖处；将结构中柱、墙作为无质量的弹性杆件，等等。对多层结构而言，就简化为一个多质点体系；若为单层结构，则简化为单质点体系。单质点体系在实际工程中很多，比如单层工业厂房、水塔等都可以简化为单质点体系，单质点弹性体系是结构振动分析的基础。

目前求解建筑结构地震反应一般采用两类方法：一类是拟静力法，也称为等效荷载法，它是根据地震反应谱理论将弹性结构的地震作用简化为等效荷载，再按照静力分析的方法对结构进行内力和位移计算，进而进行结构抗震承载力设计和变形验算。另一类是直接动力法，也称为时程分析法，它是对结构动力方程进行直接积分求解，得出结构地震反应与时间的变化关系，即时程曲线，进而分析地震作用效应。

3.2 单质点弹性体系地震反应分析

3.2.1 运动方程

对于单质点弹性体系，力学模型如图3-1所示。地震时，地面产生水平位移 $x_g(t)$ 为时间 t 的函数，质点 m 相对于地面的位移为 $x(t)$，也为时间 t 的函数，则质点 m 的总位移为 $x_g(t)+x(t)$，其绝对加速度为 $\ddot{x}_g(t) + \ddot{x}(t)$。

取质点 m 为隔离体，由动力学原理可知，作用在质点 m 上的力有3种：惯性力 $F_I = -m[\ddot{x}_g(t) + \ddot{x}(t)]$、弹性恢复力 $F_S = -kx(t)$ 和阻尼力 $F_D = -c\dot{x}(t)$。根据达朗贝尔原理，可建立如下力的平衡方程：

$$-m[\ddot{x}_g(t)+\ddot{x}(t)]-c\dot{x}(t)-kx(t) = 0 \tag{3-1}$$

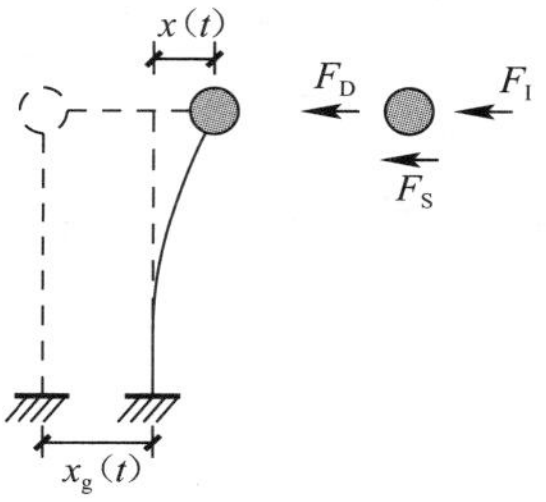

图 3-1 地震作用下单质点体系的力学模型

移项整理后得：

$$m\ddot{x}(t)+c\dot{x}(t)+kx(t) = -m\ddot{x}_g(t) \tag{3-2}$$

式中　k——弹性结构的刚度；

　　　c——阻尼系数。

式（3-2）为地震作用下单自由度弹性体系的振动方程，其形式与动力学中单质点弹性体系在动力外荷载 $-m\ddot{x}_g(t)$ 作用下的振动方程相同。因此，地面运动加速度 $\ddot{x}_g(t)$ 对单自由度弹性体系引起的动力效应可用一个动力外荷载 $-m\ddot{x}_g(t)$ 等效表达。

式（3-2）化简，得：

$$\ddot{x}(t)+2\zeta\omega\dot{x}(t)+\omega^2 x(t) = -\ddot{x}_g(t) \tag{3-3}$$

$$\omega = \sqrt{\frac{k}{m}} \tag{3-4}$$

$$\zeta = \frac{c}{2\omega m} = \frac{c}{2\sqrt{km}} \tag{3-5}$$

式中　ω——结构的自振圆频率；

　　　ζ——结构的阻尼比。

式（3-3）为常系数二阶非齐次线性微分方程，其通解由齐次解和特解两部分组成。前者对应着结构的自由振动，后者对应着结构在地震作用下的强迫振动。

31

3.2.2　自由振动

自由振动是指体系在没有外部干扰下发生的振动，由体系的初始位移或初始速度或两者共同的影响所产生。单自由度体系的自由振动方程为：

$$\ddot{x}(t) + 2\zeta\omega\dot{x}(t) + \omega^2 x(t) = 0 \tag{3-6}$$

对于一般的建筑结构，其阻尼比 $\zeta < 1$，根据结构动力学理论，方程式（3-6）的解为：

$$x(t) = e^{-\zeta\omega t}\left[x(0)\cos\omega^{d}t + \frac{\dot{x}(t) + \zeta\omega x(t)}{\omega^{d}}\sin\omega^{d}t\right] \tag{3-7}$$

$$\omega^{d} = \omega\sqrt{1 - \zeta^2} \tag{3-8}$$

$$X = e^{-\zeta\omega t}\sqrt{x^2(0) + \left(\frac{\dot{x}(0) + \zeta\omega x(0)}{\omega^{d}}\right)^2} \tag{3-9}$$

式中　$x(0)$、$\dot{x}(0)$——分别为 $t = 0$ 时刻，体系的初始位移和初始速度；
　　　　X——体系的振幅。可见，振幅随时间增加而减小，且体系的阻尼越大，其振幅的衰减就越快。

当体系无阻尼，即 $\zeta = 0$ 时，式（3-7）成为：

$$x(t) = x(0)\cos\omega t + \frac{\dot{x}(0)}{\omega}\sin\omega t \tag{3-10}$$

这表明，无阻尼单自由度体系的自由振动是一个简谐振动，它的周期是：

$$T = \frac{2\pi}{\omega} \tag{3-11}$$

式中　T——自振周期，单位为秒（s）。

将自振周期 T 的倒数 $f = \frac{1}{T}$ 称为频率 f，其物理意义是单位时间内质点振动的次数，其单位为赫兹（Hz）。而 $\omega = \frac{2\pi}{T} = 2\pi f$ 称 ω 为体系的圆频率，其物理意义是 2π 秒时间内质点振动的次数，数值为频率 f 的 2π 倍。

对于有阻尼自由振动，由于随着时间增加，其振幅不断衰减，因此严格说它不具备周期性，但由于其振动是往复的，质点振动一个循环所需时间间隔相等，因此把该时间间隔 T^{d} 称为有阻尼体系的振动周期，即：

$$T^{d} = \frac{2\pi}{\omega^{d}} \tag{3-12}$$

式中　ω^{d}——有阻尼体系的自振频率，可按式（3-8）计算。

显然，体系有阻尼时的自振频率 ω^{d} 小于无阻尼时的自振频率 ω，这说明由于阻尼的存在，使得结构的自振频率减小，也即使结构的周期增大。

由式（3-5）可知，阻尼系数 $c = 2\zeta\omega m$，而当 $\zeta = 1$ 时，$\omega^{d} = 0$，此时有阻尼体系不再产生振动，因此称 $\zeta = 1$ 时的阻尼系数为临界阻尼系数 $c_{r} = 2\omega m$，可见：

$$\zeta = \frac{c}{c_{r}} \tag{3-13}$$

上式表明，结构的阻尼比 ζ 为结构阻尼系数与临界阻尼系数之比。

对于实际的建筑结构，阻尼比 ζ 一般很小，通常在 $0.01 \sim 0.1$ 之间。因此，有阻尼体系的自振频率 ω^d 与无阻尼体系的自振频率 ω 非常接近，在实际计算中可近似取 $\omega^d = \omega$。

由式（3-4）、式（3-11）可得单自由度弹性结构自振周期的计算公式为：

$$T = 2\pi \sqrt{\frac{m}{k}} \tag{3-14}$$

由此可见，结构的自振周期与其质量和刚度的大小有关，质量越大，周期越长；而刚度越大，周期越短。式（3-14）还表明，结构自振周期是结构的固有特性，与外界因素无关。

3.2.3 强迫振动

求解式（3-3）对应的强迫振动，地面运动加速度 $\ddot{x}_g(t)$ 在实际工程中一般取实测地震记录，由于地震时地面运动的随机性，对强迫振动反应不可能求得其解析表达式，只能借助数值积分的方法求出其数值解。在动力学中，式（3-3）的强迫振动反应由杜哈梅（Duhamel）积分给出：

$$x(t) = -\frac{1}{\omega^d} \int_0^t \ddot{x}_g(\tau) e^{-\xi\omega(t-\tau)} \sin\omega^d(t-\tau) d\tau \tag{3-15}$$

若取 $\omega^d = \omega$，可得：

$$x(t) = -\frac{1}{\omega} \int_0^t \ddot{x}_g(\tau) e^{-\xi\omega(t-\tau)} \sin\omega(t-\tau) d\tau \tag{3-16}$$

式（3-7）与式（3-15）之和，就是微分方程（3-3）的通解：

$$x(t) = e^{-\zeta\omega t} \left[x(0)\cos\omega^d t + \frac{\dot{x}(0) + \zeta\omega x(0)}{\omega^d} \sin\omega^d t \right]$$
$$- \frac{1}{\omega^d} \int_0^t \ddot{x}_g(\tau) e^{-\xi\omega(t-\tau)} \sin\omega^d(t-\tau) d\tau \tag{3-17}$$

3.3 单质点弹性体系水平地震作用及其反应谱

3.3.1 水平地震作用定义

当基础作水平运动时，单自由度弹性体系质点上的惯性力为 $F_1 = -m[\ddot{x}_g(t) + \ddot{x}(t)]$，根据方程式（3-1），可得：

$$-m[\ddot{x}_g(t) + \ddot{x}(t)] = kx(t) + c\dot{x}(t) \tag{3-18}$$

由于弹性状态阻尼力 $F_D = -c\dot{x}(t)$ 通常很小，可以略去，因此有：

$$-m[\ddot{x}_g(t) + \ddot{x}(t)] \approx kx(t) \tag{3-19}$$

$$x(t) \approx \frac{-m[\ddot{x}_g(t) + \ddot{x}(t)]}{k} \tag{3-20}$$

上式表明，在地震作用下，质点的相对位移是由其惯性力引起的，只要知道质点所承受的惯性力，就可以由式（3-20）计算质点的相对位移。根据地

震作用的概念，将结构承受的惯性力作为地震作用来对结构进行抗震设计，即

$$F(t) = -m[\ddot{x}_{g}(t) + \ddot{x}(t)] \qquad (3-21)$$

这时就把一个结构动力学问题转化为静力学问题。

由式（3-19）可求得质点的绝对加速度：

$$a(t) = \ddot{x}_{g}(t) + \ddot{x}(t) = -\frac{kx(t)}{m} = -\omega^2 x(t) \qquad (3-22)$$

在进行结构抗震设计时，应采用结构所承受的最大地震作用 F，即：

$$F = m \mid a(t) \mid_{\max} \qquad (3-23)$$

把式（3-16）代入式（3-22），可得质点的绝对最大加速度 S_a 为：

$$S_{a} = \mid a(t) \mid_{\max} = \omega \left| \int_{0}^{t} \ddot{x}_{g}(\tau) e^{-\xi\omega(t-\tau)} \sin\omega(t-\tau) \mathrm{d}\tau \right|_{\max} \qquad (3-24a)$$

$$S_{a} = \mid a(t) \mid_{\max} = \frac{2\pi}{T} \left| \int_{0}^{t} \ddot{x}_{g}(\tau) e^{-\xi\omega(t-\tau)} \sin\omega(t-\tau) \mathrm{d}\tau \right|_{\max} \qquad (3-24b)$$

由此可见，结构的最大地震作用 F 和质点的最大加速度 S_a 取决于地震时地面运动加速度 $\ddot{x}_g(t)$、结构自振频率 ω 或自振周期 T 以及结构阻尼比 ζ。由于地面运动加速度 $\ddot{x}_g(t)$ 本身具有不规则性，无法采用简单的数学解析式给出，故在计算时一般采用两种方法处理，一种是数值积分法，第二种是采用地震时地面运动的加速度记录 $\ddot{x}_g(t)$ 的统计规律给出。

3.3.2　地震反应谱

式（3-24）表明，若已知地面运动加速度 $\ddot{x}_g(t)$ 和体系阻尼比 ζ，根据结构体系的自振周期就可以计算质点的最大加速度 S_a，从而得出一条关于 S_a-T 的关系曲线，这条曲线与地面运动加速度 $\ddot{x}_g(t)$ 和体系阻尼比 ζ 有关，称为加速度反应谱。

图 3-2 是根据 1940 年美国埃尔森特罗（El-Centro）地震时地面运动加速度记录绘出的加速度反应谱曲线。由图可见，该曲线具有如下特点：

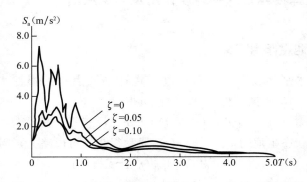

图 3-2　1940 年埃尔森特罗（El-Centro）地震 S_a 谱曲线

（1）加速度反应谱为多峰点曲线，这是由于地面运动的不规则造成的。

（2）体系阻尼比 ζ 对反应谱曲线影响较大，ζ 值小则反应谱曲线幅值大、

峰点多；ζ值大则反应谱曲线幅值小、峰点少。

（3）各条反应谱曲线均在场地卓越周期附近达到峰值点。

（4）当结构自振周期较小时，随周期增大其谱值急剧增加，但峰值点过后，则随周期增大而逐渐衰减，并趋于平缓。

3.3.3 标准反应谱

对水平地震作用计算的基本公式（3-23）进行下列变换：

$$F = m \mid a(t) \mid_{\max} = mS_a = mg \left(\frac{\mid \ddot{x}_g \mid_{\max}}{g} \right) \left(\frac{S_a}{\mid \ddot{x}_g \mid_{\max}} \right) = Gk\beta \quad (3\text{-}25)$$

式中 G——重力，由结构恒载与部分活载构成，$G = mg$；

k、β——分别称为地震系数和动力系数。

（1）地震系数

地震系数 k 是地面运动最大加速度与重力加速度之比，即

$$k = \frac{\mid \ddot{x}_g \mid_{\max}}{g} \quad (3\text{-}26)$$

一般情况下，地面运动加速度越大，则地震烈度越高，即地震系数与地震烈度之间有一定的对应关系。统计分析表明，地震烈度增加一度，地震系数的值大致增加一倍。《抗震规范》采用的地震系数 k 与地震烈度的对应关系见表 3-1。

地震系数 k 与地震烈度的关系　　　　　　　　　表 3-1

抗震设防烈度	6	7	8	9
地震系数 k	0.05	0.10（0.15）	0.20（0.30）	0.40

注：括号中的数值分别用于设计基本地震加速度为 $0.15g$ 和 $0.30g$ 的地区，g 为重力加速度。

（2）动力系数

动力系数 β 是单质点体系最大绝对加速度与地面运动最大加速度的比值，即

$$\beta = \frac{S_a}{\mid \ddot{x}_g \mid_{\max}} \quad (3\text{-}27)$$

它表示由于动力效应，质点的最大绝对加速度比地面运动最大加速度放大了多少倍，β 一般大于 1。由于当地面运动最大加速度 $\mid \ddot{x}_g(t) \mid_{\max}$ 增大或减小时，S_a 相应增大或减小，使得动力系数 β 与地面运动最大加速度 $\mid \ddot{x}_g(t) \mid_{\max}$ 或地震烈度无关，这样就可以利用各种不同烈度的地面最大加速度记录 $\mid \ddot{x}_g(t) \mid_{\max}$ 来进行统计分析。

将式（3-24）代入式（3-27），可得：

$$\beta = \frac{2\pi}{T} \frac{1}{\mid \ddot{x}_g \mid_{\max}} \left| \int_0^t \ddot{x}_g(\tau) e^{-\xi\omega(t-\tau)} \sin\omega(t-\tau) d\tau \right|_{\max} \quad (3\text{-}28)$$

动力系数 β 虽然与地面最大加速度 $\mid \ddot{x}_g(t) \mid_{\max}$ 或地震烈度无关，但与地震波频谱特性有关，这一点是要注意的。实际上，动力系数 β 就是相对于地面最大加速度 $\mid \ddot{x}_g(t) \mid_{\max}$ 的加速度反应谱，$\beta\text{-}T$ 谱曲线与 $S_a\text{-}T$ 谱曲线在形状上

36

是完全相同的，只是 β-T 谱曲线比 S_a-T 缩小了 $|\ddot{x}_g|_{max}$ 倍。

（3）标准反应谱

由于地震的随机性，即使在同一地点、同一烈度下，每次地震的地面加速度记录也是不一致的，因此需要根据大量的强震记录算出对应于每一条强震记录的反应谱曲线，然后统计出最有代表性的平均曲线作为设计依据，这种曲线就称为标准反应谱曲线。

图 3-3 是经过统计分析得出的 β-T 标准反应谱曲线。结果表明，当阻尼比 $\zeta = 0.05$ 时，β 的最大值平均为 2.25，该值对应于结构自振周期大致与结构所在地点的场地卓越周期（又称场地自振周期）相一致，这表明当结构自振周期与场地卓越周期接近时，地震反应最大，这称为类共振现象。从图 3-3 还可看出，对于土质松软的场地，β-T 标准反应谱曲线的主要峰值点偏于较长周期，而土质坚硬时，则偏于较短周期，并且土质越松软，β 谱值越大。

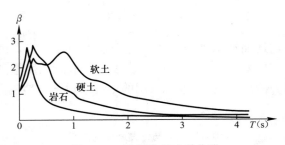

图 3-3　β-T 标准反应谱曲线

统计分析还表明，震级、震中距都对反应谱曲线有比较明显的影响，当地震烈度相同时，震中距远时，加速度反应谱的峰值点偏于较长的周期，而近时则偏于较短的周期。

3.3.4　抗震设计反应谱

定义地震影响系数 α 为：

$$\alpha = \frac{S_a}{g} = k\beta \tag{3-29}$$

则式（3-25）可写成：

$$F = mS_a = G\frac{S_a}{g} = \alpha G \tag{3-30}$$

可见，单质点弹性体系的水平地震作用等于地震影响系数 α 与结构重力的乘积。

《抗震规范》在总结地震标准反应谱的基础上，给出了便于工程应用的抗震设计反应谱，如图 3-4 所示。该反应谱给出了地震影响系数 α 与结构自振周期 T 的函数关系，由下列四部分构成：

（1）$T \leqslant 0.1s$，设计反应谱为一条向上倾斜的直线；

（2）$0.1s < T \leqslant T_g$，设计反应谱为一条水平直线，即取 α 的最大值 $\eta_2\alpha_{max}$；

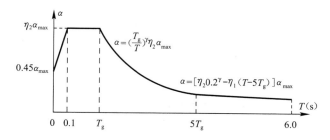

图 3-4　地震影响系数曲线

（3）$T_g < T \leqslant 5T_g$，设计反应谱为曲线下降段，采用下列函数的曲线：

$$\alpha = \left(\frac{T_g}{T}\right)^{\gamma} \eta_2 \alpha_{\max} \tag{3-31}$$

$$\gamma = 0.9 + \frac{0.05 - \zeta}{0.3 + 6\zeta} \tag{3-32}$$

$$\eta_1 = 0.02 + \frac{0.05 - \zeta}{4 + 32\zeta} \tag{3-33}$$

$$\eta_2 = 1 + \frac{0.05 - \zeta}{0.08 + 1.6\zeta} \tag{3-34}$$

式中　$\alpha_{\max}$——地震影响系数最大值；

γ——曲线下降段的衰减指数；

η_1——直线下降段的下降斜率调整系数，当 $\eta_1 < 0$ 时，取 $\eta_1 = 0$；

η_2——阻尼调整系数，当 $\eta_2 < 0.55$ 时，取 $\eta_2 = 0.55$；

T——结构自振周期（s）；

T_g——特征周期（s）。

（4）$5T_g < T \leqslant 6\mathrm{s}$，设计反应谱为直线下降段，即：

$$\alpha = [\eta_2 0.2^{\gamma} - \eta_1 (T - 5T_g)]\alpha_{\max} \tag{3-35}$$

对于一般钢筋混凝土结构，阻尼比可取 $\zeta = 0.05$，相应的 γ、η_1、η_2 分别为 0.9、0.02、1.0。

特征周期 T_g 为反应谱峰值区拐点处的周期，可根据场地条件、地震震级、震中距确定。为了与我国地震动参数区划图接轨，《抗震规范》按照地震震级、震中距将设计地震分为三组，且规定特征周期 T_g 应根据场地类别、设计地震分组按表 3-2 采用，但在计算罕遇地震作用时，特征周期应增加 0.05s。

特征周期 $T_g(\mathrm{s})$　　　　　　　　　　　　　　　　表 3-2

设计 地震分组	场地类别				
	I_0	I_1	II	III	IV
第一组	0.20	0.25	0.35	0.45	0.65
第二组	0.25	0.30	0.40	0.55	0.75
第三组	0.30	0.35	0.45	0.65	0.90

图 3-4 中水平地震影响系数最大值 $\alpha_{\max}$ 为：

$$\alpha_{\max} = k\beta_{\max} \tag{3-36}$$

《抗震规范》取动力系数最大值 $\beta_{\max}=2.25$，而地震系数对多遇地震取基本烈度时（表 3-1）的 0.35 倍，对罕遇地震约取基本烈度时的 2 倍，这样可得 $\alpha_{\max}$ 值如表 3-3 所示。

水平地震影响系数最大值 $\alpha_{\max}$　　　　　　表 3-3

地震影响	设防烈度			
	6 度	7 度	8 度	9 度
多遇地震	0.04	0.08（0.12）	0.16（0.24）	0.32
罕遇地震	0.28	0.50（0.72）	0.90（1.20）	1.40

注：括号中数值分别用于设计基本地震加速度为 $0.15g$ 和 $0.30g$ 的地区。

当结构自振周期 $T=0$ 时，结构为一刚体，其加速度与地面加速度相等，$\beta=1$，因此 α 为：

$$\alpha = k = \frac{k\beta_{\max}}{\beta_{\max}} = \frac{\alpha_{\max}}{2.25} = 0.45\alpha_{\max} \tag{3-37}$$

3.4　多质点弹性体系的地震反应分析

3.4.1　运动方程

很多建筑结构是由多个楼层构成，质量大多分布在各个楼层，若将其简化为单质点体系进行地震反应分析，则与实际情况误差较大。在这种情况下一般将结构简化为多质点体系，而将质量集中在每一层的楼面处。在地震作用下，仅考虑水平振动时，有多少个楼层就有多少个质点，同时也就有多少个自由度。

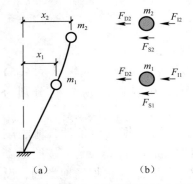

（a）　　　　　　（b）

图 3-5　两个自由度体系的动力平衡

图 3-5 为两个自由度体系的计算简图，取质点 1 作为隔离体，则作用在质点 1 上的惯性力为：

$$F_1 = -m_1(\ddot{x}_g + \ddot{x}_1)$$

质点 1 上的弹性恢复力为：

$$F_{S1} = -(k_{11}x_1 + k_{12}x_2)$$

质点 1 上的阻尼力为：

$$F_{D1} = -(c_{11}\dot{x}_1 + c_{12}\dot{x}_2)$$

式中　k_{11}——仅使质点 1 产生单位位移而使质点 2 保持不动，在质点 1 上需施加的水平力；

　　　k_{12}——仅使质点 2 产生单位位移而使质点 1 保持不动，在质点 1 上需施加的水平力；

　　　c_{11}——仅使质点 1 产生单位速度而使质点 2 保持不动，在质点 1 上需施加的阻尼力；

c_{12}——仅使质点 2 产生单位速度而使质点 1 保持不动，在质点 1 上需
施加的阻尼力。

根据达朗贝尔原理，质点 1 保持动力平衡，可得：

$$m_1\ddot{x}_1 + c_{11}\dot{x}_1 + c_{12}\dot{x}_2 + k_{11}x_1 + k_{12}x_2 = -m_1\ddot{x}_g \qquad (3\text{-}38a)$$

同理，对于质点 2，可得：

$$m_2\ddot{x}_2 + c_{21}\dot{x}_1 + c_{22}\dot{x}_2 + k_{21}x_1 + k_{22}x_2 = -m_2\ddot{x}_g \qquad (3\text{-}38b)$$

写成矩阵形式，得：

$$[m]\{\ddot{x}\} + [c]\{\dot{x}\} + [k]\{x\} = -[m]\{1\}\ddot{x}_g \qquad (3\text{-}39)$$

式中

$$[m] = \begin{bmatrix} m_1 & 0 \\ 0 & m_2 \end{bmatrix} [c] = \begin{bmatrix} c_{11} & c_{12} \\ c_{21} & c_{22} \end{bmatrix} [k] = \begin{bmatrix} k_{11} & k_{12} \\ k_{21} & k_{22} \end{bmatrix}$$

$$\{x\} = \begin{Bmatrix} x_1 \\ x_2 \end{Bmatrix} \{\dot{x}\} = \begin{Bmatrix} \dot{x}_1 \\ \dot{x}_2 \end{Bmatrix} \{\ddot{x}\} = \begin{Bmatrix} \ddot{x}_1 \\ \ddot{x}_2 \end{Bmatrix}$$

当为 n 个自由度体系时，地震作用下振动方程仍为式（3-39），但方程中
各项为：

$$[m] = \begin{bmatrix} m_1 & & & 0 \\ & m_2 & & \\ & & \ddots & \\ 0 & & & m_n \end{bmatrix}; [c] = \begin{bmatrix} c_{11} & c_{12} & \cdots & c_{1n} \\ c_{21} & c_{22} & \cdots & c_{2n} \\ \cdots & \cdots & \cdots & \cdots \\ c_{n1} & c_{n2} & \cdots & c_{nn} \end{bmatrix}; [c] = \begin{bmatrix} c_{11} & c_{12} & \cdots & c_{1n} \\ c_{21} & c_{22} & \cdots & c_{2n} \\ \cdots & \cdots & \cdots & \cdots \\ c_{n1} & c_{n2} & \cdots & c_{nn} \end{bmatrix}$$

$$\{x\} = \begin{Bmatrix} x_1 \\ x_2 \\ \vdots \\ x_n \end{Bmatrix}; \qquad \{\dot{x}\} = \begin{Bmatrix} \dot{x}_1 \\ \dot{x}_2 \\ \vdots \\ \dot{x}_n \end{Bmatrix}; \qquad \{\ddot{x}\} = \begin{Bmatrix} \ddot{x}_1 \\ \ddot{x}_2 \\ \vdots \\ \ddot{x}_n \end{Bmatrix}$$

3.4.2 自由振动

（1）自振频率

对于多自由度体系，当作自由振动时，其振动方程为：

$$[m]\{\ddot{x}\} + [k]\{x\} = \{0\} \qquad (3\text{-}40)$$

根据结构动力学理论，结构自振频率可由下列频率方程计算：

$$|[k] - \omega^2[m]| = 0 \qquad (3\text{-}41)$$

对于两个自由度的体系，自振频率可按下式直接计算：

$$\omega^2 = \frac{1}{2}\left(\frac{k_{11}}{m_1} + \frac{k_{22}}{m_2}\right) \pm \sqrt{\left[\frac{1}{2}\left(\frac{k_{11}}{m_1} + \frac{k_{22}}{m_2}\right)\right]^2 - \frac{k_{11}k_{22} - k_{12}k_{21}}{m_1m_2}} \qquad (3\text{-}42)$$

（2）主振型

通过式（3-41）或式（3-42）计算频率 ω 后，代入下列方程可计算振型
$\{X\}$：

$$([k]-\omega^2[m])\{X\}=\{0\} \tag{3-43}$$

对于两个自由度的体系，可按下式直接计算振型：

对应 ω_1：
$$\frac{X_{12}}{X_{11}}=\frac{m_1\omega_1^2-k_{11}}{k_{12}} \tag{3-44a}$$

对应 ω_2：
$$\frac{X_{22}}{X_{21}}=\frac{m_1\omega_2^2-k_{11}}{k_{12}} \tag{3-44b}$$

应强调的是，振型表示振动时，质点间位移的比值关系，不表示振动位移，因此振型是一个无量纲的量。

一般情况下，结构有多少个自由度就有多少个频率，相应的就有多少个主振型，它们都是结构体系的固有特性，与外部因素无关。当一个体系以某个主振型的方式振动时，体系各质点位移之比将保持该主振型关系，并且由于体系的振动速度等于位移的一阶导数，因此体系各质点速度之比也保持该主振型关系。

在一般的初始条件下，各质点初始位移和初始速度并不一定保持主振型关系，因此结构体系振动并不表现为主振型的形式，而是各阶主振型的叠加，这时各质点位移、速度之比不再为常数，而是随时间发生变化。仅在各质点初始位移和初始速度均保持为某阶主振型关系时，结构体系振动才会以该阶主振型的形式表现出来。

3.4.3　振型分解法求解运动方程

结构动力学理论表明，结构振动时各质点任意两阶主振型 l、k 对于质量矩阵 $[m]$、刚度矩阵 $[k]$ 具有正交性，满足下列两式：

$$\{X\}_l^T[m]\{X\}_k=0 \quad (l\neq k) \tag{3-45}$$

$$\{X\}_l^T[k]\{X\}_k=0 \quad (l\neq k) \tag{3-46}$$

对于 n 个自由度体系，其振动方程为式（3-39），常假定阻尼矩阵 $[c]$ 采用瑞雷阻尼形式，即：

$$[c]=a[m]+b[k] \tag{3-47}$$

定义主振型矩阵 $[X]$ 为：

$$[X]=[\{X\}_1 \quad \{X\}_2 \quad \cdots \quad \{X\}_j \quad \cdots \quad \{X\}_n] \tag{3-48}$$

$$[X]=\begin{bmatrix} X_{11} & X_{21} & \cdots & X_{j1} & \cdots & X_{n1} \\ X_{12} & X_{22} & \cdots & X_{j2} & \cdots & X_{n2} \\ \cdots & \cdots & \cdots & \cdots & \cdots & \cdots \\ X_{1n} & X_{2n} & \cdots & X_{jn} & \cdots & X_{nn} \end{bmatrix} \tag{3-49}$$

式中　　$\{X\}_j$——体系第 j 振型向量；

X_{ji}——体系第 j 振型第 i 质点的水平相对位移幅值。

令 $\{x\}=[X]\{q\}=\sum_{j=1}^{n}\{X\}_j q_j$，代入式（3-39），并引入式（3-47）得到：

$$\{m\}[X]\{\ddot{q}\}+(a[m]+b[k])[X]\{\dot{q}\}+[k][X]\{q\}=-[m]\{1\}\ddot{x}_g$$

$$\tag{3-50}$$

上式两边分别左乘向量 $\{X\}_j^T$，可得：

$$\{X\}_j^T[m][X]\{\ddot{q}\} + \{X\}_j^T(a[m]+b[k])[X]\{\dot{q}\} + \{X\}_j^T[k][X]\{q\}$$
$$=-\{X\}_j^T[m]\{1\}\ddot{x}_g \tag{3-51}$$

利用式（3-45）和式（3-46）的正交性，可得：

$$\{X\}_j^T[m]\{X\}_j\ddot{q}_j + \{X\}_j^T(a[m]+b[k])\{X\}_j\dot{q}_j + \{X\}_j^T[k]\{X\}_jq_j$$
$$=-\{X\}_j^T[m]\{1\}\ddot{x}_g \tag{3-52}$$

根据式（3-43），有：

$$([k]-\omega_j^2[m])\{X\}_j = \{0\} \tag{3-53}$$

$$\{X\}_j^T[k]\{X\}_j = \omega_j^2\{X\}_j^T[m]\{X\}_j \tag{3-54}$$

将式（3-54）代入式（3-52），化简后可得：

$$\ddot{q}_j + (a+b\omega_j^2)\dot{q}_j + \omega_j^2q_j = -\gamma_j\ddot{x}_g \tag{3-55}$$

$$\gamma_j = \frac{\{X\}_j^T[m]\{1\}}{\{X\}_j^T[m]\{X\}_j} = \frac{\sum_{i=1}^n m_iX_{ji}}{\sum_{i=1}^n m_iX_{ji}^2} \tag{3-56}$$

令 $a+b\omega_j^2 = 2\zeta_j\omega_j$，可得：

$$\ddot{q}_j + 2\zeta_j\omega_j\dot{q}_j + \omega_j^2q_j = -\gamma_j\ddot{x}_g \tag{3-57}$$

式中　ζ_j——对应第 j 振型的阻尼比；

　　　ω_j——对应第 j 振型的自振频率。

确定系数 a 和 b 一般考虑体系第一、第二振型的频率和阻尼比，可得：

$$\begin{cases} a+b\omega_1^2 = 2\zeta_1\omega_1 \\ a+b\omega_2^2 = 2\zeta_2\omega_2 \end{cases}$$

解得：

$$a = \frac{2\omega_1\omega_2(\zeta_1\omega_2-\zeta_2\omega_1)}{\omega_2^2-\omega_1^2} \tag{3-58a}$$

$$b = \frac{2(\zeta_2\omega_2-\zeta_1\omega_1)}{\omega_2^2-\omega_1^2} \tag{3-58b}$$

式（3-57）与单自由度体系在地震作用下的运动微分方程在形式上基本相同，根据杜哈梅（Duhamel）积分，可得它的解为：

$$q_j(t) = -\frac{\gamma_j}{\omega_j}\int_0^t \ddot{x}_g(\tau)e^{-\xi_j\omega_j(t-\tau)}\sin\omega_j(t-\tau)d\tau \tag{3-59}$$

令 $\Delta_j(t) = -\frac{1}{\omega_j}\int_0^t \ddot{x}_g(\tau)e^{-\xi_j\omega_j(t-\tau)}\sin\omega_j(t-\tau)d\tau$，则

$$q_j = \gamma_j\Delta_j(t) \tag{3-60}$$

$$\{x\} = [X]\{q\} = \sum_{j=1}^n \{X\}_jq_j = \sum_{j=1}^n \{X\}_j\gamma_j\Delta_j(t) \tag{3-61}$$

式中　$\Delta_j(t)$——相当于阻尼比为 ζ_j 和自振频率为 ω_j 的单自由度弹性体系在地震作用下的位移反应。

由式（3-61），可得第 i 质点相对水平位移为：

$$x_i = \sum_{j=1}^{n} \gamma_j \Delta_j(t) X_{ji} \tag{3-62}$$

式中 γ_j——第 j 振型的振型参与系数，它满足下式：

$$\sum_{j=1}^{n} \gamma_j X_{ji} = 1 \tag{3-63}$$

上式表明，γ_j 相当于第 j 振型第 i 质点振型位移 X_{ji} 在结构反应幅值为单位 1 时，参与的比率。

3.5 多质点弹性体系的水平地震作用

采用上述振型分解法可以求得多自由度体系各质点的最大位移和最大绝对加速度，但对于实际工程来说，计算还是较为复杂。由于建筑抗震设计一般需要的是各质点地震反应的最大值，为此在振型分解法的基础上，引入单自由度体系的反应谱理论，建立简便实用的振型分解反应谱法；对满足某些特定条件的结构体系，进而推导出更为简便的底部剪力法。

3.5.1 振型分解反应谱法

（1）多自由度弹性体系的水平地震作用

多自由度弹性体系质点 i 的地震作用为：

$$F_i(t) = -m_i[\ddot{x}_g(t) + \ddot{x}_i(t)] \tag{3-64}$$

根据式（3-63），可得：

$$\ddot{x}_g(t) = \sum_{j=1}^{n} \gamma_j X_{ji} \ddot{x}_g(t) \tag{3-65}$$

根据式（3-62），可得：

$$\ddot{x}_i(t) = \sum_{j=1}^{n} \gamma_j X_{ji} \ddot{\Delta}_j(t) \tag{3-66}$$

将式（3-65）和式（3-66）代入式（3-64），得：

$$F_i(t) = -m_i \sum_{j=1}^{n} \gamma_j X_{ji} [\ddot{x}_g(t) + \ddot{\Delta}_j(t)] \tag{3-67}$$

利用式（3-67）可以求得质点 i 的水平地震作用随时间的变化曲线以及最大值，但计算包含了各阶振型的影响，过程非常复杂。现行《抗震规范》采用的方法是，先计算每一阶振型的最大地震作用及其相应的地震作用效应，然后将各阶振型的地震作用效应组合，以求得结构的最大地震作用效应。

（2）水平地震作用标准值

根据式（3-67），作用于质点 i 上第 j 振型上的水平地震作用标准值 F_{ji} 为：

$$F_{ji} = m_i \gamma_j X_{ji} \mid \ddot{x}_g(t) + \ddot{\Delta}_j(t) \mid_{\max} \tag{3-68}$$

令 $\alpha_j = \dfrac{\mid \ddot{x}_g(t) + \ddot{\Delta}_j(t) \mid_{\max}}{g}$，可得：

$$F_{ji} = \alpha_j \gamma_j X_{ji} G_i \quad (i = 1, 2, \cdots, n; \quad j = 1, 2, \cdots, n) \tag{3-69}$$

式中 α_j——相应于第 j 振型自振周期 T_j 的地震影响系数, 可按图 3-4 确定;

γ_j——j 振型的振型参与系数;

X_{ji}——j 振型 i 质点的水平相对位移;

G_i——集中于 i 质点的重力荷载代表值。

（3）振型组合

求出 j 振型各质点上的水平地震作用后, 就可以按结构力学原理计算结构的地震作用效应 S_j, 包括内力、变形等。根据式 (3-67), 结构在任一时刻所受的总地震作用等于结构各振型地震作用之和, 但由于按振型分解法求得的地震作用 F_{ji} 是相应振型中的最大值, 且各振型地震作用并不会同时达到最大值。因此, 如何利用对应于各振型的最大地震作用效应来计算结构总的地震作用效应, 这就产生了如何将各振型的作用效应组合, 以确定结构合理的地震作用效应问题。

根据结构随机振动分析, 假定地震时地面运动为平稳随机过程, 则对于各平动振型产生的地震作用效应可近似采用"平方和开方"的方法确定, 即:

$$S = \sqrt{\sum S_j^2} \tag{3-70}$$

式中 S——结构某处总的水平地震作用效应;

S_j——j 振型水平地震作用产生的该处结构的地震作用效应。

需要特别说明的是, 上式不能理解为将各振型地震作用采用"平方和开方"来计算总地震作用, 然后再采用求得的总地震作用计算结构总的地震作用效应。这是因为在高振型中地震作用有正有负, 经平方后全为正值, 这将夸大结构所受到的地震作用效应。

一般各振型在结构地震总反应中的贡献随频率增加而迅速减小, 频率最低的几阶振型控制着结构的最大地震反应。因此, 在实际计算中一般采用前2～3个振型就可以了, 但由于长周期结构的各阶频率比较接近, 故《抗震规范》规定, 当基本自振周期大于 1.5s 时, 可适当增加参与组合的振型个数。

由于地震影响系数在长周期段下降较快, 对于基本周期大于 3.5s 的结构, 由此计算所得的水平地震作用下的结构地震作用效应一般偏小。而对于长周期结构, 地震动作用中的地面运动速度和位移可能对结构的破坏具有更大的影响, 但是目前《抗震规范》所采用的振型分解反应谱法尚无法对此作出估计。为此,《抗震规范》出于结构安全的考虑, 提出了对各楼层水平地震剪力最小值的要求, 即在进行结构抗震验算时, 结构任一楼层的水平地震剪力应符合下列要求:

$$V_{eki} > \lambda \sum_{j=i}^{n} G_j \tag{3-71}$$

式中 V_{eki}——第 i 层对应于水平地震作用标准值的楼层剪力;

λ——剪力系数, 不应小于表 3-4 规定的楼层最小地震剪力系数值, 对竖向不规则结构的薄弱层, 尚应乘以 1.15 的增大系数。

3.5 多质点弹性体系的水平地震作用

楼层最小地震剪力系数值　　　　　　表 3-4

	6 度	7 度	8 度	9 度
扭转效应明显或基本周期小于 3.5s 的结构	0.008	0.016 （0.024）	0.032 （0.048）	0.064
基本周期大于 5.0s 的结构	0.006	0.012 （0.018）	0.024 （0.036）	0.048

注：1. 基本周期介于 3.5s 和 5.0s 之间的结构，按插入法取值；
　　2. 括号内数值分别用于设计基本地震加速度为 0.15g 和 0.30g 的地区。

3.5.2　底部剪力法

　　振型分解反应谱法计算多自由度结构体系的地震反应时，必须计算结构的各阶频率和振型，运算较为繁杂。为此，《抗震规范》规定，对于结构高度不超过 40m、以剪切变形为主且结构质量和刚度沿高度分布比较均匀的结构，以及近似于单质点体系的结构可采用更为简便的底部剪力法来计算其地震反应。满足上述条件的结构，其第一振型往往对结构地震反应起控制作用。

　　根据以上特点，按振型分解反应谱法，质点 i 的水平地震作用为：

$$F_i = \alpha_1 \gamma_1 X_{1i} G_i \tag{3-72}$$

　　将基本振型近似为倒三角形，如图 3-6（b）所示，可得：

$$X_{1i} = \eta H_i \tag{3-73}$$

式中　η——比例系数。

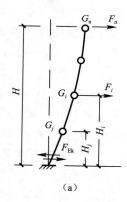
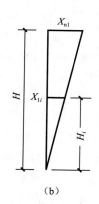
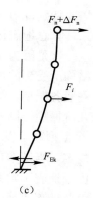

（a）　　　　　　　　　　（b）　　　　　　　　　（c）

图 3-6　底部剪力法

　　基本振型参与系数为：

$$\gamma_1 = \frac{\sum\limits_{i=1}^{n} G_i X_{1i}}{\sum\limits_{i=1}^{n} G_i X_{1i}^2} = \frac{\sum\limits_{i=1}^{n} G_i H_i}{\eta \sum\limits_{i=1}^{n} G_i H_i^2} \tag{3-74}$$

将式（3-73）、式（3-74）代入式（3-72），得：

$$F_i = \alpha_1 \frac{G_i H_i}{\sum\limits_{i=1}^{n} G_i H_i} \frac{\left(\sum\limits_{i=1}^{n} G_i H_i\right)^2}{\sum\limits_{i=1}^{n} G_i \cdot \sum\limits_{i=1}^{n} G_i H_i^2} \sum\limits_{i=1}^{n} G_i \tag{3-75}$$

令 $c = \dfrac{(\sum\limits_{i=1}^{n} G_i H_i)^2}{\sum\limits_{i=1}^{n} G_i \cdot \sum\limits_{i=1}^{n} G_i H_i^2}$ ，可得：

$$F_i = \frac{G_i H_i}{\sum\limits_{j=1}^{n} G_j H_j} F_{\mathrm{Ek}} \qquad (3\text{-}76)$$

$$F_{\mathrm{Ek}} = \alpha_1 G_{\mathrm{eq}} \qquad (3\text{-}77)$$

$$G_{\mathrm{eq}} = c \sum_{i=1}^{n} G_i \qquad (3\text{-}78)$$

式中　α_1——相应于结构基本自振周期的水平地震影响系数；

　　　F_i——质点 i 的水平地震作用；

　　F_{Ek}——结构底部剪力，即结构总水平地震作用；

　　G_{eq}——结构等效总重力荷载；

　　　c——等效系数。

经过对大量结构的计算结果统计表明，当结构基本周期小于 0.75s 时，等效系数 c 对多质点体系近似为 0.85；对单质点体系，显然 $c=1.0$。由于适用于底部剪力法计算地震作用的结构，其基本周期一般都小于 0.75s，因此，《抗震规范》规定，对多质点体系取 $c=0.85$，而对单质点体系 $c=1.0$。

上述公式适用于基本自振周期 $T_1 \leqslant 1.4 T_{\mathrm{g}}$ 的结构，其中 T_{g} 为特征周期，可根据场地类别及设计地震分组按表 3-2 采用；当 $T_1 > 1.4 T_{\mathrm{g}}$ 时，由于高振型的影响，并通过对大量结构地震反应直接动力分析表明，式（3-76）计算出的结构顶部地震剪力偏小，应进行调整。调整方法是将结构总地震作用的一部分 ΔF_{n} 作为水平集中力作用于结构的顶部，再将余下的部分按三角形分配给各质点。根据统计结果，得：

$$\Delta F_{\mathrm{n}} = \delta_{\mathrm{n}} F_{\mathrm{Ek}} \qquad (3\text{-}79)$$

式中　ΔF_{n}——顶部附加水平地震作用；

　　　δ_{n}——顶部附加地震作用系数，对于多层钢筋混凝土和钢结构房屋，δ_{n} 可由特征周期 T_{g} 与结构基本自振周期 T_1 按表 3-5 确定；对于其他房屋则取 $\delta_{\mathrm{n}}=0$。这样，质点 i 的水平地震作用标准值为：

$$F_i = \frac{G_i H_i}{\sum\limits_{j=1}^{n} G_j H_j} F_{\mathrm{Ek}}(1 - \delta_{\mathrm{n}}) \quad (i = 1, 2, \cdots, n) \qquad (3\text{-}80)$$

顶部附加地震作用系数　　　　　　　　　　　表 3-5

$T_{\mathrm{g}}(\mathrm{s})$	$T_1 > 1.4 T_{\mathrm{g}}$	$T_1 \leqslant 1.4 T_{\mathrm{g}}$
$T_{\mathrm{g}} \leqslant 0.35\mathrm{s}$	$0.08 T_1 + 0.07$	
$0.35\mathrm{s} < T_{\mathrm{g}} \leqslant 0.55\mathrm{s}$	$0.08 T_1 + 0.01$	0.0
$T_{\mathrm{g}} > 0.55\mathrm{s}$	$0.08 T_1 - 0.02$	

3.5　多质点弹性体系的水平地震作用

当房屋顶部有突出屋面的小建筑物时，上述附加水平地震作用 ΔF_n 应置于主体房屋的顶层而不是小建筑物的顶部，但小建筑物顶部的地震作用仍可按式（3-80）计算。

还应注意的是，当房屋顶部有突出屋面的小建筑物，如出屋面的楼、电梯间、女儿墙、烟囱、电视发射塔等，由于该部分质量、刚度突然变小，地震时将产生鞭端效应而使其地震反应特别强烈。因此，严格来讲，对带有突出屋面小建筑的房屋结构，底部剪力法已不再适用，应采用振型分解反应谱法计算其水平地震作用。考虑到工程实践中此类房屋建筑数量极大，为了简化计算，《抗震规范》规定，当采用底部剪力法计算上述小建筑物的地震作用效应时，宜乘以增大系数 3，此增大部分不往下传递，但与该突出部分相连的构件应予以计入；但当采用振型分解反应谱法计算时，突出屋面部分可作为一个质点，并应按考虑高阶振型的影响进行分析。

【例 3-1】　一个二层钢筋混凝土框架结构，每层层高均 5m，第一楼层质量为 $m_1 = 75 \times 10^3 \text{kg}$，第二楼层（屋面层）质量为 $m_2 = 60 \times 10^3 \text{kg}$，建于设防烈度为 8 度的 I_1 类场地上，该地区设计基本地震加速度为 $0.20g$，设计地震分组为第一组。根据结构动力学理论计算得该结构第一周期 $T_1 = 0.415\text{s}$，第二周期 $T_2 = 0.168\text{s}$，结构主振型分别为 $\begin{Bmatrix} X_{11} \\ X_{12} \end{Bmatrix} = \begin{Bmatrix} 0.518 \\ 1.000 \end{Bmatrix}$，$\begin{Bmatrix} X_{21} \\ X_{22} \end{Bmatrix} = \begin{Bmatrix} 1.60 \\ -1.00 \end{Bmatrix}$，试分别按振型分解反应谱法和底部剪力法计算该框架的层间地震剪力。

【解】　（1）采用振型分解反应谱法计算

对于第一振型

$$T_1 = 0.415\text{s} > T_g = 0.25\text{s}$$

由图 3-4、表 3-2、表 3-3 及式（3-31），可计算地震影响系数为（钢筋混凝土结构阻尼比取 0.05）：

$$\alpha_1 = \left(\frac{T_g}{T_1} \right)^{\gamma} \eta_2 \alpha_{\max} = \left(\frac{0.25}{0.415} \right)^{0.9} \times 1.0 \times 0.16 = 0.1014$$

由式（3-56）求得振型参与系数为：

$$\gamma_1 = \frac{\sum\limits_{i=1}^{n} m_i X_{1i}}{\sum\limits_{i=1}^{n} m_i X_{1i}^2} = \frac{75 \times 0.518 + 60 \times 1}{75 \times 0.518^2 + 60 \times 1^2} = 1.234$$

由式（3-69）得到各质点的水平地震作用为：

$$F_{11} = 0.1014 \times 1.234 \times 0.518 \times 75 \times 9.8 = 47.64\text{kN}$$

$$F_{12} = 0.1014 \times 1.234 \times 1 \times 50 \times 9.8 = 70.58\text{kN}$$

按结构力学方法计算出相应的层间剪力为：

$$V_{11} = 47.64 + 70.58 = 121.22\text{kN}$$

$$V_{12} = 70.58\text{kN}$$

对于第二振型：$0.1\text{s} < T_2 = 0.168\text{s} < T_g = 0.25\text{s}$

同上，可先后求得：

$$\alpha_2 = \eta_2 \alpha_{\max} = 1.0 \times 0.16 = 0.16$$

$$\gamma_2 = \frac{\sum\limits_{i=1}^{n} m_i X_{2i}}{\sum\limits_{i=1}^{n} m_i X_{2i}^2} = \frac{75 \times 1.6 + 60 \times (-1)}{75 \times 1.6^2 + 60 \times (-1)^2} = 0.238$$

$$F_{21} = 0.16 \times 0.238 \times 1.60 \times 75 \times 9.8 = 44.78\text{kN}$$

$$F_{22} = 0.16 \times 0.238 \times (-1) \times 60 \times 9.8 = -22.39\text{kN}$$

$$V_{21} = 44.78 - 22.39 = 22.39\text{kN}$$

$$V_{22} = -22.39\text{kN}$$

按平方和开方的原则，由式（3-70）可求得各层间剪力分别为：

$$V_1 = \sqrt{121.22^2 + 22.39^2} = 123.3\text{kN}$$

$$V_2 = \sqrt{70.58^2 + (-22.39)^2} = 74.0\text{kN}$$

（2）采用底部剪力法计算

由式（3-77）计算等效总重力荷载值：

$$G_{\text{eq}} = 0.85 \sum_{i=1}^{n} m_i g = 0.85(75 + 60) \times 9.8 = 1124.6\text{kN}$$

由式（3-76）计算结构总水平地震作用：

$$F_{\text{Ek}} = \alpha_1 G_{\text{eq}} = 0.1014 \times 1124.6 = 114.0\text{kN}$$

由于 $T_1 = 0.415\text{s} > 1.4T_g = 1.4 \times 0.25 = 0.35\text{s}$，故需要考虑顶部附加地震作用。查表3-5，可得顶部附加地震作用系数：

$$\delta_{\text{n}} = 0.08T_1 + 0.07 = 0.08 \times 0.415 + 0.07 = 0.1032$$

由式（3-79）计算各楼层地震作用：

$$F_1 = \frac{G_1 H_1}{\sum\limits_{j=1}^{n} G_j H_j} F_{\text{Ek}}(1 - \delta_{\text{n}})$$

$$= \frac{75 \times 9.8 \times 5}{75 \times 9.8 \times 5 + 60 \times 9.8 \times (5 + 5)} \times 114.0 \times (1 - 0.1032) = 39.3\text{kN}$$

$$F_2 = \frac{G_2 H_2}{\sum\limits_{j=1}^{n} G_j H_j} F_{\text{Ek}}(1 - \delta_{\text{n}})$$

$$= \frac{60 \times 9.8 \times (5 + 5)}{75 \times 9.8 \times 5 + 60 \times 9.8 \times (5 + 5)} \times 114.0 \times (1 - 0.1032) = 62.9\text{kN}$$

再由式（3-78）计算顶部附加水平地震作用为：

$$\Delta F_{\text{n}} = \delta_{\text{n}} F_{\text{Ek}} = 0.1032 \times 114.0 = 11.8\text{kN}$$

故求得各楼层层间剪力分别为：

$$V_1 = F_1 + F_2 + \Delta F_{\text{n}} = 39.3 + 62.9 + 11.8 = 114\text{kN}$$

$$V_2 = F_2 + \Delta F_{\text{n}} = 62.9 + 11.8 = 74.7\text{kN}$$

3.5.3 结构基本周期的近似计算

按底部剪力法计算多自由度结构体系的地震作用时，可不分析结构体系的自振频率和振型，但仍需要知道结构的基本自振周期值。为此，这里介绍两种常用的计算结构基本自振周期的近似方法。

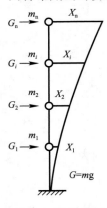

图 3-7 结构近似
基本振型

（1）能量法

能量法又称瑞利法，其原理是无阻尼弹性体系振动过程中将保持能量守恒，即当体系振动过程中位移达到最大时，其变形位能最大为 U_{max}，而此时体系动能为零；在经过静平衡位置时，体系动能为最大值 T_{max}，而变形位能为零。因此

$$U_{max} = T_{max} \tag{3-81}$$

图 3-7 所示的多自由度弹性体系，其自由振动时任意一质点 i 的水平位移和速度分别为：

$$x_i(t) = X_i \sin(\omega t + \varphi) \tag{3-82}$$

$$\dot{x}_i(t) = X_i \omega \cos(\omega t + \varphi) \tag{3-83}$$

其动能为：

$$T = \frac{1}{2} \sum_{i=1}^{n} m_i \dot{x}_i^2(t) = \frac{1}{2} \omega^2 \cos^2(\omega t + \varphi) \sum_{i=1}^{n} m_i X_i^2 \tag{3-84}$$

最大动能为：

$$T_{max} = \frac{1}{2} \omega^2 \sum_{i=1}^{n} m_i X_i^2 \tag{3-85}$$

式中 X_i——质点 i 的振型位移幅值。

一般地，结构的基本振型可以近似取为当重力荷载沿振动方向作用在质点上时的结构弹性曲线。因此，体系的最大变形位能为：

$$U_{max} = \frac{1}{2} \sum_{i=1}^{n} m_i g X_i \tag{3-86}$$

把式（3-85）、式（3-86）代入式（3-81），可得体系的基本自振频率为：

$$\omega_1 = \sqrt{\frac{g \sum_{i=1}^{n} m_i X_i}{\sum_{i=1}^{n} m_i X_i^2}} \tag{3-87}$$

结构基本自振周期为：

$$T_1 = \frac{2\pi}{\omega_1} = 2\pi \sqrt{\frac{\sum_{i=1}^{n} m_i X_i^2}{g \sum_{i=1}^{n} m_i X_i}} \approx 2 \sqrt{\frac{\sum_{i=1}^{n} G_i X_i^2}{\sum_{i=1}^{n} G_i X_i}} \tag{3-88}$$

（2）顶点位移法

顶点位移法是根据结构在重力荷载水平作用时算得的顶点位移来推求其基本自振频率或基本自振周期的一种方法。

根据结构动力学理论，考虑一根质量均匀的悬臂直杆（图 3-8），其单位长度的质量为 $\bar{m}$。若杆为弯曲型振动，则其基本自振周期为：

$$T_{\mathrm{b}} = 1.79l^2 \sqrt{\frac{\overline{m}}{EI}} \qquad (3\text{-}89)$$

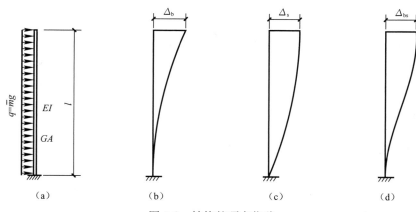

图 3-8　结构的顶点位移

若杆为剪切振动，则其基本自振周期为：

$$T_{\mathrm{s}} = 4l \sqrt{\frac{\xi \overline{m}}{GA}} \qquad (3\text{-}90)$$

式中　EI、GA——分别为杆的弯曲刚度和剪切刚度；

　　　　ξ——剪应力分布不均匀系数。

该悬臂直杆在均布荷载 $q = \overline{m}g$ 水平作用下，由弯曲和剪切引起的顶点位移分别为：

$$\Delta_{\mathrm{b}} = \frac{ql^4}{8EI} = \frac{\overline{m}gl^4}{8EI} \qquad (3\text{-}91)$$

$$\Delta_{\mathrm{s}} = \frac{\xi ql^2}{2GA} = \frac{\xi \overline{m}gl^2}{2GA} \qquad (3\text{-}92)$$

把式（3-91）、式（3-92）分别代入式（3-89）、式（3-90），得：

$$T_{\mathrm{b}} = 1.6 \sqrt{\Delta_{\mathrm{b}}} \qquad (3\text{-}93)$$

$$T_{\mathrm{s}} = 1.8 \sqrt{\Delta_{\mathrm{s}}} \qquad (3\text{-}94)$$

当体系按弯剪振动时，其基本自振周期近似为：

$$T_{\mathrm{bs}} = 1.7 \sqrt{\Delta_{\mathrm{bs}}} \qquad (3\text{-}95)$$

应说明的是，上述各公式中位移 Δ 的单位为米（m），周期 T 的单位为秒（s）。

在对结构初步设计确定体系时，可粗略估算结构基本周期，部分经验公式和确定方法可参考《抗震规范》。

3.6　考虑结构扭转效应的计算

结构在地震作用下除发生平移振动外，还会发生或多或少的扭转振动。引起扭转振动原因主要有两个：一是地面振动存在转动分量，或地震时地面各点的振动存在相位差；二是结构本身存在偏心，即结构的质量中心与刚度中心不重合。震害调查表明，扭转作用会加重结构破坏，有时还会成为引起结构破坏的主要因素。因此，建筑抗震设计应充分考虑并尽量消除扭转的不利影响，尤其应避免结构发生带有脆性性质的扭转破坏。但由于目前尚未取得可供工程实用的有关地面运动转动分量的强震记录，这样对前一原因引起的结构扭转效应就难以定量分析。下面主要讨论在水平地震作用下由于结构偏心所产生的地震扭转作用效应。

3.6.1　一般规定

当结构需要考虑水平地震作用的扭转影响时，《抗震规范》规定如下：

（1）对规则结构不进行扭转耦联计算时，平行于地震作用方向的两个边榀各构件，其地震作用效应应乘以增大系数。一般情况下，短边可按 1.15 采用，长边可按 1.05 采用；当扭转刚度较小时，周边各构件宜按不小于 1.3 采用。角部构件宜同时乘以两个方向各自的增大系数。

（2）按扭转耦联振型分解法计算时，各楼层可取两个正交的水平位移和一个转角共 3 个自由度，并应同时考虑各阶振型频率间的相关性。确有依据时，可采用简化计算方法确定其地震作用效应；

（3）对于质量与刚度分布明显不对称的结构，应计入双向水平地震作用下的扭转影响。

3.6.2　结构的平扭耦联地震反应计算

按扭转耦联振型分解法计算时，各楼层可取两个正交的水平位移和一个转角共 3 个自由度，并按下述方法计算结构的地震作用及其作用效应。

（1）j 振型 i 楼层的水平地震作用标准值，应按下列公式计算：

$$F_{xji} = \alpha_j \gamma_{tj} X_{ji} G_i \qquad (3\text{-}96)$$

$$F_{yji} = \alpha_j \gamma_{tj} Y_{ji} G_i \qquad (3\text{-}97)$$

$$F_{tji} = \alpha_j \gamma_{tj} r_i^2 \varphi_{ji} G_i \qquad (3\text{-}98)$$

式中　F_{xji}、F_{yji}、F_{tji}——分别为 j 振型 i 楼层的 x、y 方向和转角方向的地震作用标准值；

　　　X_{ji}、Y_{ji}——分别为 j 振型 i 楼层质心在 x、y 方向的水平相对位移；

　　　φ_{ji}——j 振型 i 楼层的相对扭转角；

　　　r_i——i 楼层转动半径，可取楼层绕质心的转动惯量除以其质量的商的正二次方根；

　　　γ_{tj}——计入扭转的 j 振型参与系数，可按下列公式确定：

当仅取 x 方向地震作用时：

$$\gamma_{tj} = \gamma_{xj} = \sum_{i=1}^{n} X_{ji} G_i \bigg/ \sum_{i=1}^{n} (X_{ji}^2 + Y_{ji}^2 + \varphi_{ji}^2 r_i^2) G_i \qquad (3\text{-}99)$$

当仅取 y 方向地震作用时：

$$\gamma_{\text{t}j} = \gamma_{yj} = \sum_{i=1}^{n} Y_{ji}G_i \bigg/ \sum_{i=1}^{n}(X_{ji}^2 + Y_{ji}^2 + \varphi_{ji}^2 r_i^2)G_i \qquad (3\text{-}100)$$

当取与方向斜交的地震作用时：

$$\gamma_{\text{t}j} = \gamma_{xj}\cos\theta + \gamma_{yj}\sin\theta \qquad (3\text{-}101)$$

式中 θ——地震作用方向与 x 方向的夹角；

γ_{xj}、γ_{yj}——分别为按照式（3-99）与式（3-100）求得的参与系数。

（2）单向水平地震作用下的扭转耦联效应

按上述方法可分别求得对应于每一振型的最大地震作用，这时仍需要进行振型组合求结构总的地震作用效应。与结构单向平移水平地震反应计算相比，考虑平扭耦合效应进行振型组合时，结构体系有 x、y 方向和扭转 3 个主振方向，若取 $3m$ 个振型组合则只相当于不考虑平扭耦合影响时取 m 个振型组合的情况，故平扭耦合体系的振型组合数较平动体系的要多，一般为 3 倍以上。此外，在第 3.5 节中采用的平方和开方的组合方法仅适用于各振型频率间隔较大的平移振动分析。对于平扭耦联振动，由于一些振型的频率比较接近，振型组合时应考虑相近频率振型之间的相关性，否则误差较大。因此，计算单向水平地震作用下的扭转耦联地震作用效应时，应采用完全二次型方根法（CQC 法），即：

$$S_{\text{Ek}} = \sqrt{\sum_{j=1}^{m}\sum_{k=1}^{m}\rho_{jk}S_jS_k} \qquad (3\text{-}102)$$

$$\rho_{jk} = \frac{8\sqrt{\zeta_j\zeta_k}(\zeta_j + \lambda_{\text{T}}\zeta_k)\lambda_{\text{T}}^{1.5}}{(1-\lambda_{\text{T}}^2)^2 + 4\zeta_j\zeta_k(1+\lambda_{\text{T}})^2\lambda_{\text{T}} + 4(\zeta_j^2 + \zeta_k^2)\lambda_{\text{T}}^2} \qquad (3\text{-}103)$$

式中 S_{Ek}——考虑扭转的单向水平地震作用效应标准值；

S_j、S_k——分别为 j、k 振型地震作用效应标准值，可取前 9～15 个振型；

ζ_j、ζ_k——分别为 j、k 振型的阻尼比；

ρ_{jk}——j 振型与 k 振型的耦联系数；

λ_{T}——j 振型与 k 振型的自振周期比。

计算分析表明，考虑扭转的地震作用效应在进行组合时，振型数一般需要取前 9 个，而当结构基本周期不小于 2s 时，则以取前 15 个为宜。

（3）双向水平地震作用下的扭转耦联效应

当考虑双向水平地震作用下的扭转地震作用效应时，可按下列公式中较大值采用：

$$S_{\text{Ek}} = \sqrt{S_x^2 + (0.85S_y)^2} \qquad (3\text{-}104)$$

$$S_{\text{Ek}} = \sqrt{S_y^2 + (0.85S_x)^2} \qquad (3\text{-}105)$$

式中 S_x、S_y——分别为仅考虑 x 方向、y 方向单向水平地震作用下按式（3-102）计算的地震作用效应；

0.85——考虑地震作用一般不会在两个方向同时达到最大值而采用的折减系数。

3.7 竖向地震作用的计算

地震时，地面运动的竖向分量引起建筑物的竖向振动。震害调查表明，在高烈度区，竖向地震作用的影响十分明显，尤其是对高柔结构。因此，《抗震规范》规定，8、9 度时的大跨度结构和长悬臂结构，以及 9 度时的高层建筑，应考虑竖向地震作用的影响。竖向地震作用的计算应根据结构的不同类型选用不同的计算方法：对于高层建筑、烟囱和类似的高耸结构，可采用反应谱法计算其竖向地震作用；对于平板网架、大跨度结构及长悬臂结构，一般采用静力法。

3.7.1 高层建筑和高耸结构的竖向地震作用计算

高层建筑和高耸结构竖向地震作用的简化计算可采用类似于水平地震作用计算的底部剪力法，先求出总竖向地震作用，然后再在各质点上分配。

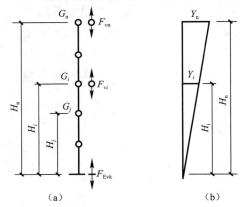

图 3-9 竖向地震作用与倒三角形振型

分析表明，高层建筑和高耸结构的竖向自振周期很短，其反应以第一振型为主，且该振型接近倒三角形，如图 3-9 所示。于是，参照式 (3-76)、式 (3-77)，可得：

$$F_{Evk} = \alpha_{v\,max} G_{eq} \qquad (3-106)$$

$$F_{vi} = \frac{G_i H_i}{\sum\limits_{j=1}^{n} G_j H_j} F_{Evk} \qquad (3-107)$$

式中　F_{Evk}——结构总竖向地震作用标准值；

　　　F_{vi}——质点 i 的竖向地震作用标准值；

　　$\alpha_{v\,max}$——竖向地震影响系数的最大值，可取水平地震影响系数最大值的 65%；

　　　G_{eq}——结构等效总重力荷载，可取其重力荷载代表值的 75%，即

$$G_{eq} = 0.75 \sum_{i=1}^{n} G_i。$$

对于 9 度时的高层建筑，楼层的竖向地震作用效应可按各构件承受的重力荷载代表值的比例分配，并宜乘以增大系数 1.5。这主要是根据中国台湾 9·21 大地震的经验而提出的要求，目的是为了使结构总竖向地震作用标准值，在 8 度和 9 度时分别略大于重力荷载标准值的 10% 和 20%。

3.7.2 大跨度结构和长悬臂结构的竖向地震作用计算

研究表明，对于平板型网架、大跨度屋盖、长悬臂结构等大跨度结构的

各主要构件，其竖向地震作用产生的内力与重力荷载作用下的内力比值比较稳定，因而可认为竖向地震作用的分布与重力荷载的分布相同。因此，对于跨度小于120m的平板型网架屋盖和跨度大于24m屋架、屋盖横梁及托架的竖向地震作用标准值，可用静力法计算，即：

$$F_v = \xi_v G \qquad (3\text{-}108)$$

式中　F_v——竖向地震作用标准值；

　　　ξ_v——竖向地震作用系数，按表3-6采用；

　　　G——重力荷载代表值。

竖向地震作用系数 ξ_v　　　　　　　　　表3-6

结构类型	烈度	场地类别		
		Ⅰ	Ⅱ	Ⅲ、Ⅳ
平板型网架、钢屋架	8度	可不计算（0.10）	0.08（0.12）	0.10（0.15）
	9度	0.15	0.15	0.20
钢筋混凝土屋架	8度	0.10（0.15）	0.13（0.19）	0.13（0.19）
	9度	0.20	0.25	0.25

注：括号中数值用于设计基本地震加速度为0.30g的地区。

除了上述高层建筑、高耸结构和屋盖结构外，对于长悬臂和其他大跨度结构在考虑竖向地震作用时，其竖向地震作用标准值仍可按式（3-108）计算，但烈度为8度和9度时，ξ_v分别0.10和0.20；设计基本地震加速度为0.30g时，ξ_v可取0.15。

大跨度空间结构的竖向地震作用，还可按竖向振型分解反应谱法计算。其竖向地震影响系数可取水平地震影响系数的65%，但特征周期均按设计第一组采用。

3.8　结构地震反应的时程分析方法

上述拟静力法、振型分解反应谱方法等，均无法获取结构在实际地震作用下的内力和变形全过程。而时程分析方法是对工程结构输入对应于工程场地特征的多条地震加速度记录或人工合成地震记录，通过积分运算求得在地面加速度随时间变化期间结构的内力和变形状态随时间变化的全过程，并以此进行结构设计和验算。

3.8.1　基本计算方法

由3.3节和3.4节结构体系分析可知，基于结构动力学达朗贝尔原理列出的结构地震反应动力方程一般是关于相对位移的二阶微分方程（对多自由度体系而言是方程组，本节为了避免符号繁冗，统一采用单自由度体系介绍，但公式均可经简单拓展至多自由度算法之中），通常认为，地震前结构处于静止状态，即上述微分方程的初值条件为：

$$x(t = 0) = 0 \qquad (3\text{-}109)$$

$$\dot{x}(t=0)=0 \tag{3-110}$$

这里以式（3-39）及以上两个式子构成的系统，来说明地震反应时程分析的一般计算方法。

（1）线加速度法

t_i 和 t_{i+1} 分别表示间距为 Δt 的连续两个时刻，线加速度方法假定，在时段 $\Delta t = t_{i+1} - t_i$ 内，结构的加速度反应是关于时间 τ 的线性函数，即

$$\dddot{x}_i = \frac{\ddot{x}_{i+1} - \ddot{x}_i}{\Delta t} = \frac{\Delta \ddot{x}_i}{\Delta t} = 常数 \tag{3-111}$$

假定 t_i 时刻 x_i、$\dot{x}_i$、$\ddot{x}_i$ 均已求出，在 Δt 时间步之内，结构的位移、速度可由 Taylor 级数导出（由线加速度假定，x 的三阶以上导数为 0）：

$$x(t_i + \tau) = x_i + \frac{\dot{x}_i}{1!}\tau + \frac{\ddot{x}_i}{2!}\tau^2 + \frac{\dddot{x}_i}{3!}\tau^3 \tag{3-112}$$

对时间 τ 求导：

$$\dot{x}(t_i + \tau) = \dot{x}_i + \ddot{x}_i\tau + \frac{\dddot{x}_i}{2}\tau^2 \tag{3-113}$$

当 $\tau = \Delta t$ 时，$x(t_i + \tau) = x(t_{i+1})$、$\dot{x}(t_i + \tau) = \dot{x}(t_{i+1})$，则式（3-112）和式（3-113）可变为：

$$x_{i+1} - x_i = \dot{x}_i\Delta t + \frac{1}{2}\ddot{x}_i\Delta t^2 + \frac{1}{6}\dddot{x}_i\Delta t^3 \tag{3-114}$$

$$\dot{x}_{i+1} - \dot{x}_i = \ddot{x}_i\Delta t + \frac{1}{2}\dddot{x}_i\Delta t^2 \tag{3-115}$$

注意到式（3-111）的假定，上两式变为：

$$\Delta x_i = \dot{x}_i\Delta t + \frac{1}{2}\ddot{x}_i\Delta t^2 + \frac{1}{6}\Delta\ddot{x}_i\Delta t^2 \tag{3-116}$$

$$\Delta\dot{x}_i = \ddot{x}_i\Delta t + \frac{1}{2}\Delta\ddot{x}_i\Delta t \tag{3-117}$$

式（3-116）可进一步改写为：

$$\Delta\ddot{x}_i = \frac{6}{\Delta t^2}\Delta x_i - \frac{6}{\Delta t}\dot{x}_i - 3\ddot{x}_i \tag{3-118}$$

将式（3-118）代入式（3-117），可得：

$$\Delta\dot{x}_i = \frac{3}{\Delta t}\Delta x_i - 3\dot{x}_i - \frac{1}{2}\ddot{x}_i\Delta t \tag{3-119}$$

将式（3-118）、式（3-119）代入增量方程：

$$m\Delta\ddot{x}_i + c\Delta\dot{x}_i + k\Delta x_i = -m\Delta\ddot{x}_{g,i} \tag{3-120}$$

其中，$\Delta\ddot{x}_i = \ddot{x}_{i+1} - \ddot{x}_i$、$\Delta\dot{x}_i = \dot{x}_{i+1} - \dot{x}_i$ 和 $\Delta x_i = x_{i+1} - x_i$ 为加速度、速度和位移在 t_{i+1} 到 t_i 时刻间的增量；$\Delta x_g = x_{g,i+1} - x_{g,i}$ 为地震记录在 t_{i+1} 到 t_i 时刻内的增量，最终运动微分方程可写为自变量为 Δx 的线性代数方程（组），即

$$\hat{k}_i\Delta x_i = \Delta\hat{P}_i \tag{3-121}$$

其中：

$$\hat{k}_i = \frac{6}{\Delta t^2}m + \frac{3}{\Delta t}c + k \tag{3-122}$$

$$\Delta\hat{P}_i = m\left(\frac{6}{\Delta t}\dot{x}_i + 3\ddot{x}_i\right) + c\left(3\dot{x}_i + \frac{\Delta t}{2}\ddot{x}_i\right) - m\Delta\ddot{x}_{g,i} \tag{3-123}$$

上述 x_i、$\dot{x}_i$、$\ddot{x}_i$ 均已求出，$\Delta \ddot{x}_{g,i}$ 也已知，故式（3-121）可以像静力问题一样求解，因此式（3-121）也称为拟静力增量方程，$\hat{k}_i$ 为拟静力刚度，$\Delta \hat{P}_i$ 为拟静力荷载。需要说明的是，对多自由度体系分别为拟静力刚度矩阵和拟静力向量，且 $\hat{k}_i$ 是刚度、质量和阻尼的线性组合，这一点对后续介绍的弹塑性动力分析有重要意义；同时，$\Delta \hat{P}_i$ 也不仅仅取决于地震地面加速度增量，还与前一时刻的计算反应有关（x_i 和 $\dot{x}_i$），这使得动力分析的误差会逐步累积，严重时可能导致结果发散。

按线性加速法假定求解弹性结构地震反应的一般步骤如下：

1）计算结构的质量（矩阵）、刚度（矩阵）和阻尼（矩阵）；

2）按式（3-122）计算拟静力刚度（矩阵）；

3）由初值条件 $\dot{x}(0)=0$ 和 $\ddot{x}(0)=0$，按式（3-123）计算初始拟静力荷载（向量），而后每步依次类推；

4）求解拟静力增量方程式（3-121），得到位移增量 Δx_i；

5）利用式（3-119）计算速度增量 $\Delta \dot{x}_i$；

6）将第（4）步中求出的位移增量与上一步求得的速度增量与前一时刻计算得到的位移、速度叠加，得出 $i+1$ 步时刻的位移和速度；

7）根据式（3-120），求出加速度增量，即

$$\Delta \ddot{x}_i = -(c\Delta \dot{x}_i + k\Delta x_i)/m - \Delta \ddot{x}_{g,i} \qquad (3-124)$$

与 i 时刻加速值叠加得出 $i+1$ 时刻的加速度值；

8）以 $i+1$ 时刻的速度和加速度值为初值条件，返回第（3）步，继续下一个时刻的计算。

上面的过程是逐步增量递推的计算过程，也称动力时程积分方法。

需要指出，这里递推格式均基于增量平衡方程，该平衡方程对于结构动力弹塑性分析也是适用的，所以该方法也可直接应用于弹塑性动力时程响应分析；另一方面，基于全量为基本变量的平衡方程，也是可行的，对于线弹性结构而言，增量式和全量式是一致的。

（2）Newmark 方法

Newmark 法是一种将线加速度法通用化的方法，该方法假定位移和速度可表示为：

$$x_{i+1} = x_i + \dot{x}_i \Delta t + (0.5-\beta)\ddot{x}_i \Delta t^2 + \beta \ddot{x}_{i+1} \Delta t^2 \qquad (3-125)$$

$$\dot{x}_{i+1} = \dot{x}_i + (1-\delta)\ddot{x}_i \Delta t + \delta \ddot{x}_{i+1} \Delta t \qquad (3-126)$$

式中 β、δ——分别为控制积分精度和稳定性的参数。

当 $\delta \geqslant 1/2$，$\beta \geqslant (1/2-\delta)^2/4$ 时，Newmark 法为无条件稳定积分格式；当 $\delta=1/2$ 时，Newmark 法的计算精度为二阶，否则计算精度为一阶；当 $\delta=1/2$，$\beta=1/6$ 时，Newmark 法即为线性加速副法；当 $\delta=1/2$，$\beta=1/4$ 时，Newmark法称为平均常加速度法；当 $\delta \neq 1/2$ 时，可导致系统出现过阻尼，因此，常取 $\delta=1/2$，$\beta=1/2$，也称之为 Newmark-β 法。通常取 $1/6 \leqslant \beta \leqslant 1/2$。当 $\delta=1/2$ 时，由式（3-125）和式（3-126）可推导出：

$$\Delta \ddot{x}_i = \frac{1}{\beta \Delta t^2} \Delta x_i - \frac{1}{\beta \Delta t} \dot{x}_i - \frac{1}{2\beta} \ddot{x}_i \tag{3-127}$$

$$\Delta \dot{x}_i = \frac{1}{2\beta \Delta t} \Delta x_i - \frac{1}{2\beta} x_i + \left(1 - \frac{1}{4\beta}\right) \Delta t \ddot{x}_{i+1} \tag{3-128}$$

将上述两式代入增量方程式（3-120）可得：

$$\hat{k}_i \Delta x_i = \Delta \hat{P}_i \tag{3-121}$$

其中：
$$\hat{k}_i = \frac{6}{\beta \Delta t^2} m + \frac{3}{2\beta \Delta t} c + k \tag{3-129}$$

$$\Delta \hat{P}_i = m \left(\frac{1}{\beta \Delta t} \dot{x}_i + \frac{1}{2\beta} \ddot{x}_i\right) + c \left(\frac{1}{2\beta} \dot{x}_i - \left(1 - \frac{1}{4\beta}\right) \Delta t \ddot{x}_i\right) - m \Delta \ddot{x}_{g,i} \tag{3-130}$$

同样可以导出全量格式的递推式，此处不再赘述。

由于平均常加速度（假定 Δt 时段内，加速度为一定值）是无条件稳定的，它是用于大型复杂结构系统（存在高频、短周期）的逐步动力分析较好选择之一，该方法的唯一缺陷是有比时间步长短的周期在激发后可产生无衰减振荡，故此，可选取添加刚度比例阻尼来减少高阶振型振荡。附加的刚度比例阻尼形式为：

$$c_D = \alpha_f k \tag{3-131}$$

对于刚度比例阻尼，有特性：对于短周期该阻尼较大，对于长周期该阻尼较小。

Hilber、Hughes 和 Taylor（1978）采用计算参数 α_f 控制积分过程的稳定性，对 Newmark 法提出了一个修正方案，并被称为 Hilber-Hughes-Taylor α 法，该方法求解下列修正的运动方程：

$$m\ddot{x}_{i+1} + (1 + \alpha_f)c\dot{x}_{i+1} + (1 + \alpha_f)kx_{i+1} = (1 + \alpha_f)p_{i+1} - \alpha_f p_i + \alpha_f c\dot{x}_i + \alpha_f kx_i \tag{3-132}$$

此时 Newmark 法的积分参数 β、δ 分别修改为 $\delta = 1/2 - \alpha_f$、$\beta = (1 - \alpha_f)^2/4$，且 $-1/3 \leqslant \alpha_f \leqslant 0$。它通过引入少量数值阻尼（一般 $-0.05 \leqslant \alpha_f \leqslant 0$）可以迅速消除结构的高频噪声，而对有意义的低频结构反应影响很小，即使是非常复杂的问题，该方法也能保证能量守恒，Hughes（1987）分析表明，当 $\alpha_f = -0.05$ 时，该方法数值阻尼消耗的能量仅占总能量的不到 1%。因此，许多商业软件都在使用它，例如 ABAQUS。

（3）Wilson-θ 法

线加速法是有条件稳定的积分格式，当 $\Delta t/T$ 过大时（T 为关注的结构主要周期），结构反应经常出现振荡现象。研究表明，线性加速度法的收敛条件是 $\Delta t/T \leqslant 0.389$；稳定性条件是 $\Delta t/T \leqslant 0.551$。

为了得到无条件稳定的线性加速副法，Wilson（1966）提出了一个简单而有效的方法。该方法假定在时段 $\theta \Delta t$ 内加速度随时间呈线性变化（$\theta > 1$），这就使原本在 $t + \Delta t$ 时刻求解的平衡方程，改为更后一点时刻 $t + \theta \Delta t$ 的平衡，即：

$$x_{i+\theta} = x_i + \theta \Delta t \dot{x}_i + \frac{(\theta \Delta t)^2}{3} \ddot{x}_i \Delta t^2 + \frac{(\theta \Delta t)^2}{6} \ddot{x}_{i+\theta} \Delta t^2 \tag{3-133}$$

$$\dot{x}_{i+\theta} = \dot{x}_i + \frac{\theta\Delta t}{2}\ddot{x}_i + \frac{\theta\Delta t}{2}\ddot{x}_{i+\theta} \tag{3-134}$$

其中脚标 i 表示变量位于 t 时刻，$i+\theta$ 表示变量位于 $t+\theta\Delta t$ 时刻。在 $t+\theta\Delta t$ 时刻的运动方程为：

$$m\ddot{x}_{i+\theta} + c\dot{x}_{i+\theta} + kx_{i+\theta} = -m\Delta\ddot{x}_{\mathrm{g},i+\theta} \tag{3-135}$$

由式（3-133）和式（3-134）导出 $\ddot{x}_{i+\theta}$ 和 $\dot{x}_{i+\theta}$，并代入式（3-135），可得在时刻 $t+\theta\Delta t$ 的拟静力平衡方程：

$$\hat{k}x_{i+\theta} = \hat{P}_{i+\theta} \tag{3-136}$$

其中：

$$\hat{k}_{i+\theta} = \frac{6}{(\theta\Delta t)^2}m + \frac{3}{\theta\Delta t}c + k \tag{3-137}$$

$$\Delta P_{i+\theta} = m\left(\frac{6}{(\theta\Delta t)^2}x_i + \frac{6}{\theta\Delta t}\dot{x}_i + 2\ddot{x}_i\right) + c\left(\frac{3}{\theta\Delta t}x_i + 2\dot{x}_i + \frac{1}{2}\theta\Delta t\ddot{x}_i\right) - m\Delta\ddot{x}_{\mathrm{g},i+\theta}$$
$$\tag{3-138}$$

将 $x_{i+\theta}$ 带入式（3-133）解出 $\ddot{x}_{i+\theta}$，这时，可用内插法求出 $t+\Delta t$ 时刻的加速度：

$$\ddot{x}_{i+1} = \left(1 - \frac{1}{\theta}\right)\ddot{x}_i + \frac{1}{\theta}\ddot{x}_{i+\theta} \tag{3-139}$$

这样，可令 $\theta=1$ 由式（3-133）和式（3-134）求出 x_{i+1} 和 $\dot{x}_{i+1}$。

再以 $t+\Delta t$ 时刻的反应量作为下一时段计算的初始状态，迭代递推即可。研究表明，这种方法只对全量形式的拟静力方程在 $\theta\geqslant1.37$ 时才是无条件稳定的，且计算精度为二阶，因此，常取 $1.37\leqslant\theta\leqslant1.4$。

3.8.2 设计地震动时程

在采用时程分析法对结构进行地震反应分析时，需要输入地震地面运动加速度时程曲线。实际工程的地震反应对输入的地震运动特性十分敏感，因此，正确选取合适的输入地震动时程是采用时程分析法进行结构抗震设计的关键。地震地面运动加速度的特性通常包含三要素——幅值（加速度峰值）、频谱成分和持续时间来描述。

以抗震设防烈度作为设计依据，在选择输入地震动时程时，要求不论是实际地震记录还是人工生成地震加速度曲线，其加速度反应谱要在统计意义上与所用抗震设计规范的反应谱相协调：

（1）峰值加速度按照表 3-3 取用；

（2）各条地震动时程曲线所对应的弹性反应谱的特征周期，总体要符合结构所处场地的设计反应谱特征周期，且不宜通过调整实际地震记录的步长来增大或减小地震记录，使其特征周期接近于规范值；主要挑选同场地条件的地震记录，且每条地震记录的特征周期要有所差异；

（3）应结合工程场地地震背景和结构的动力特性，合理选择时程曲线的持续时间，对受大震、远震影响的场地，对长周期地震动比较敏感的结构，地震动持续时间应取得长一些；

（4）应按场地类别和设计地震分组选用不少于两组实际地震记录和一组

人工合成时程曲线。

对于已经过工程场地地震安全性评价的场地，设计地震动时程应根据专门的工程场地地震安全性评价结果确定，所用地震动时程数量不宜少于 3 条。

3.8.3 结构弹性地震反应分析

主要用于第一阶段抗震计算中，《抗震规范》用时程分析法进行补充计算的，是在结构刚度和阻尼保持不变的情况下的计算，称为弹性时程分析。

时程分析法计算结构的影响因素较多，地震加速度时程曲线的数量又很少，其结果对反应谱法是一种补充，即，根据差异的大小和实际可能，对反应谱法的计算结果按表 3-7 的要求进行适当修正。

弹性时程分析可以采用与反应谱方法相同的计算模型：从平面结构的层模型到复杂结构的三维空间分析模型，计算可在采用反应谱法时间里的刚度矩阵、阻尼矩阵和质量矩阵基础上进行，不必重新输入结构基本参数。鉴于一般工程中，以层间剪力和层间位移为主，通常以等效层间模型为主要分析模型。

弹性时程分析的内容和要求 表 3-7

项 目	内容要求
总剪力判断	用每条地震加速度时程曲线计算得到结构基底剪力，均不应小于振型分解反应谱法计算结果的 65%；多条地震加速度时程曲线计算得到的结构底部剪力的平均值不应小于振型分解反应谱法计算结果的 80%
位移判断	当计算模型未能充分考虑填充墙等非结构构件影响时，与采用反应谱法时相似，对所获得的位移等，也要乘以相应的经验系数
比较和修正	多条地震加速度时程曲线的计算结果去平均值，以结构层间剪力和层间位移为主要控制指标，对时程分析方法的结果和反应谱法的结果进行比较、分析，适当调整反应谱法结果
调整方法示例	以抗震设防烈度为设计依据时，可有三种调整方法：①若两种方法的结构底部剪力大致相当，各楼层剪力可直接取两种方法的较大值；②若两种方法的结构底部剪力相差较大，可先将时程分析法的全部计算结果按比例调整，使两种方法的结构底部剪力大致相当，然后，各楼层的层间剪力可直接取两种方法的较大值；③只对层间位移较大的楼层适当增加配筋或改变构件尺寸

3.8.4 结构弹塑性地震反应分析

在第二阶段抗震计算中，按《抗震规范》用时程分析法进行弹塑性变形计算，刚度矩阵和阻尼矩阵随结构及构件所处的变形状态，在不同时刻可能取不同的数值，称为弹塑性时程分析。

弹塑性时程分析法是第二阶段抗震计算时估计建筑结构薄弱层弹塑性层间变形的方法之一，只是因为该方法计算较为复杂，《抗震规范》才对其采用简化计算方法。目前，建筑结构弹塑性变形的衡量指标是层间侧移角，采用弹塑性时程分析法进行计算的主要内容也只是弹塑性层间侧移角。

弹塑性时程分析所采用的分析模型与反应谱法的计算模型基本相同，最主要的差异是分析模型中采用非弹性模型，而这是反应谱法中所没有的。

构件的非弹性特性确定后，t_i 时刻的刚度矩阵和阻尼矩阵也可以确定，这样，前述时程积分方法即可用于弹塑性时程分析。因为，刚度和阻尼不是保持不变的，所以，一般采用上述增量式的积分格式进行弹塑性时程分析；其中，只是用非线性的瞬态刚度替代弹性刚度，用瞬态阻尼替代弹性阻尼。

构件非弹性特性主要表征是恢复力与变形之间的关系曲线，称之为恢复力特性曲线。这种曲线一般是由结构或构件进行往复循环加载实验测试得出的，它的形状取决于结构或构件的材料性能及受力状态等，恢复力特性曲线可以采用构件的弯矩-转角、弯矩-曲率、荷载-位移或应力-应变关系来描述。但一般工程中材料和构件导出的恢复力特性曲线较为复杂，因此，只能将试验曲线理想化，采用简化的数学公式可表达的形式。

3.9 基于性态的抗震计算方法

3.9.1 《建筑工程抗震性态设计通则（试用）》 中的底部剪力法

《抗震规范》建议的底部剪力法适用性有限，且由于底部剪力沿高度分布的计算，采取了顶部集中部分剪力，其余部分按倒三角荷载分布的假定，这种方法只适用于计算层间剪力，不适用于计算层间弯矩。

《建筑工程抗震性态设计通则（试用）》CECS160：2004 认为，结构的屈服效应可以通过结构体系对设计反应谱的线性分析来考虑，此时设计反应谱为使用结构影响系数折减的加速度反应谱。考虑到：当结构开始屈服和非弹性变形时，结构的周期趋于延长，对许多结构，这将导致地震作用减小；且非弹性反应中的滞变阻尼导致大量耗能。因此，可采用结构影响系数折减弹性反应谱的方式折减地震作用，而结构影响系数则表述了设计地震加速度下地震作用标准值与弹性地震作用之比。该系数很大程度上是过去地震中抗震性态工程的积累，对小冗余度、脆性材料的小阻尼结构，应取较大的值；对高冗余度结构和大延性材料、大滞变阻尼的结构，应取较小值。

《建筑工程抗震性态设计通则（试用）》CECS160：2004 将建筑底部的剪力视为基本振型和代表高阶振型的第二振型的底部剪力的组合，再分别求出它们相应底部剪力及其沿高度的分布，并分别计算由基本振型和第二振型的水平地震作用产生的层间剪力和弯矩等地震作用效应，再按 SRSS 法进行组合求取总地震作用效应。具体方法如下。

在给定地震动作用方向的总水平地震作用标准值，按下列公式计算：

$$F_{Ek} = C\eta_h \alpha_1 G_{ef1} \tag{3-140}$$

$$F_{Ek} = C\eta_h \alpha_1 G_{ef1} = \left(\sum_{i=1}^{n} G_i X_{1i} \right)^2 \Big/ \sum_{i=1}^{n} G_i X_{1i}^2 \quad (i = 1, 2, \cdots, n) \tag{3-141}$$

$$X_{1i} = (h_i/h)^\delta \tag{3-142}$$

其中，η_h 按下列公式确定：

$$\eta_h = \begin{cases} (T_g/T)^{-\zeta} & T_1 > T_g \\ 1.0 & T_1 \leqslant T_g \end{cases} \qquad (3\text{-}143)$$

式中　F_{Ek}——总水平地震作用标准值；

C——结构影响系数，取值 $0.25 \sim 0.55$，详见《建筑工程抗震性态设计通则（试用）》CECS160：2004；

α_1——相应于结构基本周期的水平地震影响系数；

η_h——水平地震影响系数的增大系数；

T_1——结构的基本自振周期；

ζ——水平地震影响系数增大系数的结构类型指数，根据结构类型按表 3-8 取值；

G_{ef1}——相应于结构基本周期的有效重力荷载；

G_i——相应于集中于质点 i 的重力荷载代表值；

X_{1i}——结构基本振型质点 i 的水平相对位移；

h_i——质点 i 的计算高度；

h——结构总的计算高度；

δ——结构基本振型指数，按表 3-9 取值；

n——结构总质点数。

水平地震影响系数增大系数的结构类型指数　　　表 3-8

结构类型	单质点结构	剪切型结构	弯剪型结构	弯曲型结构
Z	0	0.05	0.20	0.35

结构基本振型指数　　　表 3-9

结构类型	剪切型结构	弯剪型结构	弯曲型结构
δ	1.0	1.5	1.75

结构基本振型和第二振型质点的水平地震作用标准值，按下列公式确定：

$$F_{1i} = F_{Ek1} \frac{G_i X_{1i}}{\sum_{j=1}^{n} G_j X_{1j}} \qquad (3\text{-}144)$$

$$F_{2i} = F_{Ek1} \frac{G_i X_{2i}}{\sum_{j=1}^{n} G_j X_{2j}} \qquad (3\text{-}145)$$

$$F_{Ek1} = C\alpha_1 G_{ef1} \qquad (3\text{-}146)$$

$$F_{Ek2} = \sqrt{F_{Ek}^2 - F_{Ek1}^2} \qquad (3\text{-}147)$$

$$X_{2i} = (1 - h_i/h_0)h_i/h_0 \qquad (3\text{-}148)$$

式中　F_{1i}、F_{2i}——分别为结构基本振型、第二振型质点 i 的水平地震作用标准值；

F_{Ek1}、F_{Ek2}——分别为结构基本振型、第二振型水平地震作用标准值；

G_j——集中于质点 j 的重力荷载代表值；

X_{2i}——结构第二振型质点 i 的水平相对位移；

h_0——结构第二振型曲线的节点计算高度，可取结构总计算高度的 80%。

楼层的水平地震作用标准值效应，包括层间剪力、倾覆力矩、层间位移和各质点的位移，按式（3-149）计算：

$$S_{Ek} = \sqrt{S_{Ek1}^2 + S_{Ek2}^2} \tag{3-149}$$

式中 S_{Ek}——水平地震作用标准值效应；

S_{Ek1}、S_{Ek2}——分别为结构基本振型、第二振型的水平地震作标准值效应。

该底部剪力法能用于大多数规则结构，但下列情形可能是不适用的：

（1）具有不规则的质量和刚度性质的结构；

（2）两正交方向的侧向运动和扭转运动强烈耦联的结构（规则的或不规则的）；

（3）具有可能导致塑性变形在少数楼层中集中的不规则楼层承载力分布的结构。

一般地，对于在相邻楼面和相邻楼层中，楼面质量和结构构件的横截面面积和惯性矩相差不超过 30% 的结构，采用该底部剪力法是合适的。

3.9.2 静力弹塑性分析方法（Push-over）

近年来，随着基于性态的抗震设计理论研究的深入，静力弹塑性（Push-over）分析方法日益受到重视。经过多年的研究发展，Push-over 算法目前已被美国、日本、中国等国家建筑抗震设计规范所接受，成为抗震结构弹塑性分析的重要工具之一。

Push-over 计算方法主要用于对框架结构进行静力线性或非线性分析，一般采用塑性铰假定，并假设塑性铰发生在整个截面而非截面的某一区段上。Push-over 分析时结构分析模型受到一个沿结构高度为某种规定分布形式逐渐增加的侧向力或侧向位移，直至控制点达到目标位移、建筑物倾覆或成为机构。控制点一般指结构物顶层的形心位置；目标位移为建筑物在设计地震作用下的最大变形。Push-over 的本质还是静力分析，但与一般的静力非线性方法不同之处在于其逐级单调施加的事模拟地震水平惯性力的侧向力。Push-over 大体分两类，一类是倒塌控制，即直至结构产生足够的塑性铰形成机构时停止分析；另一类是荷载或位移控制，即结构中的控制点按规定的模态达到预定的位移或力时终止分析。Push-over 分析的优点在于它既能考虑结构的弹塑性工作性能，又能较时程分析避免大量的计算。

1. Push-over 分析的基本假定

建筑结构（多自由度体系）的反应与结构的等效单自由度体系的反应是相关的，如图 3-10 所示，这表明结构的反应仅由结构的第一振型控制；

在每一加载步内，结构沿高度的变形由形状向量 $\{\Phi\}$ 表示，在这一步的反应过程中，不管变形大小，形状向量保持不变。

61

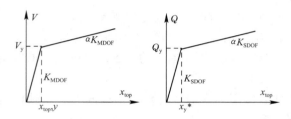

图 3-10　多自由度结构和等效单自由度体系的力-变形关系

2. Push-over 的基本步骤

Push-over 方法是基于性能设计的有力工具之一，基于性能的设计可以使工程师更深入地理解和控制不同荷载水平作用下的结构行为。基本步骤包括：

（1）建立结构分析模型，模型中要包括那些对结构重量、强度、刚度和稳定以及对结构性能有较大影响的构件；

（2）选择合适的水平加载模式，一般可采用两种加载方式，一种是位移控制加载方式，适用于结构荷载位置的情况；另一种是力控制加载方式，适用于结构荷载已知并且结构能够承受这些荷载的情况；

（3）根据所选择的记载模式，逐步增加水平荷载，直到最弱的构件刚度发生明显变化（屈服或极限承载力），修改分析模型中屈服构件的刚度特性，以反应构件屈服后结构体系刚度变化，继续增大水平荷载（荷载控制）或位移（位移控制），此时可采用相同的加载模式也可根据有关规定采用新的加载模式；

（4）重复步骤（3）直到更多的构件达到屈服强度，除非采用自适应加载模式，否则在结构的屈服阶段仍然采用相同的加载模式，对于每一个加载步，计算结构的内力、弹性和塑性变形；

（5）记录所有加载步中的内力和变形，以得到所有构件在整个加载过程中的内力和变形（弹性和弹塑性）；

（6）继续加载直到达到不可接受的性态状态或顶点位移超过了设计地震下的控制点处的最大位移；

（7）画出结构控制点位移与底部剪力在不同加载阶段的关系曲线，作为结构的非线性相应的特征曲线，曲线中的斜率变化表示不同的构件依次发生屈服。

目前许多结构设计和分析软件都加入了 Push-over 分析模块，如 PKPM、ETABS、CANNY 和 SAP2000 等。需要说明的是，应按多种不同的横向 Push-over 分析工况来代表可能在动力加载时发生的不同顺序的响应，特别地，对 X 和 Y 两个方向作用结构，且可能在两个方向间有角度。对于非对称结构，在正和负两个方向作用下结构的相应可能不同。

3. 等效单自由度体系的建立

"等效"是对多自由度结构的动力学方程与单自由度模型进行等效。在地震作用下，多自由度体系的动力平衡方程为：

$$[M]\{\ddot{x}\} + [C]\{\dot{x}\} + \{Q\} = -[M]\{I\}\ddot{x}_g \tag{3-150}$$

式中 $\{Q\}$——多自由度的恢复力向量。

假设结构的变形形状向量为 $\{\Phi\}$，多自由度体系的顶层位移为 x_{top}，则结构的相对位移向量可表示为：

$$\{x\} = \{\Phi\} x_{top} \tag{3-151}$$

将式（3-151）代入式（3-150），动力平衡方程可写成：

$$[M]\{\Phi\}\ddot{x}_{top} + [C]\{\Phi\}\dot{x}_{top} + \{Q\} = -[M]\{I\}\ddot{x}_g \tag{3-152}$$

定义等效单自由度体系的位移反应 x^* 为：

$$x^* = \frac{\{\Phi\}^T[M]\{\Phi\}}{\{\Phi\}^T[M]\{I\}}\dot{x}_{top} \tag{3-153}$$

用 $\{\Phi\}^T$ 前乘方程式（3-152），并将 x_{top} 用 x^* 来表示，得到等效单自由度体系的动力平衡方程为：

$$M^*\ddot{x}^* + C^*\dot{x}^* + Q^* = -M^*\ddot{x}_g \tag{3-154}$$

式中 M^*——等效单自由度模型的等效质量，$M^* = \{\Phi\}^T[M]\{I\}$；

Q^*——等效单自由度模型的等效剪力，$Q^* = \{\Phi\}^T\{Q\}$；

C^*——等效单自由度模型的等效阻尼，$C^* = \{\Phi\}^T[C]\{\Phi\}\dfrac{\{\Phi\}^T[M]\{I\}}{\{\Phi\}^T[M]\{\Phi\}}$。

根据假定的形状向量可知，等效单自由度模型的力-变形特征可以由多自由度结构的非线性静力分析得出，由基础底部剪力 V_b 和定点位移 x_{top}，根据下式，就可以得到等效单自由度体系屈服点位置处等效基底剪力与位移的值：

$$Q_y^T = \{\Phi\}^T\{Q_y\} \tag{3-155}$$

$$x_y^T = \frac{\{\Phi\}^T[M]\{\Phi\}}{\{\Phi\}^T[M]\{I\}}x_{top,y} \tag{3-156}$$

式中 Q_y——原结构屈服点处结构楼层力分布向量，基底剪力 $V_y = \{I\}^T\{Q_y\}$。

等效单自由度体的初始周期为：

$$T_{eq} = 2\pi\sqrt{\frac{x_y^T M^T}{Q_y^T}} \tag{3-157}$$

等效单自由度体系的结构屈服后刚度与等效侧向刚度的比值 α 可以直接用原结构中的值。经过这些变化之后，与原结构相关的等效弹塑性单自由度体系就建立了，它可用来求解原结构的目标位移。

4. 加载方式的确定

（1）均布加载模式：地震对各个楼层的作用力与该楼层的重量成正比，可写为：

$$F_i = \left[w_i \bigg/ \sum_{m=1}^{n} w_m\right] V_b \tag{3-158}$$

式中 F_i——结构基底剪力的增量；

n——结构的总层数；

w_i——结构第 i 层的重力荷载代表值；

V_b——基底总剪力。

均布加载模式不考虑地震过程中惯性力的重分布，属于固定荷载模式，此模式适宜于刚度与质量沿高度分布较均匀、薄弱层为底层的结构。

（2）倒三角加载模式：水平侧向力沿结构高度分布与层质量和高度成正比，称为倒三角分布水平加载模式。这是目前国内外大多数抗震设计规范使用的侧向力分布模式，也广泛应用于各国规范，每一楼层水平侧向力的增量为：

$$F_i = \left[w_i h_i \Big/ \sum_{m=1}^{n} w_m h_m \right] V_b \tag{3-159}$$

式中 h_i——结构第 i 层楼面距地面的高度。

倒三角分布加载模式不考虑水平地震作用中的惯性力重分布，也属于固定模式，适用于高度不超过 40m，以剪切变形为主且刚度、质量沿高度分布较均匀且梁出塑性铰的结构。

（3）多振型叠加：先对结构进行反应谱分析，根据振型分解反应谱法 SRSS 方法计算结构各层剪力，再计算出各层水平荷载：

$$F_{ij} = \alpha_j \gamma_j X_{ij} W_i \tag{3-160}$$

$$V_{ij} = \sum_{m=i}^{n} F_{mj} \tag{3-161}$$

$$V_i = \sqrt{\sum_{j=1}^{n} V_{ij}^2} \tag{3-162}$$

$$F_i = V_i - V_{i+1} \tag{3-163}$$

式中 W_i——结构第 i 层楼层重力荷载代表值；

   F_{ij}——第 j 振型第 i 层的水平荷载；

   V_{ij}——第 j 振型第 i 层的层剪力；

   V_i——N 个振型 SRSS 组合后第 i 层的剪力；

   α_j——加载前一步的第 j 周期的地震影响系数，按现行规范罕遇地震影响系数曲线计算；

   γ_j——加载前一步第 j 振型参与系数；

   X_{ij}——加载前一步结构第 j 振型第 i 质点的水平相对位移；

   n——结构总层数。

5. 目标位移的确定

结构的目标位移是指结构在地震动输入下可能达到的最大位移（一般指顶点位移），确定方法主要有：

（1）位移影响系数法

$$\delta_T = C_0 C_1 C_2 C_3 S_a (T_e^2 / 4\pi^2) \tag{3-164}$$

式中 C_0——等效单自由度体系位移与建筑定点位移关系的调整系数；

   C_1——最大非线性位移期望值与线性位移关系的调整系数；

   C_2——滞回形状对最大位移反应影响的调整系数；

   C_3——反应 P-Δ 效应对位移影响的调整系数；

S_a——单自由度体系等效自振周期和阻尼对应的谱加速度反应;

T_e——结构的等效自振周期。

C_0 确定方法:

① 取控制点平面处的弹性第一振型参与系数,即

$$C_0 = x_1 \gamma_1 = x_{1n} \sum_{i=1}^{n} x_{1i} G_i \Big/ \sum_{i=1}^{n} x_{1i}^2 G_i \tag{3-165}$$

式中 G_i——i 平面上的重量;

x_{1i}、x_{1n}——第一振型 i 点和顶点平面上的振型相对位移。

② 当结构达到目标位移时的变形作为形状向量计算得到的顶层振型参与系数。

③ C_0 系数取值可按表 3-10 取用(可用内插值法)。

C_0 系数取值　　　　　　　　　　　表 3-10

楼层数	1	2	3	5	≥10
δ	1.0	1.2	1.3	1.4	1.5

C_1 可以按照下列公式确定:

$$\begin{cases} C_1 = 1 & T_e \geqslant T_g \\ C_1 = [1 + (R-1)T_g/T_e]/R \text{ 且 } 1.0 \leqslant C_1 \leqslant 1.5 & T_e < T_g \end{cases} \tag{3-166}$$

式中 T_g——场地特征周期;

R——弹性的计算内力与计算的屈服承载力的比值,由下式确定:

$$R = \frac{S_a}{V_y/G} \frac{1}{C_0} \tag{3-167}$$

式中 V_y——用静力非线性分析计算的屈服承载力,非线性荷载-位移曲线采用双线性简化;

G——全部恒载和部分可变荷载组合值;

C_2 可以按表 3-11 查得。

C_2 系数取值　　　　　　　　　　　表 3-11

地震作用水平	$T=0.1$		$T \geqslant T_g$	
	结构和构件承载力和刚度退化类型			
	1[①]	2[②]	1[①]	2[②]
50 年超越概率 50%	1.0	1.0	1.0	1.0
50 年超越概率 10%	1.3	1.0	1.1	1.0
50 年超越概率 2%	1.5	1.0	1.2	1.0

[①] 任一层在设计地震下,30%以上的楼层剪力,由可能产生承载力或刚度退化的抗侧力结构承担的结构,这些结构和构件包括:中心支撑框架、非配筋砌体墙、受剪破坏墙(或柱),或由以上构件组成的结构类型。

[②] 上述以外的各类框架。

C_3 可由下式确定:

$$C_3 = 1.0 + \frac{|\alpha|(R-1)^{\frac{3}{2}}}{T_e} \leqslant 1 + 5(\theta - 0.1)T \qquad (3\text{-}168)$$

式中　α——屈服后刚度与有效刚度之比；

　　　T——弹性结构基本周期；

　　　θ——稳定系数；

$$\theta = \frac{\sum G_i \Delta u_i}{V_i h_i} \qquad (3\text{-}169)$$

式中　$\sum G_i$——第 i 层以上重力荷载代表值；

　　　Δu_i——第 i 层楼层质心处的弹性和弹塑性层间位移；

　　　V_i——第 i 层地震剪力设计值；

　　　h_i——第 i 层层间高度。

（2）能力谱法

能力谱法的基本思想是剪力两条相同基准的谱线，一条由荷载-位移曲线转化为承载能力谱线（简称能力谱），另一条由加速度反应谱转化为 ADRS 谱（Acceleration-Displacement Response Spectra，也称需求谱线），把两条线放在同一个图上，两曲线的交点定位"目标位移点"（或"结构抗震性态点"），再同位移容许值比较，确定能否满足抗震需求，如图 3-11 所示。

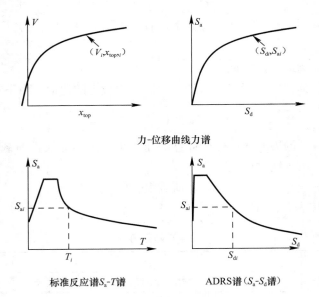

力-位移曲线力谱

标准反应谱S_a-T谱　　　　ADRS谱（S_a-S_d谱）

图 3-11　承载能力谱转换与反应谱转换

为了从承载力曲线（Push-over 算法求出）转变为承载力谱/能力谱，需要对每个点转换，从承载力曲线上任一点（V_i，Δ_{top}）转换到承载力谱的相应的点（S_{ai}，S_{di}），可采用以下公式：

$$S_{ai} = \frac{V_i/G}{\alpha_1} \qquad (3\text{-}170)$$

$$S_{di} = \frac{\Delta_{top}}{\gamma_1 X_{1,top}} \qquad (3\text{-}171)$$

式中　α_1——第一振型质量系数；

　　　γ_1——第一振型参与系数；

　　$X_{1,\text{top}}$——第一振型顶点振幅。

速度-位移反应谱 ADRS 谱（加速度-位移反应谱）与结构承载力（Pushover 求得）均采用加速度-位移谱的坐标系绘制。由抗震设计标准加速度反应谱（S_a-T 谱）转换为 S_a-S_d 谱（横坐标为 S_d，纵坐标为 S_a）格式，反应谱上的每一点，与谱加速度 S_a、谱速度 S_v、谱位移 S_d 和周期 T，有确定的关系式如下：

$$S_{di} = \frac{T_i^2}{4\pi^2} S_{ai} g \tag{3-172}$$

$$S_{ai} g = \frac{2\pi}{T_i} S_{vi} \tag{3-173}$$

$$S_{di} = \frac{T_i}{2\pi} S_{vi} \tag{3-174}$$

标准反应谱与 ADRS 格式谱的转换如图 3-11 所示。

寻求地震需求（设防要求）与承载能力（抗震能力）之间的合理关系，需考虑结构非线性耗能性质对地震需求的折减。当地震作用于结构，进入非线性反应阶段，结构的耗能是由结构黏性阻尼和滞回环内包围面积大小两部分构成。在设定滞回曲线时，为了充分考虑阻尼和耗能特性，一般采用双线性曲线代表承载力曲线，来估计有效阻尼。等效阻尼可由下式确定：

$$\zeta = \frac{E_D}{4\pi E_s} \tag{3-175}$$

式中　E_D——阻尼耗能，等于由滞回环包围的面积，即平行四边形的面积；

　　　E_s——最大的应变能，等于阴影斜线部分的三角形面积。

建立双线性滞回曲线，需要先确定 a_p 和 d_p（如图 3-12），这一点是决定等效阻尼大小和地震需求的一个坐标点位置，是结构抗震性能的度量点。

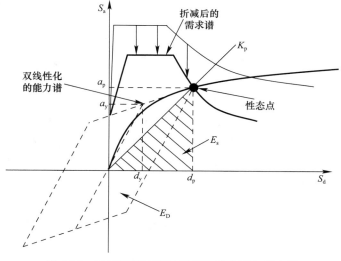

图 3-12　反应谱折减阻尼示意和需求谱与能力谱

为了建立地震需求谱，用图 3-12 中的参数计算折减系数，将 5% 阻尼比的 ADRS 谱折减为地震需求谱。承载能力谱和调整后的需求谱放在同一张 ADRS 图上，如图 3-12 所示，两组曲线存在一个交汇点，如果这个交点与 (d_p, a_p) 点，则计算过程需重复进行，直到达到满意为止。

6. 塑性铰的定义

美国 FEMA-273 规范和 ATC-40 推荐取用，常用的塑性铰有：轴力铰、剪力铰、弯矩铰和轴力弯矩铰。塑性铰的确定需要对相应的构件在往复荷载下的非线性特性进行分析和简化后采用，限于篇幅，这里不再赘述，读者可参考上述规范相关条款。

3.10　建筑结构抗震验算

为了实现"小震不坏，中震可修，大震不倒"的三水准抗震设防目标，《抗震规范》对建筑结构抗震采用了两阶段设计方法，其中包括结构构件截面抗震承载力和结构变形验算。同时，《抗震规范》要求，结构抗震验算时应符合下列规定：① 6 度时的建筑（不规则建筑及建造于 Ⅳ 类场地上较高的高层建筑除外）以及生土房屋和木结构房屋等，应允许不进行截面抗震验算，但应符合有关的抗震措施要求。② 6 度时不规则建筑及建造于 Ⅳ 类场地上较高的高层建筑，7 度和 7 度以上的建筑结构（生土房屋和木结构房屋等除外），应进行多遇地震作用下的截面抗震验算。

3.10.1　一般规定

（1）地震作用方向

地震时地面运动一般会引起结构的水平振动和竖向振动，甚至当结构的质量中心和刚度中心不重合时，还会产生扭转振动。

建筑结构由于抗侧力的承载力储备一般小于抗竖向力的承载力储备，而且地震时地面运动的水平方向分量较大，一般认为水平地震作用对结构起主要作用，因而验算结构抗震承载力时一般只考虑水平地震作用，仅在高烈度区建造对竖向地震作用敏感的大跨度、长悬臂、高耸结构及高层建筑时才考虑竖向地震作用。对于水平地震作用引起的扭转影响，一般只对质量和刚度明显不均匀、不对称的结构才加以考虑。

在实际结构的抗震验算中，一般假定地震作用在建筑结构的主轴方向，并在其两主轴方向分别计算水平地震作用与验算结构的地震作用效应，各方向水平地震作用由该方向抗侧力构件承担；对于有斜交抗侧力构件的结构，当相交角度大于 15° 时应分别计算各抗侧力构件方向的水平地震作用。

质量与刚度分布明显不对称的结构，应计入双向水平地震作用下的扭转影响；其他情况，可采用调整地震作用效应的方法考虑扭转影响。

（2）重力荷载代表值

由于地震发生时，作用在结构上的可变荷载一般达不到其标准值，因此，

抗震设计中，计算地震作用标准值时采用重力荷载代表值 G_E，它取永久荷载标准值与有关可变荷载组合值之和，即

$$G_E = G_k + \Sigma \psi_{Ei} Q_{ki} \qquad (3-176)$$

式中 G_k——结构或构件永久荷载标准值；

Q_{ki}——结构或构件第 i 个可变荷载标准值；

ψ_{Ei}——第 i 个可变荷载组合值系数，根据地震时的遇合概率确定，见表 3-12 所示。

组合值系数   表 3-12

可变荷载种类		组合值系数
雪荷载		0.5
屋面积灰荷载		0.5
屋面活荷载		不计入
按实际情况考虑的楼面活荷载		1.0
按等效均布荷载计算的楼面活荷载	藏书库、档案库	0.8
	其他民用建筑	0.5
起重机悬挂物重力	硬钩吊车	0.3
	软钩吊车	不计入

注：硬钩吊车的吊重较大时，组合值系数应按实际情况采用。

3.10.2 截面抗震验算

结构构件的地震作用效应和其他荷载效应的基本组合，按下式计算：

$$S = \gamma_G S_{GE} + \gamma_{Eh} S_{Ehk} + \gamma_{Ev} S_{Evk} + \psi_w \gamma_w S_{wk} \qquad (3-177)$$

式中 S——结构构件内力组合的设计值，包括组合的弯矩、轴力和剪力设计值等；

γ_G——为重力荷载分项系数，一般情况下采用 1.2，但当重力荷载效应对构件承载力有利时，不应大于 1.0；

γ_{Eh}、γ_{Ev}——分别为水平、竖向地震作用分项系数，按表 3-13 采用；

γ_w——风荷载分项系数，应采用 1.4；

S_{GE}——重力荷载代表值的效应，但有吊车时，尚应包括悬挂物重力标准值的效应；

S_{Ehk}——水平地震作用标准值的效应，尚应乘以相应的增大系数或调整系数；

S_{Evk}——竖向地震作用标准值的效应，尚应乘以相应的增大系数或调整系数；

S_{wk}——风荷载标准值的效应；

ψ_w——风荷载组合值系数，一般结构取 0.0，风荷载起控制作用的建筑应采用 0.2。

地震作用分项系数　　　　　　　　　　　表 3-13

地震作用	γ_{Eh}	γ_{Ev}
仅计算水平地震作用	1.3	0.0
仅计算竖向地震作用	0.0	1.3
同时计算水平与竖向地震作用（水平地震为主）	1.3	0.5
同时计算水平与竖向地震作用（竖向地震为主）	0.5	1.3

结构抗震设计第一阶段为多遇地震作用下的构件截面抗震承载力验算，应按下式进行：

$$S \leqslant R/\gamma_{RE} \tag{3-178}$$

式中　R——结构构件承载力设计值；

　　　γ_{RE}——承载力抗震调整系数，用以反映不同材料、不同受力状态的结构或构件所具有的不同抗震可靠指标，除另有规定外，应按表 3-14 采用。当仅考虑竖向地震作用时，对各类构件均取 $\gamma_{RE}=1.0$。

承载力抗震调整系数　　　　　　　　　　　表 3-14

材　料	结构构件	受力状态	γ_{RE}
钢	柱，梁，支撑，节点板件， 螺栓，焊缝柱，支撑	强度 稳定	0.75 0.80
砌体	两端均有构造柱、 芯柱的抗震墙其他抗震墙	受剪 受剪	0.9 1.0
钢筋混凝土	梁 轴压比小于 0.15 的柱 轴压比不小于 0.15 的柱 抗震墙 各类构件	受弯 偏压 偏压 偏压 受剪、偏拉	0.75 0.75 0.80 0.85 0.85

3.10.3　抗震变形验算

结构抗震变形验算包括多遇地震作用下结构的弹性变形验算和罕遇地震作用下结构的弹塑性变形验算。前者属于第一阶段的抗震设计要求，后者属于第二阶段的抗震设计要求。

（1）多遇地震"小震"作用下结构的弹性变形验算

在多遇地震作用下，结构一般不发生承载能力破坏而保持弹性状态，抗震变形验算是为了保证结构弹性侧移在允许范围内，以防止围护墙、隔墙和各种装修等不出现过重的损坏。因此，《抗震规范》规定，各类结构在其楼层内最大的弹性层间位移应符合下式要求：

$$\Delta u_e \leqslant [\theta_e]h \tag{3-179}$$

式中　Δu_e——多遇地震作用标准值产生的楼层内最大的弹性层间位移；计算时，除以弯曲变形为主的高层建筑外，可不扣除结构整体弯曲变形；应计入扭转变形，各作用分项系数均应采用 1.0；钢筋混凝土结构构件的截面刚度可采用弹性刚度；

$[\theta_e]$——弹性层间位移角限值，按表 3-15 采用；

h——计算楼层层高。

弹性层间位移角限值 表 3-15

结构类型	$[\theta_e]$
钢筋混凝土框架	1/550
钢筋混凝土框架-抗震墙、板柱-抗震墙、框架-核心筒	1/800
钢筋混凝土抗震墙、筒中筒	1/1000
钢筋混凝土框支层	1/1000
多、高层钢结构	1/250

（2）罕遇地震"大震"作用下结构的弹塑性变形验算

结构抗震设计要求，在罕遇地震作用下，结构不发生倒塌。罕遇地震的地面运动加速度峰值一般是多遇地震的 4～6 倍，所以在多遇地震烈度下处于弹性阶段的结构，在罕遇地震烈度下将进入弹塑性阶段，结构接近或达到屈服。此时，结构的承载能力已不能满足抵抗大震的要求，而是依靠结构具有的较好的延性，通过发展结构的塑性变形能力来吸收和消耗地震输入结构的能量。如果结构的变形能力不足，势必发生倒塌。因此，为了满足"大震不倒"的要求，需进行罕遇地震作用下结构的弹塑性变形验算。

1）验算范围

经过第一阶段抗震设计，很多结构已具备了一定的延性要求，多数结构可以满足"大震不倒"的要求，但对于某些特殊结构，还应验算其在大震作用下的弹塑性变形，即进行第二阶段抗震设计。

由于大震作用下，结构的弹塑性变形并不是均匀分布在每个楼层上，而是主要分布在结构的薄弱层或薄弱部位，这些地方在大震作用下一般首先屈服，产生较大的弹塑性变形，严重时会发生倒塌破坏，这是应该避免的。为此，《抗震规范》规定，下列结构应进行在罕遇地震作用下薄弱层（部位）的弹塑性变形验算：

① 8 度Ⅲ、Ⅳ类场地和 9 度时，高大的单层钢筋混凝土柱厂房的横向排架；

② 7～9 度时楼层屈服强度系数小于 0.5 的钢筋混凝土框架结构和框排架结构；

③ 高度大于 150m 的结构；

④ 甲类建筑和 9 度时乙类建筑中的钢筋混凝土结构和钢结构；

⑤ 采用隔震和消能减震设计的结构。

另外，《抗震规范》还规定，对下列结构宜进行罕遇地震作用下薄弱层的弹塑性变形验算：

① 表 3-16 所列高度范围且属于表 1-5 所列竖向不规则类型的高层建筑结构；

② 7 度时Ⅲ、Ⅳ类场地和 8 度时乙类建筑中的钢筋混凝土结构和钢结构；

③ 板柱—抗震墙结构和底部框架砌体房屋；

④ 高度不大于 150m 的其他高层钢结构；

⑤ 不规则的地下建筑结构及地下空间综合体。

采用时程分析的房屋高层范围 表 3-16

烈度、场地类别	房屋高度范围（m）
8 度 Ⅰ、Ⅱ类场地和 7 度	>100
8 度 Ⅲ、Ⅳ类场地	>80
9 度	>60

2）验算方法

结构在罕遇地震作用下的弹塑性变形计算是一个比较复杂的问题，且计算工作量较大。因此，《抗震规范》建议，结构在罕遇地震作用下薄弱层（部位）弹塑性变形时，可采用下列方法：

① 不超过 12 层且层间刚度无突变的钢筋混凝土框架结构和框排架结构、单层钢筋混凝土柱厂房可采用下面的简化计算方法；

② 除上述第①款以外的建筑结构，可采用静力弹塑性分析方法或弹塑性时程分析法等；

③ 规则结构可采用弯剪层模型或平面杆系模型，不规则结构应采用空间结构模型。

3）简化计算方法

按简化方法计算时，需要确定结构薄弱层（部位）的位置。

① 楼层屈服强度系数与结构薄弱层（部位）的确定。

楼层屈服强度系数是指按钢筋混凝土构件实际配筋和材料强度标准值计算的楼层受剪承载力和按罕遇地震作用计算的楼层弹性地震剪力的比值；对排架柱，则指按实际配筋面积、材料强度标准值和轴向力计算的正截面受弯承载能力与按罕遇地震作用计算的弹性地震弯矩的比值。

楼层屈服强度系数按下式计算：

$$\xi_y(i) = \frac{V_y(i)}{V_e(i)} \tag{3-180}$$

式中 $\xi_y(i)$——第 i 层的楼层屈服强度系数；

$V_y(i)$——按构件实际配筋和材料强度标准值计算的第 i 层受剪承载力；

$V_e(i)$——罕遇地震作用下弹性分析所得的第 i 层弹性地震剪力。

式（3-180）表明，楼层屈服强度系数 ξ_y 反映了结构的楼层实际承载能力与该楼层所受弹性地震剪力的相对关系。计算分析表明，罕遇地震作用下对于 ξ_y 沿高度分布不均匀的结构，其 ξ_y 最小或相对较小的楼层，抗剪承载力最低或较低，往往首先屈服并形成较大的弹塑性层间位移，而其他楼层的层间位移相对较小且接近弹性反应的计算结果，如图 3-13 所示。因而，ξ_y 相对越小，弹塑性层间位移相对越大，这一塑性变形集中的楼层可称为结构的薄弱层或薄弱部位。

另外，《抗震规范》规定，对于 ξ_y 沿高度分布均匀的结构，薄弱层可取底

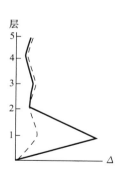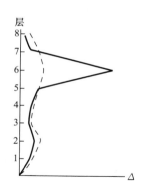

图 3-13 结构在罕遇地震作用下的层间变形分布

——弹塑性；---弹性

层；对于 ξ_y 沿高度分布不均匀的结构，薄弱层（部位）可取在 ξ_y 为最小的楼层（部位）和相对较小的楼层（部位），一般不超过 2～3 处；对于单层工业厂房，薄弱层可取上柱。

② 薄弱层弹塑性层间位移的简化计算。

薄弱层弹塑性层间位移 Δu_p 可由层间弹性位移 Δu_e 乘以弹塑性层间位移增大系数 η_p 计算：

$$\Delta u_p = \eta_p \Delta u_e \tag{3-181}$$

$$\Delta u_e = \frac{V_e}{k} \tag{3-182}$$

式中　V_e——罕遇地震作用下薄弱层的弹性地震剪力；

　　　k——薄弱层的层间弹性剪切刚度；

　　　η_p——弹塑性层间位移增大系数，当薄弱层（部位）的屈服强度系数 ξ_y 不小于相邻层（部位）该系数平均值的 0.8 时，按表 3-17 采用；当不大于该平均值的 0.5 时，可按表内相应数值的 1.5 倍采用；其他情况可采用内插法取值。

弹塑性层间位移增大系数　　　　　　　　　　　　　　　**表 3-17**

结构类型	总层数 n 或部位	ξ_y		
		0.5	0.4	0.3
多层均匀框架结构	2～4	1.30	1.40	1.60
	5～7	1.50	1.65	1.80
	8～12	1.80	2.00	2.20
单层厂房	上柱	1.30	1.60	2.00

③ 薄弱层的抗震变形验算。

《抗震规范》要求，结构薄弱层（部位）的弹塑性层间位移应符合下式要求：

$$\Delta u_p \leqslant [\theta_p]h \tag{3-183}$$

式中　$[\theta_p]$——弹塑性层间位移角限值；

　　　h——薄弱层（部位）的楼层高度或单层厂房上柱高度。

弹塑性层间位移角限值 $[\theta_p]$ 可按表 3-18 采用；对钢筋混凝土框架结构，

73

当轴压比小于 0.40 时，可提高 10%；当柱子全高的箍筋构造比规定的体积配箍率大 30%时，可提高 20%，但累计不超过 25%。

弹塑性层间位移角限值   表 3-18

结构类型	$[\theta_p]$
单层钢筋混凝土柱排架	1/30
钢筋混凝土框架	1/50
底部框架砌体房屋中的框架-抗震墙	1/100
钢筋混凝土框架-抗震墙、板柱-抗震墙、框架-核心筒	1/100
钢筋混凝土抗震墙、筒中筒	1/120
多、高层钢结构	1/50

小结及学习指导

本章主要讲述抗震的核心理论部分，是各类建筑物抗震设计的理论基础。本章的学习时应重点把握以下内容：

（1）对于单自由度体系，应掌握动力方程的建立方法，以及自由振动和受迫振动时运动方程的求解方法。

（2）反应谱是本章中最为重要的概念，要深刻理解反应谱的概念、计算方法和影响因素，掌握《抗震规范》中的设计反应谱是如何得到的。

（3）对于多自由度体系，应重点掌握的内容包括：如何建立起运动方程，理解振型的概念及其数学意义，如何利用振型分解法来求解运动方程。

（4）振型分解反应谱法是一种确定多自由度体系地震作用的简便实用的计算方法，它是基于多自由度体系的振型分解法和单自由度体系的反应谱方法而建立起来的。对于满足一定条件的多自由度体系，还可以采用更为简化的底部剪力法来确定地震作用。本章的学习中要熟练掌握如何在抗震设计中使用这两种方法，另外在应用中要注意底部剪力法的适用范围。

（5）对于不规则结构，在抗震分析时不能忽略扭转效应的影响。结构的扭转效应主要是由两方面的因素所引起：一是多维地震动的扭转分量，二是偏心结构水平地震动作用下引起的扭转。因此，不规则结构在抗震设计时，应结合《抗震规范》中的相关规定，考虑扭转效应。

（6）尽管大部分建筑结构的震害是由于水平地震动引起的，但是某些高层建筑、大跨和高耸结构，竖向地震动所产生的惯性力也会导致破坏。因此，8、9 度时的大跨度结构和长悬臂结构，以及 9 度时的高层建筑，应考虑竖向地震作用的影响。

（7）需要了解结构地震反应的时程分析方法（包括弹性时程分析和弹塑性时程分析），结合《抗震规范》，掌握哪些结构需要进行时程分析。

（8）静力弹塑性（Push-over）分析方法能够考虑结构的弹塑性工作性能，同时程分析方法相比又能避免大量的计算，目前已经成为工程中常用的抗震设计方法，因此应掌握静力弹塑性分析方法的基本假定和步骤。

（9）结合《抗震规范》，理解截面抗震验算和变形验算的相关规定。

思考题与习题

3-1 什么是地震作用？什么是重力荷载代表值？

3-2 影响设计反应谱的因素有哪些？

3-3 计算结构地震作用的底部剪力法和振型分解反应谱法的原理和适用条件是什么？

3-4 在什么情况下须考虑竖向地震作用？

3-5 什么是承载力抗震调整系数？

3-6 怎样确定结构的薄弱层或部位？

3-7 怎样按顶点位移法计算结构的基本周期？

3-8 为什么要调整水平地震作用下结构的地震内力？

3-9 一个钢筋混凝土单自由度体系，其自振周期 $T_1 = 0.4\text{s}$，重量 $G = 140\text{kN}$，位于设防烈度为 8 度的 II 类场地，该地区设计基本地震加速度为 $0.3g$，设计地震分组为第一组，试计算其多遇地震作用下的地震作用。

3-10 某 2 层钢筋混凝土框架结构，各框架梁刚度为无穷大，混凝土强度等级均为 C30，各层柱截面均为 $500\text{mm} \times 500\text{mm}$，底部楼层重力荷载代表值为 815kN，屋面层重力荷载代表值为 485kN，底层高为 4.2m（包括基础埋深），上部楼层高为 3.3m，位于设防烈度为 8 度的 II 类场地，该地区设计基本地震加速度为 $0.2g$，设计地震分组为第二组，试分别采用振型分解反应谱法与底部剪力法计算该结构各楼层的层间地震剪力。

3-11 某钢筋混凝土高层办公楼建筑共 8 层，每层层高均为 3.6m，总高为 28.8m，质量和侧向刚度沿高度比较均匀，属于规则建筑。该建筑位于 9 度设防区，场地类别为 II 类，设计地震分组为第二组，设计基本地震加速度为 $0.4g$。已知屋面、楼面永久荷载标准值为 12350kN，屋面活荷载标准值为 2650kN，结构基本自振周期为 1.0s。试计算该结构的竖向地震作用标准值以及每层的竖向地震作用标准值。

第4章
钢筋混凝土多高层房屋抗震设计

本章知识点

【知识点】钢筋混凝土结构房屋的主要震害及其产生原因；钢筋混凝土结构抗震设计的一般规定；框架结构内力和位移的计算；框架结构的截面抗震设计及抗震构造措施；抗震墙结构的抗震计算及抗震构造措施；框架-抗震墙结构的抗震计算及抗震构造措施；钢筋混凝土框架结构的设计实例。

【重　点】掌握单层钢筋混凝土结构抗震设计的一般规定，能够利用《抗震规范》对框架结构、抗震墙结构及框架-抗震墙结构进行抗震设计。

【难　点】钢筋混凝土框架结构、抗震墙结构及框架-抗震墙结构的内力和变形计算；钢筋混凝土结构的延性抗震设计措施。

4.1　概述

钢筋混凝土结构是我国多层和高层房屋最常用的一种结构类型，通常可分为以下几种体系：

1. 框架结构

由纵横梁、柱组成的承重骨架并承受抗侧力作用的结构称为框架结构。它的优点是平面布置灵活、自重较轻，因而产生的地震作用较小。如果设计合理，它具有很好的延性性能。因此，框架结构在多层工业与民用建筑中获得了广泛的应用。框架结构的缺点是侧向刚度较小，在强震作用下会产生较大的侧向变形，容易引起非结构构件的破坏。

2. 框架-抗震墙结构

由框架梁和柱组成主要承重骨架、由抗震墙主要承受框架侧向力作用的结构称为框架-抗震墙结构。这种结构克服了框架和抗震墙各自的缺点，具有框架结构平面布置灵活、刚度又较框架结构大，而自重又较抗震墙结构轻等优点，能较有效地控制结构在地震时产生的地震作用和变形，因此，在地震区的某些高度范围内的高层建筑中采用框架-抗震墙结构比框架结构更为经济合理，是优先考虑采用的结构体系。

3. 抗震墙结构

由钢筋混凝土墙体承受重力荷载和侧向力作用的结构称为抗震墙结构。这种结构的优点是整体性能好、侧向刚度大，无论是强度或变形都易满足抗震设计的要求。它的缺点是大面积墙体的使用限制了建筑物内部平面布置的灵活性。另外，由于它的刚度大产生的地震作用也大，因此在设计中如果配筋和构造处理不当，可能会在受力大的部位产生严重破坏。

4.2 震害现象

在强地震作用下，钢筋混凝土结构房屋的反应性状十分复杂，迄今为止还不能完全用理论与计算分析加以解释。因此，要正确地进行多层和高层建筑的抗震设计，必须对其震害现象有所了解，从中吸取经验教训，不断提高抗震设计水平。下面对多层和高层建筑中的几种主要震害特征作介绍。

4.2.1 结构平面不对称产生的震害

当建筑物平面布置不对称，以至造成刚度或质量分布不均匀、不对称时，在地震作用下，会发生平移与扭转相耦联的空间振动，从而会加重结构的破坏程度，特别是角柱，可能会过早地发生破坏。图 4-1 给出了结构体型为"L"形的某高层建筑在地震过程中的破坏现象。

图 4-1 某不规则建筑地震中破坏情况

4.2.2 结构竖向刚度、 强度不均匀产生的震害

震害调查表明，当结构沿高度方向的刚度或强度突然发生较大的变化时，

即在刚度或强度较小的楼层形成薄弱层。在地震作用下，使整个结构的变形都集中在该楼层，导致结构发生严重破坏甚至倒塌。如图 4-2 所示的 6 层框架结构，该结构底层作为停车场，未设置填充墙，而上部楼层作为宾馆客房，设置了大量的填充墙。由于结构底层刚度相对较小，而上部楼层的刚度显著增大，因此在底部形成薄弱层，导致底层发生局部屈服机制破坏，所有底层框架柱上下端都出现塑性铰，残余变形约 300mm。该结构

图 4-2　框架结构底部薄弱层破坏

第二层个别填充墙体有轻微裂缝，第三层以上各层未见明显裂缝，说明上部结构层间变形很小。

4.2.3　防震缝的震害现象比较普遍

目前抗震设计者大多主张将复杂、不规则的房屋用防震缝划分成较规则的结构单元。由于在防震缝两侧的结构单元各自的振动特性不同，地震时可能会产生相对的位移，这时如果防震缝的宽度不够，则结构相邻单元之间会发生碰撞而产生震害（如图 4-3 所示）。图 4-4 所示为某中学综

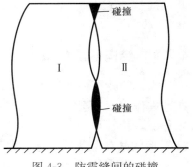

图 4-3　防震缝间的碰撞

合楼，地震后在防震缝处可看到明显的碰撞破坏现象，同时屋顶女儿墙在防震缝处由于碰撞开裂。

图 4-4　某中学综合楼防震缝处破坏现象

另外，我国在结构设计中多数采用的是等效静力弹性分析方法。严格地说，静力计算不能正确地反映地震时的结构动力特性，而且结构在强震作用下的变形会进入弹塑性状态，其变形值会大大超过弹性位移值，因此，在抗震设计中应考虑这些不利因素，确保防震缝有足够的宽度。

4.2.4 框架梁、柱及节点的震害

震害调查表明，钢筋混凝土框架的震害多发生在柱端、梁端和梁柱节点核心区。一般来说，梁震害相对较轻，柱重于梁，柱顶重于柱底，角柱重于内柱。

1. 梁的震害

地震中框架梁的震害相对较轻，主要表现在两端、节点区附近产生竖向裂缝或斜裂缝，在梁负弯矩钢筋折断处由于抗弯能力削弱也容易产生裂缝，造成剪切破坏。个别框架梁会由于主筋屈服、混凝土压碎而出现弯曲破坏形态。图4-5（a）和（b）为梁的剪切破坏，梁端呈现明显的剪切斜裂缝；图4-5（c）为梁的弯曲破坏，梁端形成塑性铰，主筋屈服、外露；图4-5（d）为梁的剪弯破坏，梁中同时出现弯曲裂缝与剪切裂缝。

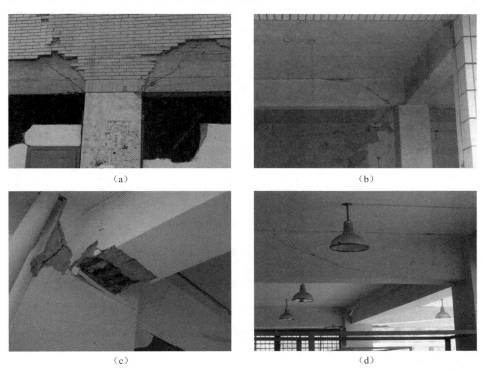

（a）　　　　　　　　　　　　（b）

（c）　　　　　　　　　　　　（d）

图 4-5　梁的破坏形态

2. 柱的震害

由于节点处柱端的内力比较大，在弯矩、剪力和压力的联合作用下，柱顶周围出现水平裂缝、斜裂缝或交叉裂缝，严重时混凝土压碎或剥落，纵筋屈服成塑性铰破坏（如图4-6a、b所示），这种破坏形式属于延性破坏，可能吸收较大的地震能量。当轴压比较大、箍筋约束不足、混凝土强度不足时，柱端混凝土会压碎而影响抗剪能力，柱顶会出现剪切性破坏（如图4-6c、d所示）。当竖向荷载过大而截面过小、混凝土强度不足时，纵筋压屈成灯笼状，柱内箍筋拉断或脱落，柱子失去承载力呈压屈破坏形式（如图4-6e、f所示）。另外，

由于柱顶配箍不足或没有箍筋而发生了脆性剪切破坏（如图 4-6g、h 所示）。

图 4-6　柱顶的震害现象

柱底的震害主要表现为：柱底混凝土保护层部分脱落，柱主筋及其箍筋部分外露，底层柱倾斜，水平裂缝和斜裂缝互相交叉，破坏区混凝土剥落（如图 4-7 所示）。柱底产生的震害大部分是因为结构中存在薄弱层，地震时由于薄弱层变形过大而在柱底形成塑性铰破坏。

（a）   （b）

图 4-7　柱底的震害

当框架房屋中有错层、夹层或有半高的填充墙，或不当地设置某些连系梁时，可能使柱净高 H 小于 4 倍柱截面高度 h_c，从而形成短柱。短柱刚度大，会承担较大的地震剪力而易发生剪切破坏，造成脆性错断（如图 4-8 所示）。

（a）   （b）

图 4-8　短柱破坏

3. 梁柱节点的震害

在地面运动反复作用下，框架节点的机理十分复杂，其破坏现象主要表现在：节点核心抗剪强度不足引起的剪切破坏，破坏时，核心区产生斜向对角的贯通裂缝，节点区内箍筋屈服，外鼓甚至崩断。当节点区剪压比较大时，箍筋可能并未达到屈服，而是混凝土被剪压酥碎成块而发生破坏。节点核心区由于构造措施不当而引起的破坏主要表现在节点箍筋过少而产生的脆性破坏，或由于核心区的钢筋过密而影响混凝土浇筑质量引起剪切破坏（如图 4-9 所示）。

图 4-9 梁柱节点破坏

4.2.5 填充墙的震害

图 4-10 填充墙的震害

在地震作用下，一般填充墙的震害较为严重（图 4-10）。表现在墙面发生斜裂缝，并沿柱周边开裂，端墙、窗间墙和门窗洞口边角部位破坏更为严重。9 度以上填充墙大部分倒塌。由于框架变形属剪切型，下部层间位移大，因此填充墙在房屋中下部震害较严重；框架-抗震墙结构的变形接近弯曲型，上部层间位移较大，故填充墙在房屋上部震害较严重。

填充墙破坏的主要原因是，在地震作用下，填充墙与框架是共同工作的，一方面墙体受到框架的约束，另一方面框架受到填充墙的支撑。但由于填充墙的刚度比框架大得多，因而填充墙吸收了较大的地震作用，而它的抗剪强度又较低，故在地震时填充墙的破坏较早也较严重。

4.2.6 抗震墙的连梁和墙肢底部的震害

在强震作用下，抗震墙的震害主要表现在墙肢之间的连梁上产生的剪切破坏（如图 4-11 所示）。这主要是由于连梁跨度小、高度大形成深梁，其剪跨比小，剪切效应十分明显，在反复荷载作用下，形成 X 形剪切裂缝，其破坏属脆性破坏。狭而高的墙肢其工作性能与悬臂梁类似，地震破坏常出现在墙的底部。

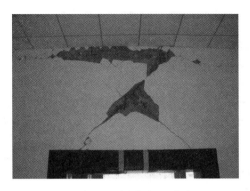

图 4-11　连梁的交叉裂缝

4.3　抗震设计的一般规定

经济合理的抗震设计，除了必要的计算外，概念设计尤为重要。其中包括合理的结构选型和平、立面布置以及正确的构造措施等。因此，《抗震规范》给出了多层和高层钢筋混凝土结构房屋抗震设计的一般规定。

4.3.1　抗震等级的划分

多层和高层房屋的抗震计算和构造措施应按不同的抗震等级进行划分。这是因为不同类型及不同高度的钢筋混凝土结构房屋的地震反应具有不同的特点：

（1）地震作用越大，房屋的抗震要求应越高。由于地震作用效应在与其他荷载效应组合中所占的比例不同，以及构件在材料强度、截面尺寸和构造配筋等要求的限定，以至不同设防烈度和场地上结构所具有的实际抗震潜力会有很大的差别，结构可能进入弹塑性状态的程度也是不同的。震害调查表明，即使未经抗震设计的钢筋混凝土结构，在 7 度区基本完好或轻微破坏；8 度和 9 度区构件的破坏才可能加重增多。从经济方面考虑，对不同设防烈度和场地的结构，抗震要求可以有明显的差别。

（2）结构的抗震能力主要取决于主要抗侧力构件的性能，主、次要抗侧力构件的抗震要求可以有所区别。如框架结构中的框架抗震要求应高于框架-抗震墙结构中的框架，框支层框架抗震要求更高，框架-抗震墙结构中的抗震墙抗震要求应高于抗震墙结构中的抗震墙。

（3）在一定条件下房屋越高，地震反应越大，延性要求就越高，因此其抗震要求应越高。

综合考虑地震作用（包括设防烈度、场地类别）、结构类型和房屋高度等

83

主要因素，《抗震规范》将结构划分为四个等级（见表 4-1），设计时根据不同的抗震等级采用相应的计算和构造措施。

现浇钢筋混凝土结构的抗震等级　　　　　　　　　　　　表 4-1

结构类型		设防烈度			
		6	7	8	9
框架结构	高度	≤24 / >24	≤24 / >24	≤24 / >24	≤24
	框架	四 / 三	三 / 二	二 / 一	一
	大跨度框架	三	二	一	一
框架-抗震墙结构	高度（m）	≤60 / >60	≤24 / 25~60 / >60	≤24 / 25~60 / >60	≤24 / 25~50
	框架	四 / 三	四 / 三 / 二	三 / 二 / 一	一
	抗震墙	三	三	二	二
抗震墙结构	高度（m）	≤80 / >80	≤24 / 25~80 / >80	≤24 / 25~80 / >80	≤24 / 25~60
	抗震墙	四 / 三	四 / 三 / 二	三 / 二 / 一	一
部分框支抗震墙结构	高度（m）	≤80 / >80	≤24 / 25~80 / >80	≤24 / 25~80	
	抗震墙 一般部位	四 / 三	四 / 三 / 二	三 / 二	
	抗震墙 加强部位	三 / 二	三 / 二 / 一	二 / 一	
	框支层框架	二	二	一	
框架-核心筒结构	框架	三	二	一	
	核心筒	二	二	一	
筒中筒结构	外筒	三	二	一	
	内筒	三	二	一	
板柱-抗震墙结构	高度（m）	≤35 / >35	≤35 / >35	≤35 / >35	
	框架、板柱的柱	三	三	二	
	抗震墙	二 / 二	二 / 一	二 / 一	

注：1. 建筑场地为Ⅰ类时，除 6 度外应允许按表内降低一度所对应的抗震等级采取抗震构造措施，但相应的计算要求不应降低；

2. 接近或等于高度分界时，应允许结合房屋不规则程度及场地、地基条件确定抗震等级；

3. 大跨度框架指跨度不小于 18m 的框架；

4. 高度不超过 60m 的框架-核心筒结构按框架-抗震墙的要求设计时，应按表中框架-抗震墙结构的规定确定其抗震等级。

4.3.2　房屋最大适用高度

根据国内外有关资料和工程实际经验，为了达到安全、经济、合理的要求，《抗震规范》规定，较规则的多层和高层钢筋混凝土结构房屋的最大适用高度不超过表 4-2 中规定的数值。

适用的房屋最大高度（m）　　　　　　　　　　　　表 4-2

结构类型	烈　度				
	6	7	8（0.2g）	8（0.3g）	9
框架	60	50	40	35	24
框架-抗震墙	130	120	100	80	50

结构类型		烈　度				
		6	7	8 (0.2g)	8 (0.3g)	9
抗震墙		140	120	100	80	60
部分框支抗震墙		120	100	80	50	不应采用
筒体	框架-核心筒	150	130	100	90	70
	筒中筒	180	150	120	100	80
板柱-抗震墙		80	70	55	40	不应采用

注：1. 房屋高度指室外地面到主要屋面板板顶的高度（不包括局部突出屋顶部分）；
　　2. 框架-核心筒结构指周边稀柱框架与核心筒组成的结构；
　　3. 部分框支抗震墙结构指首层或底部两层为框支层的结构，不包括仅个别框支墙的情况；
　　4. 表中框架，不包括异形柱框架；
　　5. 板柱-抗震墙结构指板柱、框架和抗震墙组成抗侧力体系的结构；
　　6. 乙类建筑可按本地区抗震设防烈度确定其适用的最大高度；
　　7. 超过表内高度的房屋，应进行专门研究和论证，采取有效的加强措施。

对于平面和竖向不规则的结构，其适用最大高度宜适当降低，一般降低10%左右。

4.3.3　平、立面要求

由于地震作用是非常复杂的，到目前为止对结构的地震反应还不能完全通过计算分析了解清楚，因此，建筑结构的合理布置是能起到重要作用的抗震手段。震害调查表明，不规则的结构如未采取适当措施，往往震害较为严重。《抗震规范》区分规则结构与不规则结构的目的，是为了在抗震设计中予以区别对待。对不规则结构，除适当降低高度外，应采取较严格的分析方法并按较高的抗震等级采取抗震措施。一般可仅对关键部位提高抗震等级。对规则结构，则应按《抗震规范》可取较简单的分析方法及构造措施。

此外，平面过于狭长的建筑物在地震作用时由于两端地震波输入有相位差而容易产生不规则振动，从而引起震害，所以建筑物平面长度 L 不宜过长，我国《高层建筑混凝土结构技术规程》对建筑物的长宽比 L/B 作了限制。当平面有较长的外伸时，外伸段容易产生局部振动而引发凹角处应力集中和破坏，因此，突出部分的长度不宜过大、宽度不宜过小（如图 4-12 所示）。因此，我国《高层建筑混凝土结构技术规程》对平面局部突出部分的长宽比 l/b 也作了限制，如表 4-3 所示。

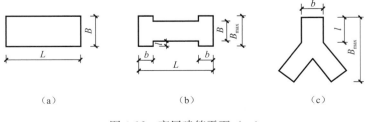

（a）　　　　　　　（b）　　　　　　　（c）

图 4-12　高层建筑平面（一）

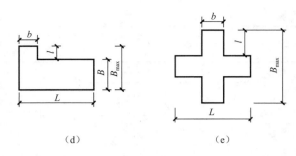

(d)   (e)

图 4-12 高层建筑平面（二）

L、l 的限值   表 4-3

设防烈度	L/B	l/b	l/B_{max}
6 度和 7 度	≤6.0	≤2.0	≤0.35
8 度和 9 度	≤5.0	≤1.5	≤0.30

　　结构沿竖向（铅直方向）应尽可能均匀而少变化，使结构的刚度沿竖向均匀。如结构沿竖向需变化，则宜均匀变化，避免沿竖向刚度的突变。在用防震缝分开的结构单元内，不应有错层和局部加层，同一楼层应在同一标高内。

4.3.4 防震缝

　　当结构非常不规则、地基及基础结构有显著差别或房屋过长必须设缝时，其最小缝宽应符合下列要求：

　　（1）框架结构（包括设置少量抗震墙的框架结构）房屋的防震缝宽度，当高度不超过 15m 时不应小于 100mm；高度超过 15m 时，6 度、7 度、8 度和 9 度分别每增加高度 5m、4m、3m 和 2m，宜加宽 20mm；

　　（2）框架-抗震墙结构房屋的防震缝宽度不应小于上述规定数值的 70%，抗震墙结构房屋的防震缝宽度不应小于上述规定数值的 50%，且均不宜小于 100mm。

　　需要注意的是，防震缝两侧结构体系不同时，防震缝的宽度应按不利的结构类型确定；防震缝两侧的房屋高度不同时，防震缝的宽度应按较低房屋高度确定。

　　防震缝两侧结构的楼盖宜位于同一标高，两侧的结构应严格脱离。高层建筑应采取措施尽量避免设缝。

4.3.5 结构布置的一般原则

　　为抵抗不同方向的地震作用，结构中的框架或抗震墙应双向设置。梁与柱或柱与抗震墙的中线宜重合，柱中线与抗震墙中线、梁中线与柱中线之间偏心距大于柱宽的 1/4 时，应计入偏心的影响。

　　框架结构中，填充墙在平面和竖向的布置，宜均匀对称，宜避免形成薄弱层或短柱。

为使楼盖和屋盖有效地将楼层的地震剪力传给抗震墙，抗震墙之间无大洞口的楼、屋盖的长宽比，不宜超过表4-4的规定；超过时，应计入楼盖平面内变形的影响。

抗震墙之间楼屋盖的长宽比   表 4-4

楼、屋盖类型		设防烈度			
		6	7	8	9
框架-抗震墙结构	现浇或叠合楼、屋盖	4	4	3	2
	装配整体式楼、屋盖	3	3	2	不宜采用
板柱-抗震墙结构的现浇楼、屋盖		3	3	2	—
框支层的现浇楼、屋盖		2.5	2.5	2	—

抗震墙结构和部分框支抗震墙结构中的抗震墙设置，应符合下列要求：

（1）抗震墙的两端（不包括洞口两侧）宜设置端柱或与另一方向的抗震墙相连；框支部分落地墙的两端（不包括洞口两侧）应设置端柱或与另一方向的抗震墙相连。

（2）较长的抗震墙宜设置跨高比大于6的连梁形成洞口，将一道抗震墙分成长度较均匀的若干墙段，各墙段的高宽比不宜小于3。

（3）墙肢的长度沿结构全高不宜有突变；抗震墙有较大洞口时，以及一、二级抗震墙的底部加强部位，洞口宜上下对齐。

（4）矩形平面的部分框支抗震墙结构，其框支层的楼层侧向刚度不应小于相邻非框支层楼层侧向刚度的50%；框支层落地抗震墙间距不宜大于24m，框支层的平面布置宜对称，且宜设抗震筒体；底层框架部分承担的地震倾覆力矩，不应大于结构总地震倾覆力矩的50%。

框架-抗震墙结构和板柱-抗震墙结构中的抗震墙设置，宜符合下列要求：

（1）抗震墙宜贯通房屋全高。

（2）楼梯间宜设置抗震墙，但不宜造成较大的扭转效应。

（3）抗震墙的两端（不包括洞口两侧）宜设置端柱或与另一方向的抗震墙相连。

（4）房屋较长时，刚度较大的纵向抗震墙不宜设置在房屋的端开间。

（5）抗震墙洞口宜上下对齐；洞边距端柱不宜小于300mm。

4.4 钢筋混凝土框架结构的抗震设计

框架结构具有平面布置灵活的优点，如果设计合理，将具有良好的延性；缺点是侧向刚度较小，地震时会产生较大的水平变形，容易引起非结构构件的破坏，有时甚至造成主体结构的破坏。多层和高层钢筋混凝土结构房屋的抗震设计一般包括下列步骤：

（1）确定结构方案与结构布置；

（2）初步确定梁、柱、抗震墙截面及材料强度等级；

（3）确定结构地震作用；

（4）抗震变形验算及内力分析；

（5）荷载组合及截面设计；

（6）结构和构件的抗震构造措施。

4.4.1　框架结构的内力和位移计算

多层框架是高次超静定结构，有多种计算其内力和位移的方法。如可以利用精确的矩阵位移法，利用计算机编程序通过电算分析内力；也可以采用近似的计算方法，如弯矩分配法、无剪力分配法、迭代法等。我们要讲的是工程中常用的近似计算框架结构内力的方法，包括在水平地震作用下的反弯点法和修正反弯点法（D 值法），以及在竖向重力荷载作用下的弯矩二次分配法等。

1. 在水平荷载作用下框架内力和位移的计算

（1）内力计算

1）反弯点法

框架结构所受的水平荷载通常是风或地震作用。空间框架受力体系通常简化成沿纵横两个方向上的平面框架体系来计算。荷载一般简化成作用于框架上的水平节点力。首先观察其变形的特点，以便研究水平荷载作用下框架的内力分布规律，如图 4-13 所示。

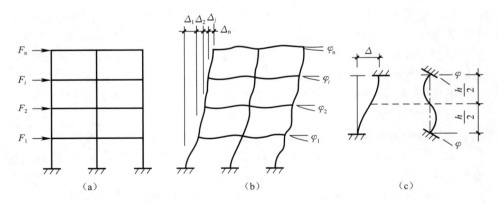

图 4-13　框架在水平荷载作用下的变形

① 层间位移：$\Delta_1 > \Delta_2 > \Delta_3 > \cdots > \Delta_n$。

② 节点转角：$\varphi_1 > \varphi_2 > \varphi_3 > \cdots > \varphi_n$，见图 4-13（b）。

由于通常认为楼板在其自身平面内是无限刚性的，故可认为每一层内各柱端的位移是相等的。由于每个柱子上部和下部的弯曲方向不同，柱上一定存在一个曲率为零的点（称为反弯点），该点的弯矩为零。为简化计算，假设除底层以外，认为每层柱柱端转角近似相等，即 $\varphi_1 = \varphi_2 = \varphi_3 = \cdots = \varphi_n$，这样除底层以外，其他各层柱的反弯点位于柱子中点，如图 4-13（c）所示。底层柱下端与基础固接，转角为零，经分析表明，其反弯点近似位于距柱下端 $(2/3)\,h$ 处，如图 4-14 所示。

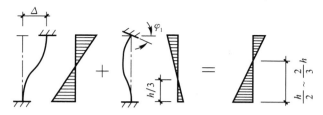

图 4-14 框架底层柱反弯点的位置

由于柱反弯点处的弯矩为零，只有水平剪力和竖向轴力，因此可以在柱反弯点处用一个铰来代替，使计算得以简化。

在求解内力时，可以自上而下分别求出各层的层间总剪力。如图 4-15（a）所示，设框架结构共有 n 层，每层有 m 个柱子，以第 j 层为分析对象，沿柱子的反弯点"切开"，露出内力，则层间总剪力定义为：

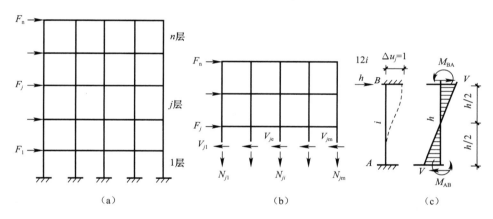

图 4-15 层间剪力及柱子侧移刚度

$$V_{Fj} = V_{j1} + V_{j2} + \cdots V_{jk} + \cdots + V_{jm} = \sum_{k=1}^{m} V_{jk} \qquad (4\text{-}1)$$

式中　V_{Fj}——第 j 层所产生的层间总剪力；

　　　V_{jk}——第 j 层第 k 柱所承受的剪力；

　　　m——第 j 层内的柱子个数。

层间总剪力 V_{Fj} 可由图 4-15（b），利用水平方向的力的平衡条件求出，即：

$$V_{Fj} = F_j + F_{j+1} + \cdots F_k + \cdots + F_n = \sum_{k=j}^{n} F_k \qquad (4\text{-}2)$$

式中　F_k——第 k 层（$k \geqslant j$）的水平节点力。

这样，利用公式（4-2）自上而下可以求得每一层间的层间总剪力 V_{Fj}，下一步是把第 j 层的总剪力 V_{Fj} 按该层柱侧移刚度的大小分配到各柱上去。为简化计算，在分配剪力时，假定各柱上下端都不发生角位移，见图 4-15（c）。柱子侧移刚度推导如下：取 AB 柱为脱离体，露出内力，则：

$$M_{AB} + M_{BA} = V \cdot h$$

而

$$M_{AB} = M_{BA} = 6i \cdot \frac{\Delta}{h}$$

所以
$$12i \cdot \frac{\Delta}{h} = V \cdot h$$
$$V = 12 \frac{i}{h^2} \Delta \qquad (4\text{-}3)$$

由公式（4-3）可以定义：在柱顶施加一水平力使柱子产生单位水平位移，则该水平力的大小称为柱的抗侧移刚度。如果柱端无转角，其大小为 $12\frac{i}{h^2}$。其中 $i = EI/h$ 称柱子的线刚度。

由公式（4-1）可得：
$$V_{Fj} = V_{j1} + V_{j2} + \cdots V_{jk} + \cdots + V_{jm}$$
$$= 12\frac{i_1}{h^2}\Delta_1 + 12\frac{i_2}{h^2}\Delta_2 + \cdots + 12\frac{i_k}{h^2}\Delta_k \cdots + 12\frac{i_m}{h^2}\Delta_m$$

由于每层楼板的水平刚度较大，则 $\Delta_1 = \Delta_2 = \Delta_3 = \cdots = \Delta_n = \Delta$，所以
$$V_{Fj} = (12\frac{i_1}{h^2} + 12\frac{i_2}{h^2} + \cdots + 12\frac{i_k}{h^2} \cdots + 12\frac{i_m}{h^2})\Delta$$
$$= (\sum_{k=1}^{m} 12\frac{i_k}{h^2})\Delta$$

于是
$$\Delta = \frac{V_{Fj}}{\sum\limits_{k=1}^{m} 12\frac{i_k}{h^2}} \qquad (4\text{-}4)$$

则每个柱所受到的剪力 V_{jk}：
$$V_{jk} = 12\frac{i_k}{h^2}\Delta_k = \frac{12\frac{i_k}{h^2}}{\sum\limits_{p=1}^{m} 12\frac{i_p}{h^2}} V_{Fj} \qquad (4\text{-}5)$$
$$= \mu_k V_{Fj}$$

式中 μ_k——第 j 层第 k 根柱的剪力分配系数，即
$$\mu_k = \frac{12\frac{i_k}{h^2}}{\sum\limits_{p=1}^{m} 12\frac{i_p}{h^2}} \qquad (4\text{-}6)$$

求得各柱的反弯点位置处的剪力 V_{jk} 以后，再乘以反弯点到柱端部的距离，就可以求出各柱上端和下端弯矩值。用角标 t、b 分别表示柱子的上端和下端，则有：

对于底层柱：
$$\left. \begin{array}{l} M_{c1k}^t = V_{1k} \cdot \dfrac{h_1}{3} \\[2mm] M_{c1k}^b = V_{1k} \cdot \dfrac{2h_1}{3} \end{array} \right\} \qquad (4\text{-}7a)$$

对于上部各层柱：$M_{cjk}^t = M_{cjk}^b = V_{jk} \cdot \dfrac{h_j}{2}$ $\qquad (4\text{-}7b)$

利用节点的弯矩平衡条件以及按抗弯刚度分配弯矩的原则，可求出梁端

弯矩，见图 4-16。

$$
\left.\begin{aligned}
M_{\mathrm{b}}^{l} &= \frac{i_{\mathrm{b}}^{l}}{i_{\mathrm{b}}^{r} + i_{\mathrm{b}}^{l}}(M_{\mathrm{c}}^{\mathrm{u}} + M_{\mathrm{c}}^{l}) \\
M_{\mathrm{b}}^{r} &= \frac{i_{\mathrm{b}}^{r}}{i_{\mathrm{b}}^{r} + i_{\mathrm{b}}^{l}}(M_{\mathrm{c}}^{\mathrm{u}} + M_{\mathrm{c}}^{l})
\end{aligned}\right\}
\tag{4-7c}
$$

式中 M_{b}^{l}、M_{b}^{r}——节点左、右的梁端弯矩；

$M_{\mathrm{c}}^{\mathrm{u}}$、$M_{\mathrm{c}}^{l}$——节点上、下的梁端弯矩；

i_{b}^{l}、i_{b}^{r}——节点左、右的梁的线刚度。

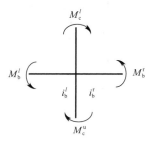

图 4-16 梁柱节点弯矩图

由以上分析，得出以下三点作为反弯点法的基本假定：

① 在求各个柱子的剪力时，假定各柱上、下端都不发生角位移，即认为梁的线刚度与柱子的线刚度之比为无限大。

② 在确定柱子的反弯点位置时，假定除底层以外的各层柱子上、下端节点转角均相同，即假定除底层外，各层框架柱的反弯点位于柱高的中点。对于底层柱子，则假定其反弯点位于距基础顶面三分之二柱高处。

③ 梁端弯矩可由节点平衡条件求出，并按节点左右梁的线刚度进行分配。

一般认为，当梁的线刚度 $i_{\mathrm{b}} = \frac{EI_{\mathrm{b}}}{l}$ 和柱的线刚度 $i_{\mathrm{c}} = \frac{EI_{\mathrm{c}}}{h}$ 之比大于 3 时，采用该方法计算所引起的误差能满足工程的要求。

2）修正反弯点法（D 值法）

① 反弯点法存在的问题

由反弯点法的基本假定可知，这些假定使计算简化，并大体上反映了框架结构的主要内力和变形的规律，当梁柱线刚度比不大于 3 时，会存在以下问题：

a. 由于框架各层节点转角不可能相等，所以柱子的反弯点位置也就不能都在柱子的中点；

b. 由于梁柱的线刚度之比不可能为无穷大，所以柱的侧移刚度也不完全取决于柱本身（公式 4-3），还应与梁的线刚度有关。

修正反弯点法是在反弯点法的基础之上经过修正而得到的，它主要修正了柱子的抗侧移刚度和反弯点的位置。

② 修正后柱的抗侧移刚度 D

柱的侧移刚度是当柱上下端产生单位相对位移时，柱子所承受的水平剪力，用 D 来表示。

为了简化抗侧刚度 D 值的计算，作如下假定；

a. 与所分析柱相连的上、下两层柱的线刚度与所分析柱相同，即 $i_{n-1} = i = i_{n+1}$，且上、下两层的侧移与所分析层相同，即 $\Delta_{n-1} = \Delta_{n} = \Delta_{n+1} = \Delta$；

b. 所分析柱两端节点及与其上下左右相邻的各个节点的转角均为 θ；

c. 与所分析柱相交的横梁的线刚度分别为 i_1、i_2、i_3，i_4，如图 4-17 所示。

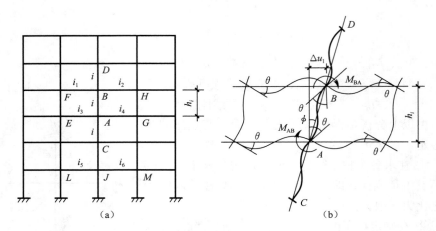

图 4-17　柱抗侧移刚度与变形

由以上假定，建立 A、B 两点的弯矩平衡方程，则：

$$4(i_3 + i_4 + i_c + i_c)\theta + 2(i_3 + i_4 + i_c + i_c)\theta - 6(i_c\varphi + i_c\varphi) = 0$$

$$4(i_1 + i_2 + i_c + i_c)\theta + 2(i_1 + i_2 + i_c + i_c)\theta - 6(i_c\varphi + i_c\varphi) = 0$$

将以上两式相加，并简化后可得：

$$\theta = \frac{2}{2 + \dfrac{\Sigma i}{2i_c}} \cdot \varphi = \frac{2}{2 + \overline{K} \cdot \varphi} \tag{4-8}$$

式中　$\Sigma i = i_1 + i_2 + i_3 + i_4$；

　　　$\overline{K} = \dfrac{\Sigma i}{2i_c}$，$\overline{K}$ 称为梁柱线刚度比。

以 AB 柱为分析对象（见图 4-17b）：

$$M_{AB} + M_{BA} = V_{AB} \cdot h$$

而 $M_{AB} = M_{BA} = 6\dfrac{i_c}{h}\Delta - 6i_c \cdot \theta = 6i_c\left(\dfrac{\Delta}{h} - \theta\right)$，代入上式并整理可得：

$$V_{AB} = \frac{12\left(\dfrac{\Delta}{h} - \theta\right)i_c}{h} = 12\frac{i_c\Delta}{h^2}\left(1 - \frac{h\theta}{\Delta}\right) = 12\frac{\alpha i_c}{h^2}\Delta = D \cdot \Delta$$

由柱侧移刚度的定义，D 为柱的侧移刚度值：

$$D = 12\frac{\alpha}{h^2}i_c \tag{4-9}$$

式中　α——节点影响系数，它反映了梁柱线刚度比值对柱侧移刚度的影响。

以框架一般层为例（见公式 4-8）：

$$\alpha = 1 - \frac{h \cdot \theta}{\Delta} = 1 - \frac{\theta}{\varphi} = 1 - \frac{2}{2 + \overline{K}} = \frac{\overline{K}}{2 + \overline{K}}$$

用同样的方法可以推导出底层柱和边柱的值，常见情况下的 α 值，列于表 4-5。

楼层	简图	K	α
一般层		$\bar{K}=\dfrac{i_1+i_2+i_3+i_4}{2i_c}$	$\alpha=\dfrac{\bar{K}}{2+\bar{K}}$
底层 固接		$\bar{K}=\dfrac{i_1+i_2}{i_c}$	$\alpha=\dfrac{0.5+\bar{K}}{2+\bar{K}}$
铰接		$\bar{K}=\dfrac{i_1+i_2}{i_c}$	$\alpha=\dfrac{0.5\bar{K}}{2+2\bar{K}}$
铰接有连梁		$\bar{K}=\dfrac{i_1+i_2+i_{p1}+i_{p2}}{2i_c}$	$\alpha=\dfrac{\bar{K}}{2+\bar{K}}$

注：边柱情况下，式中 i_1、i_3 或 i_{p1} 取 0 值。

求得修正后的柱侧移刚度 D 值以后，与反弯点法相似，利用同一层内各柱的层间位移相等的条件，把层间总剪力 V_{Fj} 按各柱 D 值的大小分配给该层的各个柱。

$$V_{jk} = \frac{D_{jk}}{\sum_{p=1}^{m} D_{jp}} \cdot V_{Fj} \tag{4-10}$$

③ 修正后的柱子反弯点高度

在水平节点力作用下的框架结构，各个柱反弯点的位置主要取决于该柱上、下端转角的相对大小。如果柱子的上、下端节点转角相等，则柱子的反弯点位于柱中点；如果柱上、下端转角不等，则反弯点位置偏向于转角较大的一端。理论分析和实践都证明，柱反弯点位置主要与侧向外荷载的形式，梁柱线刚度之比，结构的总层数及该柱所在的层次，柱上、下横梁线刚度比，上下层高的变化等因素有关。反弯点高度可以采用统一的表达式：

$$\bar{y} = (y_0 + y_1 + y_2 + y_3)h \tag{4-11}$$

式中　$\bar{y}$——反弯点到柱下端节点的距离，即反弯点的高度；

　　　y_0——标准反弯点高度比，它是通过对标准框架（框架横梁的线刚度、框架柱的线刚度和层高沿框架高度保持不变），在相同的节点水平荷载作用下，经计算分析而得到的；该值可根据框架总层数 n，该柱所在层数 j 和梁线刚度比 $\bar{K}$，由表 4-6（a）和表 4-6（b）查得；

93

y_1——上下横梁线刚度比对标准反弯点高度比 y_0 的修正系数，如果柱上、下横梁线刚度不同，则反弯点位置偏向于横梁刚度较小的一端，由表 4-6（c）查出。

当 $i_1 + i_2 < i_3 + i_4$ 时，$\alpha_1 = \dfrac{i_1 + i_2}{i_3 + i_4}$，反弯点上移，见图 4-18（a）；

当 $i_1 + i_2 > i_3 + i_4$ 时，$\alpha_1 = \dfrac{i_3 + i_4}{i_1 + i_2}$，反弯点下移，$y_1$ 取负号，见图 4-18（b）；

对于底层柱不考虑修正值 y_1，即 $y_1 = 0$；

y_2、y_3——分别为上下层层高与本层不同时，对 y_0 的修正系数，可根据 $\alpha_2 = \dfrac{h_上}{h}$，$\alpha_3 = \dfrac{h_下}{h}$ 和 $\overline{K}$ 由表 4-6（d）查出。

查表经计算求出反弯点高度 $\bar{y}$ 后，则可以利用下式计算出柱弯矩 M_1 和 M_2，见图 4-19。

$$\left.\begin{array}{l} M_1 = V_{ji}(h - \bar{y}) \\ M_2 = V_{ji} \cdot \bar{y} \end{array}\right\} \tag{4-12}$$

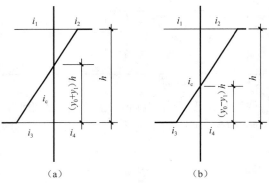

图 4-18　上、下横梁刚度对反弯点位置的影响

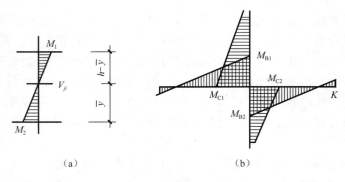

图 4-19　柱端、梁端弯矩

（a）柱端弯矩；（b）梁端弯矩

利用公式（4-7），则可以求出梁端弯矩。

无论是反弯点法，还是修正反弯点法，梁的剪力 V 可由梁左端、右端弯矩之代数和除以梁长度求得；柱轴力可从上到下逐层叠加梁端剪力求得。最后画出在水平力作用下的弯矩图、剪力图和轴力图。

（2）框架位移计算及限值

框架结构在水平荷载作用下的变形由两部分组成：总体剪切变形和总体弯曲变形。总体剪切变形是由梁、柱弯曲变形所导致的框架总体变形，见图 4-20（b），总体弯曲变形是由于柱在轴力作用下伸长或缩短造成的，见图 4-20（c）。

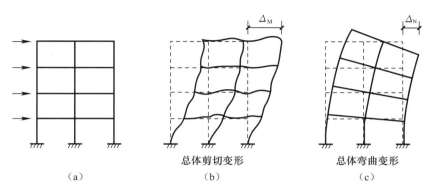

总体剪切变形　　　　总体弯曲变形

（a）　　　　　　　（b）　　　　　　　（c）

图 4-20　框架在水平荷载作用下的侧移

工程中常用简化的方法计算框架的侧移，如以剪切变形为主的框架，可以采用 D 值法计算其变形。

由 D 值法求解框架内力的基本原理可知，所分析层的层间位移 Δ_j 计算如下：

$$\Delta_j = \frac{V_{Fj}}{\sum_{k=1}^{m} D_{jk}} \qquad (4\text{-}13)$$

式中　V_{Fj}——所分析第 j 层的层间总剪力，可由公式（4-2）计算；

　　　D_{jk}——所分析第 j 层、第 k 根柱的侧移刚度；

　　　m——第 j 层的总柱数。

框架顶点总位移 Δ 可以通过逐层相加层间位移 Δ_j 来求得：

$$\Delta = \sum_{j=1}^{n} \Delta_j \qquad (4\text{-}14)$$

式中　n——框架总层数。

2. 重力荷载作用下框架内力的计算

框架结构在重力荷载作用下的内力分析，除可采用精确计算法以外（如矩阵位移法），还可以采用分层法、弯矩二次分配法等近似计算法。通常采用弯矩二次分配法。

（1）弯矩二次分配法

弯矩二次分配法是一种近似的计算方法。这种方法的特点是先求出框架梁的梁端弯矩，再对各节点的不平衡弯矩，同时作分配和传递，并且以两次分配为限，故称弯矩二次分配法。这种方法虽然是近似方法，但其结果与精确法相比，相差甚小，其精度可满足工程需要。

（2）梁端弯矩的调幅

在竖向荷载的作用下的梁端的负弯矩较大，导致梁端的配筋量较大；同时柱的纵向钢筋以及另一个方向的梁端钢筋也通过节点，因此节点的施工较困难。即使钢筋能排下，也会因钢筋过于密集，浇筑混凝土困难，不容易保证施工质量。考虑到钢筋混凝土框架属超静定结构，具有塑性内力重分布的性质，因此可以通过在重力荷载作用下梁端弯矩乘以调整系数 β 的办法，适当降低梁端弯矩的幅值。根据工程经验，考虑到钢筋混凝土构件的塑性变形能力有限的特点，调幅系数 β 的取值为：

对现浇框架：$\beta=0.8\sim0.9$

对装配式框架：$\beta=0.7\sim0.8$

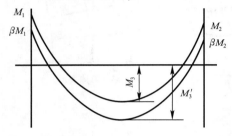

图 4-21　框架梁在竖向荷载作用下弯矩调幅

梁端弯矩降低后，由平衡条件可知，梁跨中弯矩相应增加。将调幅后的弯矩 βM_1、βM_2 的平均值与跨中弯矩 M_3' 之和不应小于按简支梁计算的跨中弯矩 M_0，即可求得跨中弯矩 M_3'，见图 4-21。

梁端弯矩调幅后，不仅可以减小梁端配筋数量，方便施工，而且还可以使框架在破坏时梁端先出现塑性铰，保证柱的相对安全，以满足"强柱弱梁"的设计原则。这里应注意，梁端弯矩的调幅只是针对竖向荷载作用下产生的弯矩进行的，而对水平荷载作用下产生的弯矩不进行调幅。因此，必须先将竖向荷载作用下的梁端弯矩调幅后，再与水平荷载产生的弯矩进行组合。

3. 控制截面及其内力不利组合

（1）控制截面

在进行构件截面设计时，首先要求得控制截面上的最不利内力，以此作为配筋的依据。对于框架梁，在水平荷载和竖向荷载共同作用下，剪力沿梁轴线呈线性变化，弯矩呈抛物线变化（竖向均布荷载作用下）或呈线性变化（水平荷载作用下），因此，除取梁的两端为控制截面以外，还应在跨间取最大正弯矩的截面为控制截面。为计算方便，可直接以梁的跨中截面作为控制截面，而不必用求极值的方法确定最大正弯矩控制截面。在地震作用下框架柱的弯矩、轴力和剪力沿柱高呈线性变化，因此可取各层柱的上、下端截面作为控制截面。

在框架梁、柱端部截面配筋计算时，应采用构件端部截面的内力，而不是轴线处的内力。见图 4-22 所示。梁端柱边的剪力和弯矩应按下式计算：

$$
\begin{cases}
V' = V - (g+p)\dfrac{b}{2} \\
M' = M - V'\dfrac{b}{2}
\end{cases}
\tag{4-15}
$$

式中　V'、M'——柱边截面的剪力和弯矩；

　　V、M——内力计算得到的轴线处的剪力和弯矩；

　　g、p 作用在梁上的竖向分布恒载和活载。

应当先求出梁、柱端部截面的内力，然后再对该控制截面进行最不利内力组合。

（2）控制截面最不利内力组合

最不利内力组合就是在控制截面处对截面配筋起控制作用的内力进行组合。同一控制截面，可能有好几组最不利内力组合。如梁端的最大负弯矩用于确定梁端顶部的配筋，梁端最大正弯矩用于确定梁端底部的配筋等。框架结构梁、柱的最不利内力组合有：

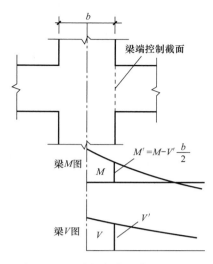

图 4-22　梁端控制截面弯矩及剪力

梁端截面：$+M_{max}$，$-M_{max}$，V_{max}

梁跨中截面：$+M_{max}$

柱端截面：$|M|_{max}$ 及相应的 N、V；

　　　　　N_{max} 及相应的 M、V

　　　　　N_{min} 及相应的 M、V

为达到以上的目的，考虑到荷载同时出现的可能性的大小，对荷载效应进行组合。最不利内力组合时还会涉及活荷载的最不利布置位置，对于高层建筑，活荷载所占比重很小，活荷载的不利布置对结构的内力影响不大，可只按满布活荷载进行内力分析，以利于简化计算。这时，可将梁的跨中弯矩乘以 1.1～1.3 的放大系数，以考虑活荷载的最不利布置影响。

对于某些构件是考虑地震作用时的组合内力起控制作用，而其他构件可能是不考虑地震作用的组合内力起控制作用。因此荷载效应组合应按有震和无震分别进行。

① 有地震作用时的内力基本组合。按第一水准抗震设防进行结构构件承载力验算时，结构除受多遇地震作用外，同时还受到其他荷载作用，应按《抗震规范》的规定，确定参与组合的荷载项及分项系数。

对于钢筋混凝土框架结构，对只考虑水平地震作用和重力荷载代表值参与组合的情况时，其内力组合设计值 S 为：

$$S = \gamma_G S_{GE} + \gamma_{Eh} S_{Ehk} \tag{4-16}$$

式中　S_{GE}——由重力荷载代表值计算得到的内力；

　　　S_{Ehk}——由水平地震作用标准值计算得到的内力；

　　　γ_G——重力荷载分项系数；

　　　γ_{Eh}——水平地震作用分项系数。

非抗震设计时组合内力设计值应该满足：

$$\gamma_0 S \leqslant R \tag{4-17}$$

式中　γ_0——结构构件的重要性系数，对于安全等级为一级、二级、三级的
　　　　　结构构件分别取 1.1、1.0、0.9；

　　　　R——结构构件的抗力。

　　② 无地震作用时的内力基本组合。无地震作用时，应考虑在正常荷载
（包括全部永久荷载和可变荷载）作用下的基本组合，其内力组合设计值为：

$$S = \gamma_G S_{Gk} + \gamma_Q S_{Qk} \tag{4-18}$$

式中　S_{Gk}——由永久荷载标准值计算得到的内力；

　　　　S_{Qk}——由可变荷载标准值计算得到的内力；

　　　　γ_G——永久荷载分项系数，当永久荷载效应对结构不利时，对由可变
　　　　　荷载效应控制的组合应取 1.2，对由永久荷载效应控制的组合
　　　　　应取 1.35；当永久荷载效应对构件有利时不应大于 1.0；

　　　　γ_Q——可变荷载的分项系数，一般取 1.4；对标准值大于 $4kN/m^2$ 的工
　　　　　业房屋楼面结构活荷载应取 1.3。

　　抗震设计时组合内力设计值应该满足：

$$S \leqslant R/\gamma_{RE} \tag{4-19}$$

式中　γ_{RE}——承载力抗震调整系数，按表 3-14 取值。

　　由公式（4-16）和公式（4-18），可以组合得到框架结构的最不利组合，
下面进行详细说明。

　　1）梁的内力不利组合

　　梁端负弯矩，取以下公式两者绝对值的较大者：

$$\left. \begin{array}{l} -M = -(1.3M_{Ehk} + 1.2M_{GE}) \\ -M = -(1.2M_{Gk} + 1.4M_{Qk}) \end{array} \right\} \tag{4-20}$$

　　梁端正弯矩按下面公式确定（在此种工况下，重力荷载效应往往有利，
因此取 $\gamma_G = 1.0$）：

$$M = 1.3M_{Ehk} - 1.0M_{GE} \tag{4-21}$$

　　梁端剪力，取下式两者较大值：

$$V = 1.3V_{Ehk} + 1.2V_{GE}$$
$$V = 1.2V_{Gk} + 1.4V_{Qk} \tag{4-22}$$

　　跨中正弯矩，取下式两者较大值：

$$M_{中} = 1.3M_{Ehk中} + 1.2M_{GE中}$$
$$M_{中} = 1.2M_{Gk中} + 1.4M_{Qk中} \tag{4-23}$$

式中　M_{Ehk}、V_{Ehk}——分别为水平地震作用下的梁端弯矩、剪力标准值；

　　　　M_{GE}、V_{GE}——分别为由重力荷载代表值在梁内产生的梁端弯矩、剪力
　　　　　标准值；

　　　　M_{Gk}、M_{Qk}——分别为永久荷载、可变荷载作用下梁支座弯矩的标
　　　　　准值；

　　　　V_{Gk}、V_{Qk}——分别为永久荷载、可变荷载作用下梁支座剪力的标
　　　　　准值；

$M_{Gk中}$、$M_{Qk中}$——分别为永久荷载、可变荷载作用下梁跨间最大正弯矩的标准值；

$M_{GE中}$、$M_{Ehk中}$——分别为重力荷载代表值、水平地震作用下梁跨间最大正弯矩标准值。

2）柱的内力不利组合

当框架柱在竖向荷载作用下仅沿结构某一主轴方向偏心受压，且所考虑的水平地震作用方向也与此方向平行时，框架柱沿此方向单向偏心受压。有地震作用时，应考虑的内力组合设计值为：

$$M = 1.3M_{Ehk} + 1.2M_{GE}$$
$$N = 1.2N_{GE} + 1.3N_{Ehk} \tag{4-24}$$

当无地震作用时：

$$M = 1.2M_{Gk} + 1.4M_{Qk}$$
$$N = 1.2N_{Gk} + 1.4N_{Qk} \tag{4-25}$$

式中　N_{Gk}、N_{Qk}——分别为永久荷载和可变荷载作用下的柱轴力标准值；

N_{GE}、N_{Ehk}——分别为重力荷载代表值、水平地震作用下的柱轴力标准值；

其他符号意义同前。

规则框架承受均布水平力作用时标准反弯点的高度比 y_0 值　表 4-6（a）

n	$\dfrac{K}{j}$	0.1	0.2	0.3	0.4	0.5	0.6	0.7	0.8	0.9	1.0	2.0	3.0	4.0	5.0
1	1	0.80	0.75	0.70	0.65	0.65	0.60	0.60	0.60	0.60	0.55	0.55	0.55	0.55	0.55
2	2	0.45	0.40	0.35	0.35	0.35	0.35	0.40	0.40	0.40	0.40	0.45	0.45	0.45	0.45
	1	0.95	0.80	0.75	0.70	0.65	0.65	0.65	0.60	0.60	0.60	0.55	0.55	0.55	0.50
3	3	0.15	0.20	0.20	0.25	0.30	0.30	0.30	0.35	0.35	0.35	0.40	0.40	0.40	0.40
	2	0.55	0.50	0.45	0.45	0.45	0.45	0.45	0.45	0.45	0.45	0.45	0.50	0.50	0.50
	1	1.00	0.85	0.80	0.75	0.70	0.70	0.65	0.65	0.65	0.65	0.55	0.55	0.55	0.55
4	4	−0.05	0.05	0.15	0.20	0.25	0.30	0.30	0.35	0.35	0.35	0.40	0.45	0.45	0.45
	3	0.25	0.30	0.30	0.35	0.35	0.40	0.40	0.40	0.40	0.45	0.45	0.45	0.50	0.50
	2	0.65	0.55	0.50	0.50	0.45	0.45	0.45	0.45	0.45	0.45	0.45	0.50	0.50	0.50
	1	1.10	0.90	0.80	0.75	0.70	0.70	0.65	0.65	0.65	0.65	0.55	0.55	0.55	0.55
5	5	−0.2	0	0.15	0.2	0.25	0.30	0.30	0.35	0.35	0.35	0.40	0.45	0.45	0.45
	4	0.10	0.20	0.25	0.3	0.35	0.35	0.40	0.40	0.40	0.40	0.45	0.45	0.50	0.50
	3	0.40	0.40	0.40	0.40	0.40	0.45	0.45	0.45	0.45	0.45	0.45	0.50	0.50	0.50
	2	0.65	0.55	0.50	0.50	0.50	0.50	0.50	0.50	0.50	0.50	0.50	0.50	0.50	0.50
	1	1.20	0.95	0.80	0.75	0.75	0.70	0.70	0.65	0.65	0.65	0.55	0.55	0.55	0.55
6	6	−0.3	0	0.10	0.20	0.25	0.25	0.30	0.30	0.35	0.35	0.40	0.45	0.45	0.45
	5	0.00	0.20	0.25	0.30	0.35	0.35	0.35	0.40	0.40	0.40	0.45	0.45	0.45	0.50
	4	0.20	0.30	0.35	0.35	0.40	0.40	0.40	0.45	0.45	0.45	0.45	0.50	0.50	0.50
	3	0.40	0.40	0.40	0.45	0.45	0.45	0.45	0.45	0.45	0.45	0.50	0.50	0.50	0.50
	2	0.70	0.60	0.55	0.50	0.50	0.50	0.50	0.50	0.50	0.50	0.50	0.50	0.50	0.50
	1	1.20	0.95	0.85	0.80	0.75	0.70	0.70	0.65	0.65	0.65	0.55	0.55	0.55	0.55

n	$\overline{K}$ \ j	0.1	0.2	0.3	0.4	0.5	0.6	0.7	0.8	0.9	1.0	2.0	3.0	4.0	5.0
	7	−0.35	−0.05	0.10	0.20	0.20	0.25	0.30	0.30	0.35	0.35	0.40	0.45	0.45	0.45
	6	−0.1	0.15	0.25	0.30	0.35	0.35	0.35	0.40	0.40	0.40	0.45	0.45	0.50	0.50
	5	0.10	0.25	0.30	0.35	0.40	0.40	0.40	0.45	0.45	0.45	0.45	0.50	0.50	0.50
7	4	0.30	0.35	0.40	0.40	0.40	0.45	0.45	0.45	0.45	0.45	0.50	0.50	0.50	0.50
	3	0.50	0.45	0.45	0.45	0.45	0.45	0.45	0.45	0.45	0.45	0.50	0.50	0.50	0.50
	2	0.75	0.60	0.55	0.50	0.50	0.50	0.50	0.50	0.50	0.50	0.50	0.50	0.50	0.50
	1	1.20	0.95	0.85	0.80	0.75	0.70	0.70	0.65	0.65	0.65	0.55	0.55	0.55	0.55
	8	−0.35	−0.15	0.10	0.15	0.25	0.25	0.30	0.30	0.35	0.35	0.40	0.45	0.45	0.45
	7	−0.10	0.15	0.25	0.30	0.35	0.35	0.40	0.40	0.40	0.40	0.45	0.50	0.50	0.50
	6	0.05	0.25	0.30	0.35	0.40	0.40	0.45	0.45	0.45	0.45	0.45	0.50	0.50	0.50
	5	0.20	0.30	0.35	0.40	0.40	0.45	0.45	0.45	0.45	0.45	0.50	0.50	0.50	0.50
8	4	0.35	0.40	0.40	0.45	0.45	0.45	0.45	0.45	0.45	0.45	0.50	0.50	0.50	0.50
	3	0.50	0.45	0.45	0.45	0.45	0.45	0.45	0.50	0.50	0.50	0.50	0.50	0.50	0.50
	2	0.75	0.60	0.55	0.55	0.50	0.50	0.50	0.50	0.50	0.50	0.50	0.50	0.50	0.50
	1	1.20	1.00	0.85	0.80	0.75	0.70	0.70	0.65	0.65	0.65	0.55	0.55	0.55	0.55
	9	−0.40	−0.05	0.10	0.20	0.25	0.30	0.30	0.30	0.30	0.35	0.40	0.45	0.45	0.45
	8	−0.15	0.15	0.25	0.30	0.35	0.35	0.35	0.40	0.40	0.40	0.45	0.50	0.50	0.50
	7	0.05	0.25	0.30	0.35	0.40	0.40	0.40	0.45	0.45	0.45	0.45	0.50	0.50	0.50
	6	0.15	0.30	0.35	0.40	0.40	0.45	0.45	0.45	0.45	0.45	0.50	0.50	0.50	0.50
9	5	0.25	0.35	0.40	0.40	0.45	0.45	0.45	0.45	0.45	0.45	0.50	0.50	0.50	0.50
	4	0.40	0.40	0.40	0.45	0.45	0.45	0.45	0.45	0.45	0.45	0.50	0.50	0.50	0.50
	3	0.55	0.45	0.45	0.45	0.45	0.45	0.45	0.45	0.50	0.50	0.50	0.50	0.50	0.50
	2	0.80	0.65	0.55	0.55	0.55	0.50	0.50	0.50	0.50	0.50	0.50	0.50	0.50	0.50
	1	1.30	1.00	0.85	0.8	0.75	0.70	0.70	0.65	0.65	0.65	0.60	0.55	0.55	0.55
	10	−0.40	−0.05	0.10	0.20	0.25	0.30	0.30	0.30	0.30	0.35	0.40	0.45	0.45	0.45
	9	−0.15	0.15	0.25	0.30	0.35	0.35	0.40	0.40	0.40	0.40	0.45	0.45	0.50	0.50
	8	0.00	0.25	0.30	0.35	0.40	0.40	0.40	0.45	0.45	0.45	0.45	0.50	0.50	0.50
	7	0.10	0.30	0.35	0.40	0.40	0.45	0.45	0.45	0.45	0.45	0.50	0.50	0.50	0.50
	6	0.20	0.35	0.40	0.40	0.45	0.45	0.45	0.45	0.45	0.45	0.50	0.50	0.50	0.50
10	5	0.30	0.40	0.40	0.45	0.45	0.45	0.45	0.45	0.45	0.50	0.50	0.50	0.50	0.50
	4	0.40	0.40	0.45	0.45	0.45	0.45	0.45	0.45	0.45	0.50	0.50	0.50	0.50	0.50
	3	0.55	0.50	0.40	0.45	0.45	0.50	0.50	0.50	0.50	0.50	0.50	0.50	0.50	0.50
	2	0.80	0.65	0.55	0.55	0.55	0.50	0.50	0.50	0.50	0.50	0.50	0.50	0.50	0.50
	1	1.30	1.00	0.85	0.80	0.75	0.70	0.70	0.65	0.65	0.65	0.60	0.55	0.55	0.55

n	$\bar{K}$ / j	0.1	0.2	0.3	0.4	0.5	0.6	0.7	0.8	0.9	1.0	2.0	3.0	4.0	5.0
	11	−0.4	0.15	0.10	0.20	0.25	0.30	0.30	0.30	0.35	0.35	0.40	0.45	0.45	0.45
	10	−0.15	0.15	0.25	0.30	0.35	0.35	0.40	0.40	0.40	0.40	0.45	0.45	0.50	0.50
	9	0.00	0.25	0.30	0.35	0.40	0.40	0.40	0.45	0.45	0.45	0.45	0.50	0.50	0.50
	8	0.10	0.30	0.35	0.40	0.40	0.45	0.45	0.45	0.45	0.45	0.50	0.50	0.50	0.50
	7	0.20	0.35	0.40	0.45	0.45	0.45	0.45	0.45	0.45	0.45	0.50	0.50	0.50	0.50
11	6	0.25	0.35	0.40	0.45	0.45	0.45	0.45	0.45	0.45	0.45	0.50	0.50	0.50	0.50
	5	0.35	0.40	0.40	0.45	0.45	0.45	0.45	0.45	0.45	0.50	0.50	0.50	0.50	0.50
	4	0.40	0.45	0.45	0.45	0.45	0.45	0.50	0.50	0.50	0.50	0.50	0.50	0.50	0.50
	3	0.55	0.50	0.50	0.50	0.50	0.50	0.50	0.50	0.50	0.50	0.50	0.50	0.50	0.50
	2	0.80	0.65	0.60	0.55	0.55	0.50	0.50	0.50	0.50	0.50	0.50	0.50	0.50	0.50
	1	1.30	1.00	0.85	0.80	0.75	0.70	0.70	0.65	0.65	0.65	0.60	0.55	0.55	0.55
	↓1	−0.40	−0.05	0.10	0.20	0.25	0.30	0.30	0.30	0.35	0.35	0.40	0.45	0.45	0.45
	2	−0.15	0.15	0.25	0.30	0.35	0.35	0.40	0.40	0.40	0.40	0.45	0.45	0.50	0.50
	3	0.00	0.25	0.30	0.35	0.40	0.40	0.40	0.45	0.45	0.45	0.45	0.50	0.50	0.50
	4	0.10	0.30	0.35	0.40	0.45	0.45	0.45	0.45	0.45	0.45	0.50	0.50	0.50	0.50
	5	0.20	0.35	0.40	0.40	0.45	0.45	0.45	0.45	0.45	0.45	0.50	0.50	0.50	0.50
	6	0.25	0.35	0.40	0.45	0.45	0.45	0.45	0.45	0.45	0.45	0.50	0.50	0.50	0.50
12以上	7	0.30	0.40	0.40	0.45	0.45	0.45	0.45	0.45	0.50	0.50	0.50	0.50	0.50	0.50
	8	0.35	0.40	0.45	0.45	0.45	0.45	0.45	0.50	0.50	0.50	0.50	0.50	0.50	0.50
	中间	0.40	0.40	0.45	0.45	0.45	0.45	0.45	0.50	0.50	0.50	0.50	0.50	0.50	0.50
	4	0.45	0.45	0.45	0.45	0.50	0.50	0.50	0.50	0.50	0.50	0.50	0.50	0.50	0.50
	3	0.60	0.50	0.50	0.50	0.50	0.50	0.50	0.50	0.50	0.50	0.50	0.50	0.50	0.50
	2	0.80	0.65	0.60	0.55	0.55	0.50	0.50	0.50	0.50	0.50	0.50	0.50	0.50	0.50
	↑1	1.30	1.00	0.85	0.80	0.75	0.70	0.70	0.65	0.65	0.55	0.55	0.55	0.55	0.55

注：

$$\begin{array}{c|c} i_1 & i_2 \\ \hline & i \\ \hline i_3 & i_4 \end{array} \qquad \bar{K}=\frac{i_1+i_2+i_3+i_4}{2i}$$

规则框架承受倒三角形分布水平力作用的标准反弯点的值表高度比 y_0 值　　表4-6（b）

n	$\bar{K}$ / j	0.1	0.2	0.3	0.4	0.5	0.6	0.7	0.8	0.9	1.0	2.0	3.0	4.0	5.0
1	1	0.8	0.75	0.7	0.65	0.65	0.60	0.60	0.60	0.60	0.55	0.55	0.55	0.55	0.55
2	2	0.50	0.45	0.40	0.40	0.40	0.40	0.40	0.40	0.40	0.45	0.45	0.45	0.45	0.50
	1	1.00	0.85	0.25	0.70	0.65	0.65	0.65	0.65	0.60	0.60	0.55	0.55	0.55	0.50
	3	0.25	0.25	0.25	0.30	0.30	0.35	0.35	0.35	0.40	0.40	0.45	0.45	0.50	0.50
3	2	0.60	0.50	0.50	0.50	0.50	0.45	0.45	0.45	0.45	0.45	0.50	0.50	0.50	0.50
	1	1.15	0.90	0.80	0.75	0.75	0.70	0.70	0.65	0.65	0.65	0.55	0.55	0.55	0.55

续表

n	$K\backslash j$	0.1	0.2	0.3	0.4	0.5	0.6	0.7	0.8	0.9	1.0	2.0	3.0	4.0	5.0
4	4	0.10	0.15	0.20	0.25	0.30	0.30	0.35	0.35	0.35	0.40	0.45	0.45	0.45	0.45
	3	0.35	0.35	0.35	0.40	0.40	0.40	0.40	0.45	0.45	0.45	0.45	0.50	0.50	0.50
	2	0.70	0.60	0.55	0.50	0.55	0.50	0.50	0.50	0.50	0.50	0.50	0.50	0.50	0.50
	1	1.20	0.95	0.85	0.80	0.75	0.70	0.70	0.65	0.65	0.65	0.55	0.55	0.55	0.55
5	5	−0.05	0.10	0.20	0.25	0.30	0.30	0.35	0.35	0.35	0.35	0.40	0.45	0.45	0.45
	4	0.20	0.25	0.35	0.35	0.40	0.40	0.40	0.40	0.45	0.45	0.45	0.50	0.50	0.50
	3	0.45	0.40	0.45	0.45	0.45	0.45	0.45	0.45	0.45	0.50	0.50	0.50	0.50	0.50
	2	0.75	0.60	0.55	0.55	0.55	0.50	0.50	0.50	0.50	0.50	0.50	0.50	0.50	0.50
	1	1.30	1.00	0.85	0.80	0.75	0.70	0.70	0.65	0.65	0.65	0.60	0.55	0.55	0.55
6	6	−0.15	0.05	0.15	0.20	0.25	0.30	0.30	0.35	0.35	0.35	0.40	0.45	0.45	0.45
	5	0.10	0.25	0.30	0.35	0.35	0.40	0.40	0.40	0.45	0.45	0.45	0.50	0.50	0.50
	4	0.30	0.35	0.40	0.40	0.45	0.45	0.45	0.45	0.45	0.45	0.50	0.50	0.50	0.50
	3	0.50	0.45	0.45	0.45	0.45	0.45	0.45	0.45	0.45	0.50	0.50	0.50	0.50	0.50
	2	0.80	0.65	0.55	0.55	0.55	0.55	0.50	0.50	0.50	0.50	0.50	0.50	0.50	0.50
	1	1.30	1.00	0.85	0.80	0.75	0.70	0.70	0.65	0.65	0.65	0.55	0.55	0.55	0.55
7	7	−0.20	0.05	0.15	0.20	0.25	0.30	0.30	0.35	0.35	0.35	0.45	0.45	0.45	0.45
	6	0.05	0.20	0.30	0.35	0.35	0.40	0.40	0.40	0.40	0.45	0.45	0.50	0.50	0.50
	5	0.20	0.30	0.35	0.40	0.40	0.45	0.45	0.45	0.45	0.45	0.50	0.50	0.50	0.50
	4	0.35	0.40	0.40	0.45	0.45	0.45	0.45	0.45	0.45	0.45	0.50	0.50	0.50	0.50
	3	0.55	0.50	0.50	0.50	0.50	0.50	0.50	0.50	0.50	0.50	0.50	0.50	0.50	0.50
	2	0.80	0.65	0.60	0.55	0.55	0.55	0.50	0.50	0.50	0.50	0.50	0.50	0.50	0.50
	1	1.30	1.00	0.90	0.80	0.75	0.70	0.70	0.70	0.65	0.65	0.60	0.55	0.55	0.55
8	8	−0.20	0.05	0.15	0.20	0.25	0.30	0.30	0.35	0.35	0.35	0.45	0.45	0.45	0.45
	7	0.00	0.20	0.30	0.35	0.35	0.40	0.40	0.40	0.40	0.45	0.45	0.50	0.50	0.50
	6	0.15	0.30	0.35	0.40	0.40	0.45	0.45	0.45	0.45	0.45	0.50	0.50	0.50	0.50
	5	0.30	0.45	0.40	0.45	0.45	0.45	0.45	0.45	0.45	0.45	0.50	0.50	0.50	0.50
	4	0.40	0.45	0.45	0.45	0.45	0.45	0.45	0.50	0.50	0.50	0.50	0.50	0.50	0.50
	3	0.60	0.50	0.50	0.50	0.50	0.50	0.50	0.50	0.50	0.50	0.50	0.50	0.50	0.50
	2	0.85	0.65	0.60	0.55	0.55	0.55	0.50	0.50	0.50	0.50	0.50	0.50	0.50	0.50
	1	1.30	1.00	0.90	0.80	0.75	0.70	0.70	0.70	0.65	0.65	0.60	0.55	0.55	0.55
9	9	−0.25	0.00	0.15	0.20	0.25	0.30	0.30	0.35	0.35	0.40	0.45	0.45	0.45	0.45
	8	−0.00	0.20	0.30	0.35	0.35	0.40	0.40	0.40	0.40	0.45	0.45	0.50	0.50	0.50
	7	0.15	0.30	0.35	0.40	0.40	0.45	0.45	0.45	0.45	0.45	0.50	0.50	0.50	0.50
	6	0.25	0.35	0.40	0.40	0.45	0.45	0.45	0.45	0.45	0.50	0.50	0.50	0.50	0.50
	5	0.35	0.40	0.45	0.45	0.45	0.45	0.45	0.45	0.50	0.50	0.50	0.50	0.50	0.50
	4	0.45	0.45	0.45	0.45	0.45	0.50	0.50	0.50	0.50	0.50	0.50	0.50	0.50	0.50
	3	0.60	0.50	0.50	0.50	0.50	0.50	0.50	0.50	0.50	0.50	0.50	0.50	0.50	0.50
	2	0.85	0.65	0.60	0.55	0.55	0.55	0.55	0.50	0.50	0.50	0.50	0.50	0.50	0.50
	1	1.35	1.00	0.90	0.80	0.75	0.75	0.70	0.70	0.65	0.65	0.60	0.55	0.55	0.55

n	K / j	0.1	0.2	0.3	0.4	0.5	0.6	0.7	0.8	0.9	1.0	2.0	3.0	4.0	5.0
10	10	−0.25	0.00	0.15	0.20	0.25	0.30	0.30	0.35	0.35	0.40	0.45	0.45	0.45	0.45
	9	−0.05	0.20	0.30	0.35	0.35	0.40	0.40	0.40	0.40	0.45	0.45	0.50	0.50	0.50
	8	0.10	0.30	0.35	0.40	0.40	0.40	0.45	0.45	0.45	0.45	0.50	0.50	0.50	0.50
	7	0.20	0.35	0.40	0.40	0.45	0.45	0.45	0.45	0.45	0.50	0.50	0.50	0.50	0.50
	6	0.30	0.40	0.40	0.45	0.45	0.45	0.45	0.45	0.45	0.50	0.50	0.50	0.50	0.50
	5	0.40	0.45	0.45	0.45	0.45	0.45	0.45	0.50	0.50	0.50	0.50	0.50	0.50	0.50
	4	0.50	0.45	0.45	0.45	0.50	0.50	0.50	0.50	0.50	0.50	0.50	0.50	0.50	0.50
	3	0.60	0.55	0.50	0.50	0.50	0.50	0.50	0.50	0.50	0.50	0.50	0.50	0.50	0.50
	2	0.85	0.65	0.60	0.55	0.55	0.55	0.55	0.50	0.50	0.50	0.50	0.50	0.50	0.50
	1	1.35	1.00	0.90	0.80	0.75	0.75	0.70	0.70	0.65	0.65	0.60	0.55	0.55	0.55
11	11	−0.25	0.00	0.15	0.20	0.25	0.30	0.30	0.35	0.35	0.45	0.45	0.45	0.45	0.45
	10	−0.05	0.20	0.25	0.30	0.35	0.40	0.40	0.40	0.40	0.45	0.45	0.50	0.50	0.50
	9	0.10	0.30	0.35	0.40	0.40	0.40	0.45	0.45	0.45	0.45	0.50	0.50	0.50	0.50
	8	0.20	0.35	0.40	0.40	0.45	0.45	0.45	0.45	0.45	0.45	0.50	0.50	0.50	0.50
	7	0.25	0.40	0.40	0.45	0.45	0.45	0.45	0.45	0.45	0.50	0.50	0.50	0.50	0.50
	6	0.35	0.40	0.45	0.45	0.45	0.45	0.45	0.50	0.50	0.50	0.50	0.50	0.50	0.50
	5	0.40	0.44	0.45	0.45	0.45	0.50	0.50	0.50	0.50	0.50	0.50	0.50	0.50	0.50
	4	0.50	0.50	0.50	0.50	0.50	0.50	0.50	0.50	0.50	0.50	0.50	0.50	0.50	0.50
	3	0.65	0.55	0.50	0.50	0.50	0.50	0.50	0.50	0.50	0.50	0.50	0.50	0.50	0.50
	2	0.85	0.65	0.60	0.55	0.55	0.55	0.55	0.50	0.50	0.50	0.50	0.50	0.50	0.50
	1	1.35	1.50	0.90	0.80	0.75	0.75	0.70	0.70	0.65	0.65	0.60	0.55	0.55	0.55
12层以上	↓1	−0.30	0.00	0.15	0.20	0.25	0.30	0.30	0.30	0.35	0.35	0.40	0.45	0.45	0.45
	2	−0.10	0.20	0.25	0.30	0.35	0.40	0.40	0.40	0.40	0.40	0.45	0.45	0.45	0.50
	3	0.05	0.25	0.35	0.40	0.40	0.40	0.45	0.45	0.45	0.45	0.50	0.50	0.50	0.50
	4	0.15	0.30	0.40	0.40	0.45	0.45	0.45	0.45	0.45	0.45	0.50	0.50	0.50	0.50
	5	0.25	0.35	0.40	0.45	0.45	0.45	0.45	0.45	0.45	0.50	0.50	0.50	0.50	0.50
	6	0.30	0.40	0.40	0.45	0.45	0.45	0.45	0.45	0.45	0.45	0.50	0.50	0.50	0.50
	7	0.35	0.40	0.40	0.45	0.45	0.45	0.50	0.50	0.50	0.50	0.50	0.50	0.50	0.50
	8	0.35	0.45	0.45	0.45	0.50	0.50	0.50	0.50	0.50	0.50	0.50	0.50	0.50	0.50
	中间	0.45	0.45	0.45	0.45	0.50	0.50	0.50	0.50	0.50	0.50	0.50	0.50	0.50	0.50
	4	0.55	0.50	0.50	0.50	0.50	0.50	0.50	0.50	0.50	0.50	0.50	0.50	0.50	0.50
	3	0.65	0.55	0.50	0.50	0.50	0.50	0.50	0.50	0.50	0.50	0.50	0.50	0.50	0.50
	2	0.70	0.70	0.60	0.55	0.55	0.55	0.55	0.50	0.50	0.50	0.50	0.50	0.50	0.50
	↑1	1.35	1.05	0.90	0.80	0.75	0.70	0.70	0.70	0.65	0.65	0.60	0.55	0.55	0.55

4.4 钢筋混凝土框架结构的抗震设计

上下层横梁线刚度比对 y_0 的修正值 y_1　　　　　表 4-6（c）

$\overline{K}$ / I	0.1	0.2	0.3	0.4	0.5	0.6	0.7	0.8	0.9	1.0	2.0	3.0	4.0	5.0
0.4	0.55	0.40	0.30	0.25	0.20	0.20	0.20	0.15	0.15	0.15	0.05	0.05	0.05	0.05
0.5	0.45	0.30	0.20	0.20	0.15	0.15	0.15	0.10	0.10	0.10	0.05	0.05	0.05	0.05
0.6	0.30	0.20	0.15	0.15	0.10	0.10	0.10	0.10	0.05	0.05	0.05	0.05	0.05	0
0.7	0.20	0.15	0.10	0.10	0.10	0.10	0.05	0.05	0.05	0.05	0.05	0	0	0
0.8	0.15	0.10	0.05	0.05	0.05	0.05	0.05	0.05	0.05	0	0	0	0	0
0.9	0.05	0.05	0.05	0.05	0	0	0	0	0	0	0	0	0	0

注：

i_1	i_2
\	i
i_3	i_4

$I = \dfrac{i_1+i_2}{i_3+i_4}$，当 $i_1+i_2 > i_3+i_4$ 时，取 $I = \dfrac{i_3+i_4}{i_1+i_2}$，同时在查得的 y_1 值前加负号"－"。

$\overline{K} = \dfrac{i_1+i_2+i_3+i_4}{2i}$

上下层高变化对 y_0 的修正值 y_2 和 y_3　　　　　表 4-6（d）

α_2	α_3	0.1	0.2	0.3	0.4	0.5	0.6	0.7	0.8	0.9	1.0	2.0	3.0	4.0	5.0
2.0		0.25	0.15	0.15	0.10	0.10	0.10	0.10	0.10	0.05	0.05	0.05	0.05	0.0	0.0
1.8		0.20	0.15	0.10	0.10	0.10	0.05	0.05	0.05	0.05	0.05	0.05	0.0	0.0	0.0
1.6	0.4	0.15	0.10	0.10	0.05	0.05	0.05	0.05	0.05	0.05	0.05	0.0	0.0	0.0	0.0
1.4	0.6	0.10	0.05	0.05	0.05	0.05	0.05	0.05	0.05	0.05	0.0	0.0	0.0	0.0	0.0
1.2	0.8	0.05	0.05	0.05	0.0	0.0	0.0	0.0	0.0	0.0	0.0	0.0	0.0	0.0	0.0
1.0	1.0	0.0	0.0	0.0	0.0	0.0	0.0	0.0	0.0	0.0	0.0	0.0	0.0	0.0	0.0
0.8	1.2	−0.05	−0.05	−0.05	0.0	0.0	0.0	0.0	0.0	0.0	0.0	0.0	0.0	0.0	0.0
0.6	1.4	−0.10	−0.05	−0.05	−0.05	−0.05	−0.05	−0.05	−0.05	0.0	0.0	0.0	0.0	0.0	0.0
0.4	1.6	−0.15	−0.10	−0.10	−0.05	−0.05	−0.05	−0.05	−0.05	−0.05	0.0	0.0	0.0	0.0	0.0
	1.8	−0.20	−0.10	−0.10	−0.10	−0.05	−0.05	−0.05	−0.05	−0.05	−0.05	0.0	0.0	0.0	0.0
	2.0	−0.25	−0.15	−0.15	−0.10	−0.10	−0.10	−0.10	−0.05	−0.05	−0.05	−0.05	0.0	0.0	0.0

注：

$\alpha_2 h$
h
$\alpha_3 h$

y_2——按照 $\overline{K}$ 及 α_2 求得，上层较高时为正值；

y_3——按照 $\overline{K}$ 及 α_3 求得。

4.4.2　框架结构构件的截面设计

1. 一般原则

为了保证当建筑遭受高于本地区设防烈度影响时，不致倒塌或发生危及生命的严重破坏，要求结构具有足够的延性。构件的延性可以用位移延性系数 μ 来表示：

$$\mu = \frac{\Delta u}{\Delta y} \tag{4-26}$$

式中　Δy——构件的屈服位移；

　　　Δu——构件的极限位移。

一些国家对钢筋混凝土构件的延性系数作了规定，一般要求 $\mu > 3$。我国抗震规范通过采用"强柱弱梁"、"强剪弱弯"和"强节点、强锚固"的原则进行设计，以保证结构的延性。

"强柱弱梁"是使塑性铰首先在框架梁端出现，尽量避免或减少在柱中出现。即按照使节点处梁端实际受弯承载力小于柱端实际受弯承载力的思想进行计算，以争取使结构能够形成总体机制（T 机制），避免结构形成层间局部机制（L 机制），见图 4-23。

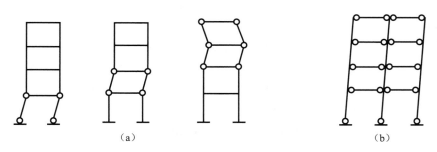

图 4-23　框架结构的破坏机制
（a）L 机制；（b）T 机制

"强剪弱弯"是指防止构件在弯曲屈服前出现脆性的剪切破坏。即要求构件的受剪承载力大于其屈服时实际达到的剪力。

"强节点、强锚固"是指在构件塑性铰充分发挥作用之前，节点不应出现破坏。因此，需进行框架节点核心区截面抗震验算以及保证纵向钢筋具有足够的锚固长度。

2. 框架梁的截面抗震设计

（1）正截面受弯承载力计算

求出梁控制截面处考虑地震作用的组合弯矩后，即可按一般钢筋混凝土受弯构件进行正截面受弯承载力计算，只需注意承载力项应除以承载力抗震调整系数。

为保证延性，计入纵向受压钢筋的梁端混凝土受压区高度应符合下列要求：

一级抗震等级：

$$x \leqslant 0.25h_0 \tag{4-27}$$

二、三级抗震等级：

$$x \leqslant 0.35h_0 \tag{4-28}$$

式中　x——混凝土受压区高度；

　　　h_0——截面有效高度。

（2）斜截面受剪承载力计算

1）梁端剪力设计值的调整

按照"强剪弱弯"的原则，对于梁端部截面组合的剪力设计值，一、二、三级的框架梁，其梁端截面组合剪力设计值应按下式调整：

$$V = \eta_{Vb} \frac{M_b^l + M_b^r}{l_n} + V_{Gb} \tag{4-29}$$

一级的框架结构和 9 度的一级框架梁可不按上式调整，但应符合下式要求：

$$V = 1.1 \frac{M_{\text{bua}}^l + M_{\text{bua}}^r}{l_n} + V_{\text{Gb}} \tag{4-30}$$

式中　　V——梁端截面组合的剪力设计值；

　　　　l_n——梁的净跨；

　　　　V_{Gb}——在重力荷载代表值（9 度时高层建筑还应包括竖向地震作用标准值）作用下，按简支梁分析的梁端截面剪力设计值；

　　M_b^l、M_b^r——分别为梁左右端反时针或顺时针方向组合的弯矩设计值，一级框架两端弯矩均为负弯矩时，绝对值较小的弯矩应取零；

　　M_{bua}^l、M_{bua}^r——分别为梁左右端反时针或顺时针方向实配的正截面抗震受弯承载力所对应的弯矩值，根据实配钢筋面积（计入受压筋和相关楼板钢筋）和材料强度标准值确定；

　　　　η_{vb}——梁端剪力增大系数，一级可取 1.3，二级可取 1.2，三级可取 1.1。

2）剪压比的限值

构件截面平均剪应力与混凝土轴心抗压强度设计值之比称为剪压比。如果构件塑性铰区域内截面剪压比过大，则会在箍筋未充分发挥作用以前，混凝土过早地破坏。因此，必须限制剪压比，这实际上是对梁最小截面尺寸的限制。进行抗震验算的框架梁应符合下式要求。

跨高比大于 2.5 时，应满足

$$V_b \leqslant (0.2\beta_c f_c bh_0)/\gamma_{\text{RE}} \tag{4-31}$$

跨高比不大于 2.5 时，应满足

$$V_b \leqslant (0.15\beta_c f_c bh_0)/\gamma_{\text{RE}} \tag{4-32}$$

式中　f_c——混凝土轴心抗压强度设计值；

　　　b——梁截面宽度；

　　　h_0——梁截面的有效高度；

　　　β_c——混凝土强度影响系数，当混凝土强度等级不超过 C50 时，取 1.0，当混凝土强度等级为 C80 时，取 0.8，其间按线性内插法确定。

3）梁截面受剪承载力验算

试验表明，在低周期反复荷载作用下，当纵向钢筋进入屈服阶段，由于斜裂缝反复开、闭，致使骨料咬合作用、销栓作用及受压区混凝土等承受的剪力发生退化。因此，在抗震设计中框架梁斜截面受剪承载力的验算公式为：

$$V_b \leqslant \frac{1}{\gamma_{\text{RE}}}\left(0.6\alpha_{\text{cv}} f_t bh_0 + f_{\text{yv}} \frac{A_{\text{sv}}}{s} h_0\right) \tag{4-33}$$

式中　f_t——混凝土轴心抗拉强度设计值；

　　　f_{yv}——箍筋抗拉强度设计值；

　　　s——沿构件长度方向箍筋的间距；

　　　A_{sv}——配置在同一截面内的箍筋各肢的全部截面面积；

α_{cv}——截面混凝土受剪承载力系数，对于一般受弯构件取 0.7；对于集中荷载作用下（包括作用有多种荷载，其中集中荷载对支座截面或节点边缘所产生的剪力值占总剪力的 75% 以上的情况）的独立梁，取 α_{cv} 为 $1.75/(\lambda+1)$，λ 为计算截面的剪跨比，可取 λ 等于 a/h_0，a 为计算截面至支座截面或节点边缘的距离；当 $\lambda < 1.5$ 时，取 $\lambda = 1.5$，当 $\lambda > 3$ 时，取 $\lambda = 3$。

3. 框架柱的截面抗震设计

（1）正截面承载力计算

1）轴压比的限制

轴压比是指柱组合的轴压力设计值与柱的全截面面积和混凝土抗压强度设计值乘积之比值，即 $N/(f_cb_ch_c)$。轴压比是影响柱的破坏形态和变形能力的重要因素之一。试验研究表明，柱的延性随轴压比的增大会显著下降，并且有可能产生脆性破坏。尤其是当轴压比增大到一定数值时，增加约束箍筋对柱的变形能力的影响很小。因而，有必要限制轴压比，柱的轴压比限值见表 4-7。对可不进行抗震验算的结构，取非抗震设计的轴压力设计值计算。

柱轴压比限值   表 4-7

结构类型	抗震等级			
	一	二	三	四
框架结构	0.65	0.75	0.85	0.90
框架-抗震墙、板柱-抗震墙、框架-核心筒、筒中筒	0.75	0.85	0.90	0.95
部分框支抗震墙	0.6	0.70	—	

注：1. 表内限值适用于剪跨比大于 2、混凝土强度等级不高于 C60 的柱；剪跨比不大于 2 的柱，轴压比限值应降低 0.05；剪跨比小于 1.5 的柱，轴压比限值应专门研究并采取特殊构造措施；

2. 沿柱全高采用井字复合箍且箍筋肢距不大于 200mm、间距不大于 100mm、直径不小于 12mm，或沿柱全高采用复合螺旋箍、螺旋间距不大于 100mm、箍筋肢距不大于 200mm、直径不小于 12mm，或沿柱全高采用连续复合矩形螺旋箍、螺旋净距不大于 80mm、箍筋肢距不大于 200mm、直径不小于 10mm，轴压比限值均可增加 0.10；

3. 在柱的截面中部附加芯柱，其中另加的纵向钢筋的总面积不少于柱截面面积的 0.8%，轴压比限值可增加 0.05；此项措施与注 2 的措施共同采用时，轴压比限值可增加 0.15，但箍筋的体积配箍率仍可按轴压比增加 0.10 的要求确定；

4. 调整后的柱轴压比不应大于 1.05。

2）柱端弯矩设计值

按照"强柱弱梁"的原则，争取使塑性铰首先在梁中出现，对于一、二、三、四级框架的梁柱节点处，除框架顶层和轴压比小于 0.15 的柱及框支梁与框支柱的节点外，梁、柱端弯矩应分别符合下列公式要求：

$$\Sigma M_c = \eta_c \Sigma M_b \qquad (4\text{-}34)$$

一级抗震等级的框架结构及 9 度设防烈度的一级抗震等级框架，尚应符合：

$$\Sigma M_c = 1.2\Sigma M_{bua} \qquad (4\text{-}35)$$

式中 ΣM_c——节点上、下柱端截面顺时针或反时针方向组合的弯矩设计值之和，上、下柱端的弯矩设计值，可按弹性分析分配；

ΣM_b——节点左、右梁端截面反时针或顺时针方向组合的弯矩设计值之和，一级框架节点左、右梁端均为负弯矩时，绝对值较小的弯矩应取零；

ΣM_{bua}——节点左、右梁端截面反时针或顺时针方向实配的正截面抗震受弯承载力所对应的弯矩值之和，根据实配钢筋面积（计入梁受压筋和相关楼板钢筋）和材料强度标准值确定；

η_c——框架柱端弯矩增大系数；对框架结构，一、二、三、四级可分别取 1.7、1.5、1.3、1.2；其他结构类型中的框架，一级可取 1.4，二级可取 1.2，三、四级可取 1.1。

当反弯点不在柱的层高范围内时，柱端截面组合的弯矩设计值可乘以上述柱端弯矩增大系数。

考虑到框架底层柱底过早地出现塑性铰，将影响整个结构的变形能力；同时，随着框架梁端塑性铰的出现，由于塑性内力重分布，使底层柱的反弯点位置具有较大的不确定性。因此，一、二、三、四级框架结构的底层，柱下端截面组合的弯矩设计值，应分别乘以增大系数 1.7、1.5、1.3 和 1.2。底层柱纵向钢筋应按上下端的不利情况配置。

对于一、二、三、四级框架的角柱，考虑到双向偏心的不利影响，在上述调整的基础上，组合弯矩的设计值尚应乘以不小于 1.10 的增大系数。

3）柱的正截面承载力计算

柱的正截面承载力，可按钢筋混凝土偏心受压或偏心受拉构件计算，且在承载力项中除以承载力抗震调整系数。

（2）斜截面受剪承载力计算

1）柱端剪力设计值的调整

按照"强剪弱弯"的原则，对于框架柱和框支柱端部截面组合的剪力设计值，一、二、三、四级应按下列各式调整：

$$V = \eta_{vc} \frac{M_c^t + M_c^b}{H_n} \tag{4-36}$$

一级的框架结构和 9 度的一级框架可不按上式调整，但应符合下式要求：

$$V = 1.2 \frac{M_{cua}^t + M_{cua}^b}{H_n} \tag{4-37}$$

式中　H_n——柱的净高；

M_c^t、M_c^b——分别为柱的上、下端顺时针或反时针方向截面组合的弯矩设计值；

M_{cua}^t、M_{cua}^b——分别为偏心受压柱的上、下端顺时针或反时针方向实配的正截面抗震受弯承载力所对应的弯矩值，根据实配钢筋面积、材料强度标准值和轴压力等确定；

η_{vc}——柱剪力增大系数；对框架结构，一、二、三、四级可分别取 1.5、1.3、1.2、1.1；对其他结构类型的框架，一级可取 1.4，二级可取 1.2，三、四级可取 1.1。

考虑到地震扭转效应，一、二、三、四级框架的角柱，在上述调整的基础上，剪力设计值尚应乘以不小于 1.10 的增大系数。

2）剪压比的限制

根据静力作用下梁截面受剪的限制条件，考虑框架柱在地震作用时往复加载的不利影响，框架柱也有剪压比的限值，即截面尺寸的限制条件。

剪跨比大于 2 的框架柱，应满足：

$$V_b \leqslant (0.2\beta_c f_c b h_0)/\gamma_{RE} \tag{4-38}$$

剪跨比不大于 2 的框架柱，应满足：

$$V_b \leqslant (0.15\beta_c f_c b h_0)/\gamma_{RE} \tag{4-39}$$

柱的剪跨比 λ 应按下式计算：

$$\lambda = \frac{M^c}{V^c h_0} \tag{4-40}$$

式中　M^c——柱端截面组合的弯矩设计值；

V^c——对应截面的组合剪力计算值；

h_0——截面有效高度。剪跨比的数值应选取柱上下端计算结果的较大值，如果柱的反弯点位于柱高中部时，λ 的计算结果为 $\lambda = M^c/(V^c h_0) = (V^c \cdot H_n/2)/(V^c h_0) = H_n/(2h_0)$，此处 H_n 为柱净高。

3）柱斜截面受剪承载力验算

考虑地震作用组合的矩形截面柱和框支柱斜截面受剪承载力应符合下列要求：

$$V_c \leqslant \frac{1}{\gamma_{RE}}\left(\frac{1.05}{\lambda+1}f_t b h_0 + f_{yv}\frac{A_{sv}}{s}h_0 + 0.056N\right) \tag{4-41}$$

式中　λ——框架柱、框支柱的计算剪跨比；当 $\lambda < 1$ 时，取 $\lambda = 1$，当 $\lambda > 3$ 时，取 $\lambda = 3$。

N——考虑地震作用组合的框架柱、框支柱轴向压力设计值；当 N 大于 $0.3f_c A$ 时，取为 $0.3f_c A$。

当考虑地震作用组合的矩形截面框架柱和框支柱出现拉力时，其斜截面抗震受弯承载力的验算公式为：

$$V_c \leqslant \frac{1}{\gamma_{RE}}\left(\frac{1.05}{\lambda+1}f_t b h_0 + f_{yv}\frac{A_{sv}}{s}h_0 - 0.2N\right) \tag{4-42}$$

式中　N——考虑地震组合的框架轴向拉力设计值。当上式括号内的计算值小于 $f_{yv}\frac{A_{sv}}{s}h_0$ 时，取等于 $f_{yv}\frac{A_{sv}}{s}h_0$，且 $f_{yv}\frac{A_{sv}}{s}h_0$ 的值不应小于 $0.36f_t b h_0$。

4. 框架节点核心区的截面抗震验算

框架节点的受力简图如图 4-24 所示，地震中节点破坏的主要原因是节点核心区剪切破坏和钢筋锚固破坏。按照"强节点、强锚固"的延性设计的原则，为防止在梁柱破坏之前出现节点核心区的破坏，必须保证节点核心区的受剪承载力和配置足够数量的箍筋。因此，一、二、三级框架的节点核心区，应进行截面抗震验算；四级框架的节点核心区，可不进行抗震验算，但应符合有关构造措施的要求。

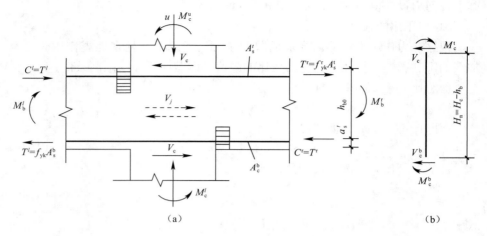

图 4-24　节点受力简图

（1）节点核心区的剪力设计值

1）顶层节点

对于一级抗震等级的框架结构及 9 度时的一级抗震等级框架：

$$V_j = \frac{1.15\Sigma M_{bua}}{h_{b0} - a'_s} \tag{4-43}$$

其他情况：

$$V_j = \frac{\eta_{jb}\Sigma M_b}{h_{b0} - a'_s} \tag{4-44}$$

2）其他层节点

对于一级抗震等级的框架结构及 9 度时的一级抗震等级框架：

$$V_j = \frac{1.15\Sigma M_{bua}}{h_{b0} - a'_s}\left(1 - \frac{h_{b0} - a'_s}{H_c - h_b}\right) \tag{4-45}$$

其他情况：

$$V_j = \frac{\eta_{jb}\Sigma M_b}{h_{b0} - a'_s}\left(1 - \frac{h_{b0} - a'_s}{H_c - h_b}\right) \tag{4-46}$$

式中　η_{jb}——节点剪力增大系数，对于框架结构，一级取 1.50，二级取 1.35，三级取 1.20；对于其他结构中的框架，一级取 1.35，二级取 1.20，三级取 1.10；

h_{b0}、h_b——分别为梁截面的有效高度和截面高度，节点两侧梁截面高度不等时可采用平均值；

H_c——节点上柱和下柱反弯点之间的距离，通常为一层框架柱的高度；

a'_s——梁受压钢筋合力点至受压边缘的距离。

（2）节点核心区截面

1）截面限制条件

为防止节点区混凝土承受过大的斜压应力而先于钢筋破坏，节点区的尺寸不能太小。框架梁柱节点核心区的受剪截面应满足如下限制条件：

$$V_j \leqslant \frac{1}{\gamma_{RE}}(0.30\eta_j\beta_c f_c b_j h_j) \tag{4-47}$$

式中　η_j——正交梁对节点的约束影响系数：当楼板为现浇、梁柱中线重合、四侧各梁截面宽度不小于该侧柱截面宽度 1/2，且正交方向梁高度不小于较高框架梁高度的 3/4 时，可采用 $\eta_j = 1.5$，对 9 度设防烈度宜取 $\eta_j = 1.25$；其他情况均采用 1.0；

　　　　h_j——节点核心区截面验算高度，可取为验算方向的柱截面高度；

　　　　b_j——核心区截面验算宽度，对于不同的情况，可按下述原则选取；

　　　　γ_{RE}——承载力抗震调整系数，可采用 0.85。

　2）节点核心区截面有效验算宽度

　核心区截面验算宽度，当验算方向的梁截面宽度不小于该侧柱截面宽度 b_c 的 1/2 时，可采用该侧柱截面宽度 b_c，当小于时可采用下列二者的较小值：

$$b_j = b_b + 0.5h_c \tag{4-48}$$
$$b_j = h_c \tag{4-49}$$

式中　b_j——核心区截面验算宽度；

　　　　h_c——验算方向的柱截面高度；

　　　　b_c——验算方向的柱截面宽度

　　　　b_b——梁截面宽度。

　梁、柱中线不重合且偏心距不大于柱宽的 1/4 时，核心区截面验算高度 b_j 可采用按式（4-48）、式（4-49）中的结果和下式计算结果的较小值：

$$b_j = 0.5(b_b + b_c) + 0.25h_c - e \tag{4-50}$$

式中　e——梁与柱中线偏心距。

　（3）核心区截面抗震验算

　节点核心区的截面抗震验算，应采用下列公式：

$$V_j \leqslant \frac{1}{\gamma_{RE}}\left(1.1\eta_j f_t b_j h_j + 0.05\eta_j N \frac{b_j}{b_c} + f_{yv}A_{svj}\frac{h_{b0} - a'_s}{s}\right) \tag{4-51}$$

　抗震设防烈度为 9 度区的一级抗震等级：

$$V_j \leqslant \frac{1}{\gamma_{RE}}\left(0.9\eta_j f_t b_j h_j + f_{yv}A_{svj}\frac{h_{b0} - a'_s}{s}\right) \tag{4-52}$$

式中　N——考虑地震作用组合的节点上柱底部的轴向压力设计值，当 N 为压力时，其取值不应大于柱的截面面积和混凝土轴心抗压强度设计值乘积的 50%；当 N 为拉力时，其取值为 0；

　　　　f_{yv}——箍筋的抗拉强度设计值；

　　　　f_t——混凝土的轴心抗拉强度设计值；

　　　　A_{svj}——核心区验算宽度范围内同一截面验算方向各肢箍筋的总截面面积；

　　　　γ_{RE}——承载力抗震调整系数，可采用 0.85；

　　　　s——箍筋间距。

4.4.3　框架结构的抗震构造措施

1. 框架梁的构造措施

（1）截面尺寸

梁的截面宽度不宜小于 200mm，截面高宽比不宜大于 4（防止侧向失稳），净跨与截面高度之比不宜小于 4（防止梁发生剪切脆性破坏，保证延性）。

当采用梁宽大于柱宽的扁梁时，为了避免或减小扭转的不利影响，梁中线宜与柱中线重合，并采用整体现浇的楼、屋盖；为了使扁梁端部在柱外的纵向钢筋有足够的锚固，应在两个主轴方向都设置扁梁。需要注意的是，扁梁不宜用于一级框架结构。

扁梁的截面尺寸应符合下列要求，并应满足现行有关规范对挠度和裂缝宽度的规定。

$$b_b \leqslant 2b_c \tag{4-53}$$
$$b_b \leqslant b_c + h_b \tag{4-54}$$
$$h_b \geqslant 16d \tag{4-55}$$

式中　b_c——柱截面宽度（圆形截面取柱直径的 0.8 倍）；

b_b、h_b——分别为梁截面宽度和高度；

d——柱纵筋直径。

（2）梁中纵向钢筋

梁中纵向钢筋配置，应符合下列要求：

1）梁端底面的钢筋可增加负弯矩时的塑性转动能力，并防止在地震中梁底出现正弯矩时过早屈服或破坏过重，从而影响承载力和变形能力的正常发挥。因此，梁端截面的底面和顶面纵向钢筋配筋量的比值，除按计算确定外，一级不应小于 0.5，二、三级不应小于 0.3。

2）梁端纵向受拉钢筋的配筋率不宜大于 2.5%。沿梁全长顶面、底面的配筋，一、二级不应少于 2φ14，且分别不应少于梁顶面、底面两端纵向配筋中较大截面面积的 1/4；三、四级不应少于 2φ12。

3）为保证锚固，一、二、三级框架梁内贯通中柱的每根纵向钢筋直径，对框架结构不应大于矩形截面柱在该方向截面尺寸的 1/20，或纵向钢筋所在位置圆形截面柱弦长的 1/20；对其他结构类型的框架不宜大于矩形截面柱在该方向截面尺寸的 1/20，或纵向钢筋所在位置圆形截面柱弦长的 1/20。

（3）梁端部箍筋的配置

根据试验和震害经验，梁端的破坏主要集中于（1.5～2.0）倍梁高的长度范围内。当箍筋间距小于 6d～8d（d 为纵向钢筋直径）时，混凝土压溃前受压钢筋一般不致压屈，延性较好。《抗震规范》规定，梁端加密区的箍筋配置，应符合下列要求：

1）梁端箍筋加密区的长度、箍筋最大间距和最小直径应按表 4-8 采用，当梁端纵向受拉钢筋配筋率大于 2% 时，表中箍筋最小直径数值应增大 2mm。

2）梁端加密区的箍筋肢距，一级不宜大于 200mm 和 20 倍箍筋直径的较大值，二、三级不宜大于 250mm 和 20 倍箍筋直径的较大值，四级不宜大于 300mm。

梁端箍筋加密区的长度、箍筋的最大间距和最小直径　　表 4-8

抗震等级	加密区长度（采用较大值）（mm）	箍筋最大间距（采用最小值）（mm）	箍筋最小直径（mm）
一	$2h_b$，500	$h_b/4$，$6d$，100	10
二	$1.5h_b$，500	$h_b/4$，$8d$，100	8
三	$1.5h_b$，500	$h_b/4$，$8d$，150	8
四	$1.5h_b$，500	$h_b/4$，$8d$，150	6

注：1. d 为纵向钢筋直径，h_b 为梁截面高度；
　　2. 箍筋直径大于 12mm、数量不少于 4 肢且肢距不大于 150mm 时，一、二级的最大间距允许适当放宽，但不得大于 150mm。

2. 框柱的构造措施

（1）柱截面尺寸

框架柱的截面尺寸应符合下列要求：

1）截面的宽度和高度，四级或不超过 2 层时不宜小于 300mm，一、二、三级且超过 2 层时不宜小于 400mm；圆柱的直径，四级或不超过 2 层时不宜小于 350mm，一、二、三级且超过 2 层时不宜小于 450mm。

2）剪跨比宜大于 2。

3）截面长边与短边的边长比不宜大于 3。

（2）柱的纵向钢筋配置

柱的纵向钢筋配置，应符合下列要求：

1）柱的纵向钢筋宜对称配置。

2）截面边长大于 400mm 的柱，纵向钢筋间距不宜大于 200mm。

3）柱纵向受力钢筋的最小总配筋率应按表 4-9 采用，同时每侧配筋率不应小于 0.2%；对建造于 Ⅳ 类场地且较高的高层建筑，最小总配筋率应增加 0.1%。

4）柱总配筋率不应大于 5%；剪跨比不大于 2 的一级框架的柱，每侧纵向钢筋配筋率不宜大于 1.2%。

5）边柱、角柱及抗震墙端柱在小偏心受拉时，柱内纵筋总截面面积应比计算值增加 25%。

6）柱纵向钢筋的绑扎接头应避开柱端的箍筋加密区。

柱截面纵向钢筋的最小总配筋率（%）　　表 4-9

类别	抗震等级			
	一	二	三	四
中柱和边柱	0.9 (1.0)	0.7 (0.8)	0.6 (0.7)	0.5 (0.6)
角柱、框支柱	1.1	0.9	0.8	0.7

注：1. 表中括号内数值用于框架结构的柱；
　　2. 钢筋强度标准值小于 400MPa 时，表中数值应增加 0.1，钢筋强度标准值为 400MPa 时，表中数值应增加 0.05；
　　3. 混凝土强度等级高于 C60 时，上述数值应相应增加 0.1。

（3）柱的箍筋配置

柱常用的箍筋形式如图 4-25 所示。箍筋的配置应满足如下要求：

1）柱的箍筋加密范围

对于柱端，取柱截面高度（圆柱直径）、柱净高的 1/6 和 500mm 三者的最大值；对于底层柱的下端不小于柱净高的 1/3；对于刚性地面，应取上下各 500mm；剪跨比不大于 2 的柱、因设置填充墙等形成的柱净高与柱截面高度之比不大于 4 的柱、框支柱、一级和二级框架的角柱，取全高。

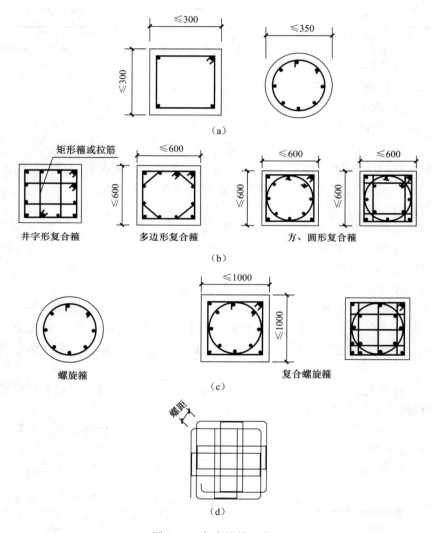

图 4-25　各类箍筋示意图

（a）普通箍；（b）复合箍；（c）螺旋箍；（d）连续复合螺旋箍（用于矩形截面柱）

2）柱箍筋加密区的箍筋间距和直径

一般情况下，箍筋的最大间距和最小直径，应按表 4-10 采用。

抗震等级	箍筋最大间距（采用较小值，mm）	箍筋最小直径（mm）
一	6d，100	10
二	8d，100	8
三	8d，150（柱根 100）	8
四	8d，150（柱根 100）	6（柱根 8）

注：1. d 为柱纵筋最小直径；
　　2. 柱根指底层柱下端箍筋加密区。

　　一级框架柱的箍筋直径大于 12mm 且箍筋肢距不大于 150mm 及二级框架柱的箍筋直径不小于 10mm 且箍筋肢距不大于 200mm 时，除底层柱下端外，最大间距应允许采用 150mm；三级框架柱的截面尺寸不大于 400mm 时，箍筋最小直径应允许采用 6mm；四级框架柱剪跨比不大于 2 时，箍筋直径不应小于 8mm。

　　框支柱和剪跨比不大于 2 的框架柱，箍筋间距不应大于 100m。

　　3）柱箍筋加密区的箍筋肢距

　　柱箍筋加密区的箍筋肢距，一级不宜大于 200mm，二、三级不宜大于 250mm，四级不宜大于 300mm。至少每隔一根纵向钢筋宜在两个方向有箍筋或拉筋约束；采用拉筋复合箍时，拉筋宜紧靠纵向钢筋并钩住箍筋。

　　4）柱箍筋加密区的体积配箍率

　　柱箍筋加密区的体积配箍率应符合下式要求：

$$\rho_v \geqslant (\lambda_v f_c) / f_{yv} \tag{4-56}$$

式中　ρ_v——柱箍筋加密区的体积配箍率，一级不应小于 0.8%，二级不应小于 0.6%，三、四级不应小于 0.4%；计算复合螺旋箍的体积配箍率时，其非螺旋箍的箍筋体积应乘以折减系数 0.80；

　　　　f_c——混凝土轴心抗压强度设计值，强度等级低于 C35 时，应按 C35 计算；

　　　　f_{yv}——箍筋或拉筋抗拉强度设计值；

　　　　λ_v——最小配箍特征值，宜按表 4-11 采用。

柱箍筋加密区的箍筋最小配箍特征值　　　　　　　　　　　　　表 4-11

抗震等级	箍筋形式	柱轴压比								
		≤0.3	0.4	0.5	0.6	0.7	0.8	0.9	1.0	1.05
一	普通箍、复合箍	0.10	0.11	0.13	0.15	0.17	0.20	0.23	—	—
	螺旋箍、复合或连续复合矩形螺旋箍	0.08	0.09	0.11	0.13	0.15	0.18	0.21	—	—
二	普通箍、复合箍	0.08	0.09	0.11	0.13	0.15	0.17	0.19	0.22	0.24
	螺旋箍、复合或连续复合矩形螺旋箍	0.06	0.07	0.09	0.11	0.13	0.15	0.17	0.20	0.22
三、四	普通箍、复合箍	0.06	0.07	0.09	0.11	0.13	0.15	0.17	0.20	0.22
	螺旋箍、复合或连续复合矩形螺旋箍	0.05	0.06	0.07	0.09	0.11	0.13	0.15	0.18	0.20

注：普通箍指单个矩形箍和单个圆形箍，复合箍指由矩形、多边形、圆形或拉筋组成的箍筋；复合螺旋箍指由螺旋箍与矩形、多边形、圆形或拉筋组成的箍筋；连续复合矩形螺旋箍指用一根通长钢筋加工而成的箍筋。

框支柱宜采用复合螺旋箍或井字复合箍，其最小配箍特征值应比表 4-11 内数值增加 0.02，且体积配箍率不应小于 1.5%。

剪跨比不大于 2 的柱宜采用复合螺旋箍或井字复合箍，其体积配箍率不应小于 1.2%，9 度一级时不应小于 1.5%。

5）柱箍筋非加密区的箍筋配置

柱箍筋非加密区的体积配箍率不宜小于加密区的 50%。箍筋间距，一、二级框架柱不应大于 10 倍纵向钢筋直径，三、四级框架柱不应大于 15 倍纵向钢筋直径。

3. 框架节点的构造措施

框架节点核心区箍筋的最大间距和最小直径按照框架柱的配箍要求配置（表 4-10）；一、二、三级框架节点核心区配箍特征值分别不宜小于 0.12、0.10 和 0.08，且体积配箍率分别不宜小于 0.6%、0.5% 和 0.4%。柱剪跨比不大于 2 的框架节点核心区，体积配箍率不宜小于核心区上、下柱端的较大体积配箍率。

4.5　抗震墙结构的抗震设计

抗震墙结构是由一系列纵向抗震墙、横向抗震墙及楼盖所组成的空间结构，承受竖向荷载和侧向荷载。在竖向荷载作用下，抗震墙的内力计算较为简单。在水平荷载的作用下，抗震墙结构是一个空间的受力体系。本节重点讨论在水平荷载作用下抗震墙结构的内力和侧移的计算问题。

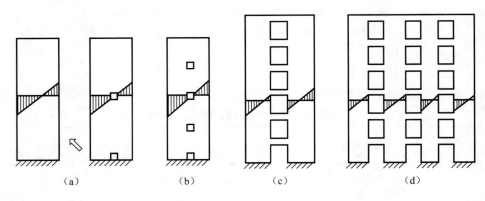

图 4-26　抗震墙的类型
（a）整体墙；（b）整体小开口墙；（c）联肢墙；（d）壁式框架

4.5.1　抗震墙的分类及计算的基本原则

根据墙体的开洞情况，如图 4-26 所示，可将抗震墙分为以下四类：

（1）整体墙（图 4-26a），包括无洞口的墙；或有洞口的墙，但洞口面积小于 15%，且洞口至墙边、洞口间的净距大于洞口长边尺寸时，可忽略洞口的影响。

（2）整体小开口墙（图 4-26b）的主要特点是，洞口面积较整体墙稍大，超过墙体总面积的 15％，此时墙肢中已出现局部弯矩。

（3）联肢墙（图 4-26c）指的是，抗震墙上开有一列或多列洞口，且洞口尺寸相对较大，此时抗震墙的受力相当于通过洞口之间的连梁连在一起的一系列墙肢，故称联肢墙。

（4）壁式框架（图 4-26d）的主要特点是，抗震墙的洞口尺寸比较大，墙肢宽度较小，连梁的线刚度接近墙肢的线刚度。此时，抗震墙的受力性能已经接近于框架了。

为简化计算，常将空间的受力体系简化成平面体系来计算侧向荷载作用下的内力与位移，为此采用以下三点假定：

（1）楼盖结构在其自身平面内的刚度为无限大，而在平面外的刚度很小，可忽略不计；

（2）各榀抗震墙主要在其自身平面内发挥作用，在其平面外的刚度很小，可忽略不计；

（3）当两榀抗震墙相互正交时，则在计算某一方向的抗震墙时，可将另一方向的抗震墙的一部分作为翼缘予以考虑。

由假定（1）可知，由于楼盖在其自身平面内的刚度为无限大，则在任一楼盖标高处各榀抗震墙的侧向水平位移都可由楼盖在其平面内作刚体运动的条件来确定，即在不考虑结构扭转影响时，由同一楼层水平位移相等的条件进行水平力分配。

由假定（2）可知，由于纵向抗震墙与横向抗震墙分别考虑，则可将实际为空间工作的结构，简化为平面结构来处理。在纵向水平力的作用下，只考虑纵墙作用而忽略横墙作用，在横向水平力的作用下，只考虑横墙作用而忽略纵墙作用，使计算工作大为简化。

对抗震墙结构进行内力与位移计算的方法很多，有电算的方法，也有手算的方法。目前在抗震墙结构计算中，常用的手算方法一般有以下三类：第一类是材料力学法，适用于整体墙或整体小开口整体墙；第二类是连续化方法，适用于连肢墙（双肢墙或多肢墙）；第三类是 D 值法，适用于壁式框架。

4.5.2　等效截面刚度的计算

1. 抗震墙的有效翼缘宽度的计算

由假定（3）可知，在计算横墙受力时，可把纵墙的一部分作为翼缘考虑；而在计算纵墙受力时，则可把横墙的一部分作为翼缘考虑。现浇抗震墙有效翼缘宽度 b_f 可按表 4-12 中所列各项中最小值取用。表中 b 为抗震墙的厚度，其他符号的意义见图 4-27。

2. 单肢实体墙、整截面小洞口墙和整体小开口墙的等效刚度

对于单肢实体墙、按整截面计算的小洞口抗震墙和整体小开口墙，可按下式计算其等效刚度：

表 4-12

抗震墙的有效翼缘宽度 b_f

考虑方式	截面形式	
	T（或 I）形截面	L 形截面
按抗震墙的间距 S_0 考虑	$b+\dfrac{S_{01}}{2}+\dfrac{S_{02}}{2}$	$b+\dfrac{S_{03}}{2}$
按翼缘厚度 h_f 考虑	$b+12h_f$	$b+6h_f$
按窗间墙宽度考虑	b_{01}	b_{02}

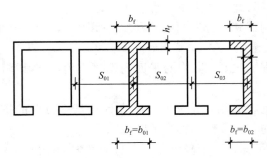

图 4-27　抗震墙的翼缘宽度

$$E_c I_{eq} = \frac{E_c \cdot I_w}{1 + \dfrac{9\mu I_w}{A_w H^2}} \tag{4-57}$$

式中　$E_c I_{eq}$——等效刚度；

E_c——混凝土的弹性模量；

I_w——抗震墙的惯性矩，对于小洞口整截面墙取组合截面惯性矩，即有洞与无洞截面惯性矩沿竖向的加权平均值，计算公式为 $I_w = \left(\sum\limits_{i=1}^{n} I_{wi}h_i\right) / \left(\sum\limits_{i=1}^{n} h_i\right)$，$I_{wi}$ 为抗震墙沿竖向各段的截面惯性矩，h_i 为截面各段相应的高度；对于整体小开口墙，取组合截面惯性矩的 80%；

A_w——无洞口抗震墙的截面面积；小洞口整截面墙取折算面积，即 $A_w = \left(1-1.25\sqrt{\dfrac{A_{0p}}{A_f}}\right)A$，其中 A 为抗震墙截面的毛面积，A_{0p} 为墙面洞口面积；A_f 为墙面总面积；整体小开口墙取墙肢截面面积之和 $A_w = \sum\limits_{i=1}^{m} A_i$；

H——抗震墙总高度；

μ——剪应力不均匀系数，对于矩形截面 $\mu=1.2$，I 形截面 $\mu=$ 截面全面积/腹板面积，T 形截面见表 4-13。

	B/t					
H/t		2	4	6	8	10	12

T 形截面剪应力不均匀系数 μ   表 4-13

H/t \ B/t	2	4	6	8	10	12
2	1.383	1.496	1.521	1.511	1.483	1.445
4	1.441	1.876	2.287	2.682	3.061	3.424
6	1.362	1.097	2.033	2.367	2.698	3.026
8	1.313	1.572	1.838	2.106	2.374	2.641
10	1.283	1.489	1.707	1.927	2.148	2.370
12	1.264	1.432	1.614	1.800	1.988	2.178
15	1.245	1.374	1.519	1.669	1.820	1.973
20	1.228	1.317	1.422	1.534	1.648	1.763
30	1.214	1.264	1.328	1.399	1.473	1.549
40	1.208	1.240	1.284	1.334	1.387	1.442

注：B 为翼缘宽度；t 为抗震墙厚度；H 为抗震墙截面高度。

公式（4-57）中的等效刚度是按顶点位移相等的原则折算为竖向悬臂受弯构件得到的。

3. 等效刚度的修正

抗震墙的布置通常是规则、拉通、对直的。在双十字形和井字形平面的建筑中，核心墙各墙段轴线错开距离 a 不大于实体连接墙厚度的 8 倍，并且不大于 2.5m 时，整片墙可以作为整体平面抗震墙考虑；计算所得的内力应乘以增大系数 1.2，等效刚度应乘以折减系数 0.8，如图 4-28 所示。

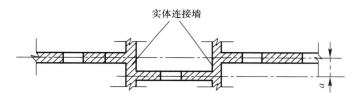

图 4-28 轴线错开的墙段

当折线形抗震墙的各墙段总转角不大于 15°时，可按平面抗震墙考虑，见图 4-29。

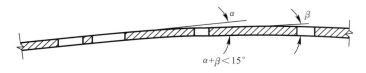

图 4-29 折线形抗震墙

在简化计算时，水平力可以按各片抗震墙的等效刚度分配，然后进行单片抗震墙的计算。

4.5.3 整体抗震墙结构内力及位移的计算

对于整截面抗震墙，洞口对墙肢内力分布的影响极小，在水平荷载作用下，墙肢水平截面内的正应力呈直线分布，故可以直接应用材料力学中悬臂构件的计算公式计算抗震墙内任意点的应力或任意水平面上的内力。

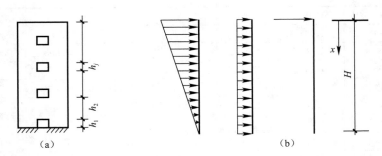

图 4-30　抗震墙及常用水平荷载
(a) 整体墙；(b) 三种常用水平荷载

在计算位移时，由于截面比较宽，宜考虑剪切变形的影响。为了便于用公式计算结构顶点位移以及计算结构的自振周期，在三种常用荷载作用下（图 4-30），结构顶点位移 μ_T 计算如下：

$$\mu_T = \begin{cases} \dfrac{1}{8} F_{EK} H^3/(E_c I_{eq}) & （均布荷载） \\[2mm] \dfrac{11}{60} F_{EK} H^3/(E_c I_{eq}) & （倒三角形荷载） \\[2mm] \dfrac{1}{3} F_{EK} H^3/(E_c I_{eq}) & （顶部集中荷载） \end{cases} \tag{4-58}$$

式中　F_{EK}——总水平地震作用值。

4.5.4　整体小开口抗震墙内力和侧移的计算

1. 整体小开口抗震墙的判定条件

当抗震墙由成列洞口划分为若干墙肢（图 4-31），各列墙肢和连梁的刚度比较均匀，并满足式（4-59）的条件时，可按整体小开口墙计算。

$$\left.\begin{array}{l} \alpha \geqslant 10 \\[2mm] \dfrac{I_A}{I} \leqslant Z \text{ 或 } \dfrac{I_A}{I} \leqslant Z_i \end{array}\right\} \tag{4-59}$$

式中　α——整体墙系数，其值为：

$$\alpha = \begin{cases} H\sqrt{\dfrac{6\tilde{I}_{b1}c^2}{h(I_1+I_2)a^3} \cdot \dfrac{I}{I_A}} & （双肢墙） \qquad (4\text{-}60a) \\[4mm] H\sqrt{\dfrac{6}{\tau h \sum\limits_{i=1}^{k+1} I_i} \cdot \sum\limits_{i=1}^{k} \dfrac{\widetilde{I}_{bi}c_i^3}{a_i^3}} & （多肢墙） \qquad (4\text{-}60b) \end{cases}$$

τ——系数，当 3～4 肢时取 0.8；5～7 肢时取 0.85；8 肢以上取 0.9；

I——抗震墙对组合截面形心的惯性矩；

I_A——各墙肢面积对组合截面形心的面积的二次矩之和，$I_A = I - \sum_{i=1}^{k+1} I_i$；

I_i——墙肢 i 的截面惯性矩；

$\tilde{I}_{bi}$——第 i 列连梁的折算惯性矩，$\tilde{I}_{bi} = \dfrac{I_{bi}}{1 + \dfrac{3\mu E_b I_{bi}}{A_{bi} G a_i^2}} = \dfrac{I_{bi}}{1 + \dfrac{7\mu I_{bi}}{A_{bi} a_i^2}}$；

k——洞口列数；

h——层高；

H——抗震墙总高度；

c_i——第 i 列洞口两侧墙肢轴线间距离；

a_i——第 i 列连梁计算跨度的一半，连梁的计算跨度取为洞口宽度加梁高的一半，即 $2a_i = 2a_{i0} + h_b/2$；

h_b——连梁高度；

Z——系数，与 α 及层数 N 相关。

当等肢或各肢差不多时，Z 值按表 4-14 取用；当为不等肢墙且各肢相差很大时，可根据表 4-15 中的 S 值按下式计算：

$$Z_i = \frac{1}{S}\left(1 - \frac{3A_i/\Sigma A_i}{2NI_i/\Sigma I_i}\right) \qquad (4\text{-}61)$$

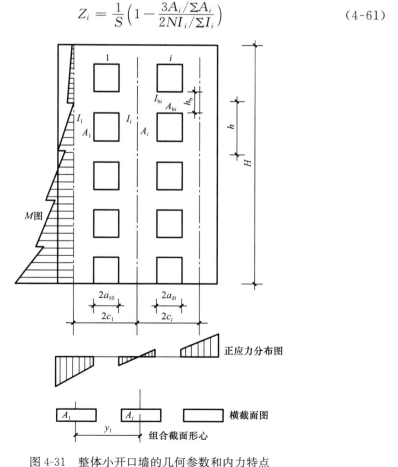

图 4-31　整体小开口墙的几何参数和内力特点

系数 Z 的数值　　　　　　　　　　表 4-14

层数 N / α	8	10	12	16	20	≥30
10	0.886	0.948	0.975	1.000	1.000	1.000
12	0.866	0.924	0.950	0.994	1.000	1.000
14	0.853	0.908	0.934	0.978	1.000	1.000
16	0.844	0.896	0.923	0.964	0.988	1.000
18	0.836	0.886	0.914	0.952	0.978	1.000
20	0.831	0.880	0.906	0.945	0.970	1.000
22	0.827	0.875	0.901	0.940	0.965	1.000
24	0.824	0.871	0.897	0.936	0.963	0.989
26	0.822	0.867	0.894	0.932	0.955	0.986
28	0.820	0.864	0.890	0.929	0.952	0.982
≥30	0.818	0.861	0.887	0.926	0.950	0.979

系数 S　　　　　　　　　　表 4-15

层数 N / α	8	10	12	16	20	层数 N / α	8	10	12	16	20
10	0.915	0.907	0.890	0.888	0.882	22	0.982	0.976	0.971	0.964	0.960
12	0.937	0.929	0.921	0.912	0.906	24	0.985	0.980	0.976	0.969	0.965
14	0.952	0.945	0.938	0.929	0.923	26	0.988	0.984	0.980	0.973	0.968
16	0.963	0.956	0.950	0.941	0.936	28	0.991	0.987	0.984	0.976	0.971
18	0.971	0.965	0.959	0.951	0.955	≥30	0.993	0.911	0.998	0.979	0.974
20	0.877	0.973	0.966	0.958	0.953						

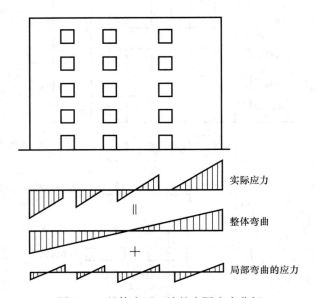

图 4-32　整体小开口墙的实际应力分解

2. 整体小开口抗震墙的内力计算

对于整体小开口抗震墙，墙水平截面受力后仍基本上保持平面，墙肢水平截面内的正应力可以看成是抗震墙整体弯矩所产生的正应力与各墙肢局部弯曲所产生的正应力之和，如图 4-32 所示。各墙肢的弯矩为：

$$M_j = \gamma M \frac{I_j}{I} + (1 - \gamma)M \frac{I_j}{\Sigma I_j} \qquad (4\text{-}62)$$

式中　M——外荷载在计算截面所产生的弯矩；

　　　I_j——第 j 墙肢的截面惯性矩；

　　　I——整个抗震墙截面对组合截面形心的惯性矩；

　　　γ——整体弯矩系数，设计中可取 $\gamma = 0.85$。

式（4-62）中，右端第一项为整体弯矩在墙肢中产生的弯矩，占总弯矩的85%，第二项为墙肢的局部弯矩，占总弯矩的15%。

局部弯矩在墙肢中不产生轴力，因此各墙肢所受到的轴力为：

$$N_j = \gamma M \frac{A_j y_j}{I} \qquad (4\text{-}63)$$

式中　N_j——第 j 墙肢所受的轴力；

　　　A_j——第 j 墙肢的截面面积；

　　　y_j——第 j 墙肢截面形心至组合截面形心的距离。

各墙肢所受的剪力：

$$V_j = \frac{V}{2}\left(\frac{A_j}{\Sigma A_j} + \frac{I_j}{\Sigma I_j}\right) \qquad (4\text{-}64)$$

式中　V_j——墙肢所受的剪力。

连梁中的剪力可由上、下墙肢的轴力差计算。

抗震墙多数墙肢基本均匀，又符合整体小开口的条件，当有个别细小的墙肢时，仍可按整体小开口墙计算内力，但小墙肢端部宜按下式计算附加局部弯曲的影响：

$$\left.\begin{array}{l} M_j = M_{j0} + \Delta M_j \\ \Delta M_j = V_j \cdot \dfrac{h_0}{2} \end{array}\right\} \qquad (4\text{-}65)$$

式中　M_{j0}——按整体小开口墙计算的墙肢弯矩；

　　　ΔM_j——由于小墙肢局部弯曲增加的弯矩；

　　　V_j——第 j 墙肢剪力；

　　　h_0——洞口高度。

3. 整体小开口抗震墙的位移的计算

整体小开口抗震墙结构在侧向荷载作用下的侧移量，同样可用材料力学的公式计算。考虑到抗震墙的截面高度较大，在计算时应考虑截面剪切变形对抗震墙位移的影响。在开有洞口时，还应考虑洞口使刚度降低的影响。

整体小开口墙的顶点位移的计算公式如下：

$$u = \begin{cases} 1.2 \times \dfrac{qH^4}{8EI_w}\left(1 + \dfrac{4\mu EI_w}{GAH^2}\right) & \text{（均布荷载）} \\[3mm] 1.2 \times \dfrac{11q_{max}H^4}{120EI_w}\left(1 + \dfrac{3.67\mu EI_w}{GAH^2}\right) & \text{（倒三角形分布荷载）} \\[3mm] 1.2 \times \dfrac{PH^3}{3EI_w}\left(1 + \dfrac{3\mu EI_w}{GAH^2}\right) & \text{（顶点集中荷载）} \end{cases} \quad (4\text{-}66)$$

式中　　A——截面总面积，$A = \sum\limits_{j=1}^{m+1} A_{j0}$；

其他符号意义同前。

公式（4-66）可以简化成公式（4-67）的形式：

$$u = \begin{cases} 1.2 \times \dfrac{1}{8}\dfrac{F_{EK} \cdot H^3}{E_c I_{eq}} & \text{（均布荷载）} \\[3mm] 1.2 \times \dfrac{11}{60}\dfrac{F_{EK} \cdot H^3}{E_c I_{eq}} & \text{（倒三角形分布荷载）} \\[3mm] 1.2 \times \dfrac{1}{3}\dfrac{F_{EK} \cdot H^3}{E_c I_{eq}} & \text{（顶点集中力）} \end{cases} \quad (4\text{-}67)$$

公式（4-67）中的 $E_c I_{eq}$ 为抗震墙的等效抗弯刚度，它是按照顶点位移相等的原则，将抗震墙的抗侧移刚度换算成悬臂构件只考虑弯曲变形时的刚度而得到的。通过比较式（4-66）和式（4-67）可得：

$$E_c I_{eq} = \begin{cases} \dfrac{EI_w}{1 + \dfrac{4\mu EI_w}{GA_w H^2}} & \text{（均布荷载）} \\[5mm] \dfrac{EI_w}{1 + \dfrac{3.67\mu EI_w}{GA_w H^2}} & \text{（倒三角形分布荷载）} \\[5mm] \dfrac{EI_w}{1 + \dfrac{3\mu EI_w}{GA_w H^2}} & \text{（顶点集中力）} \end{cases} \quad (4\text{-}68)$$

将 $G = 0.42E$ 代入上式，则得到等效刚度的近似计算公式（4-57）。

4.5.5　联肢墙内力及位移的计算

当按公式（4-60）验算，且 $\alpha < 10$ 时，说明墙肢之间连梁的刚度相对较小，墙的整体性能不理想，一般作为联肢墙处理。联肢墙通常分为双肢墙和多肢墙两类，通常按连续化的方法计算，如连续薄片法等。按连续化方法计算，通常采用以下基本假定：

（1）连梁的反弯点在跨中，连梁的作用可以用沿高度均匀分布的连续弹性薄片代替；

（2）各墙的变形曲线相似；

（3）连梁和墙肢考虑弯曲和剪切变形；墙肢还应考虑轴向变形的影响。

根据以上基本假定，以墙肢为分析对象，建立微分方程，即可得到侧移曲线方程，从而求得墙肢以及连梁的内力，这里不再论述。

4.5.6 壁式框架内力及位移的计算

当抗震墙开洞较大，按式（4-60）计算，不满足 $I_A/I \leqslant Z$ 的要求时，说明墙肢的宽度不是足够宽，大多数墙肢上可能出现反弯点，这时可按壁式框架计算。

壁式框架梁柱轴线由抗震墙连梁和墙肢的形心轴线决定，梁柱相交的节点区中，由于梁柱的弯曲刚度为无限大而形成刚域，见图 4-33（a）。刚域的长度可按下式计算：

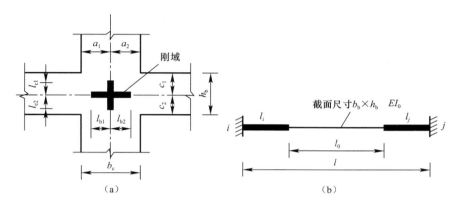

图 4-33 壁式框架的刚域

$$
\left.\begin{array}{l}
l_{b1} = a_1 - 0.25h_b \\
l_{b2} = a_2 - 0.25h_b \\
l_{c1} = c_1 - 0.25b_c \\
l_{c2} = c_2 - 0.25b_c
\end{array}\right\}
\tag{4-69}
$$

当计算的刚域长度小于零时，可不考虑刚域的影响。带刚域的杆件的等效刚度可按公式（4-70）计算：

$$
EI = EI_0 \eta_v \left(\frac{l}{l_0}\right)^3
\tag{4-70}
$$

式中　EI_0——杆件中段截面刚度；

　　　η_v——考虑剪切变形的刚度折减系数，按表 4-16 采用；

　　　l_0——杆件中段的长度；

　　　h_b——杆件中段截面高度，图 4-33b。

						η_v 值					表 4-16
h_b/l_0	0.0	0.1	0.2	0.3	0.4	0.5	0.6	0.7	0.8	0.9	1.0
η_v	1.00	0.97	0.89	0.79	0.68	0.57	0.48	0.1	0.34	0.29	0.25

壁式框架带刚域杆件变为等效截面杆件后，可采用 D 值法进行简化计算，这里不再论述。

4.5.7　抗震墙结构的截面设计

4.5.7.1　墙肢截面设计

1. 墙肢正截面承载力计算

（1）弯矩设计值

一级抗震等级抗震墙各墙肢截面考虑地震组合的弯矩设计值，底部加强部位应按墙肢底部截面组合弯矩设计值采用；底部加强部位以上部位，墙肢的组合弯矩设计值应乘以增大系数，其值可采用 1.2。做出上述规定的目的是使墙肢塑性铰在底部加强部位的范围内得到发展，并避免底部加强部位紧临的上层墙肢屈服而底部加强部位不屈服。

部分框支抗震墙结构的落地抗震墙墙肢不应出现小偏心受拉。双肢抗震墙中，墙肢不宜出现小偏心受拉；当任一墙肢为偏心受拉时，另一墙肢的剪力设计值、弯矩设计值应乘以增大系数 1.25。

（2）偏心受压承载力计算

抗震墙墙肢在竖向荷载和水平荷载作用下属于偏心受力构件，它与普通偏心受力柱的区别在于截面高度大、宽度小，有均匀的分布钢筋。因此，截面设计时应考虑分布钢筋的影响并进行平面外的稳定验算。

偏心受压构件可分为大偏压和小偏压两种情况。当发生大偏压破坏时，位于受压区和受拉区的分布钢筋都可能屈服。但是在受压区，考虑到分布钢筋直径小，受压易屈服，因此在设计中可不考虑其作用。受拉区靠近中和轴附近的分布钢筋，其拉应力较小，可不考虑，而设计中仅考虑受压边缘 $1.5x$（x 为截面受压区高度）以外的受拉分布钢筋屈服。当发生小偏压破坏时，墙肢截面大部分或全部受压，因此可以认为分布钢筋全部受压易屈曲或部分受拉但应变很小而忽略其作用，故设计时可不考虑分布筋的作用，即小偏压墙肢的计算方法与小偏压柱完全相同，但须验算墙肢平面外稳定。

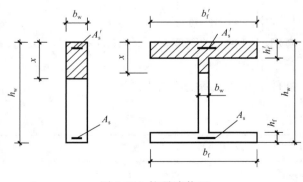

图 4-34　抗震墙截面

矩形、T 形和 I 偏心受压墙肢的正截面承载力可按下列公式计算（图 4-34）：

$$N \leqslant \frac{1}{\gamma_{RE}}(A'_s f'_y - A_s \sigma_s - N_{sw} + N_c) \tag{4-71}$$

$$N\left(e_0 + h_{w0} - \frac{h_w}{2}\right) \leqslant \frac{1}{\gamma_{RE}}[A'_s f'_y(h_{w0} - a'_s) - M_{sw} + M_c] \tag{4-72}$$

当 $x > h'_f$ 时：

$$N_c = \alpha_1 f_c b_w x + \alpha_1 f_c (b'_f - b_w) h'_f \tag{4-73}$$

$$M_c = \alpha_1 f_c b_w x (h_{w0} - x/2) + \alpha_1 f_c (b'_f - b_w) h'_f (h_{w0} - h'_f/2) \tag{4-74}$$

当 $x < h'_f$ 时：

$$N_C = \alpha_1 f_c b'_f x_f \tag{4-75}$$

$$M_c = \alpha_1 f_c b'_f x (h_{w0} - x/2) \tag{4-76}$$

当 $x < \xi_b h_{w0}$ 时：

$$\sigma_s = f_y \tag{4-77}$$

$$N_{sw} = (h_{w0} - 1.5x) b_w f_{yw} \rho_w \tag{4-78}$$

$$M_{sw} = \frac{1}{2}(h_{w0} - 1.5x)^2 b_w f_{yw} \rho_w \tag{4-79}$$

当 $x > \xi_b h_{w0}$ 时：

$$\sigma_s = \frac{f_y}{\xi_b - 0.8}\left(\frac{x}{h_{w0}} - \beta_c\right) \tag{4-80}$$

$$N_{sw} = 0 \tag{4-81}$$

$$M_{sw} = 0 \tag{4-82}$$

$$\xi_b = \frac{\beta_c}{1 + \dfrac{f_y}{E_s \varepsilon_{cu}}} \tag{4-83}$$

式中 γ_{RE}——承载力抗震调整系数，取为 0.85；

       N_c——受压区混凝土受压合力；

       M_c——受压区混凝土受压合力对端部受拉钢筋合力点的力矩；

       σ_s——受拉区钢筋应力；

     N_{sw}——受拉区分布钢筋受拉合力；

     M_{sw}——受拉区分布钢筋受拉合力对端部受拉钢筋合力点的力矩；

       α_1——受压区混凝土矩形应力图的应力与混凝土轴心抗压强度设计值的比值，当混凝土强度等级不超过 C50 时，取 1.0，当混凝土强度等级为 C80 时，取 0.94，其间按线性内插法确定；

       β_c——混凝土强度影响系数，当混凝土强度等级不超过 C50 时取 1.0，当混凝土强度等级为 C80 时取 0.8，其间按线性内插法确定；

f_y、f'_y、f_{yw}——分别为抗震墙端部受拉、受压钢筋和墙体竖向分布钢筋强度设计值；

       f_c——混凝土轴向抗压强度设计值；

       e_0——偏心距，$e_0 = M/N$；

     h_{w0}——抗震墙截面有效高度，$h_{w0} = h_w - a'_s$；

a'_s——抗震墙受压区端部钢筋合力点到受压区边缘的距离，一般取 $a'_s = b_w$；

ρ_w——抗震墙竖向分布钢筋配筋率；

ξ_b——界限相对受压区高度；

ε_{cu}——混凝土极限压应变，应按现行《混凝土结构设计规范》GB 50010—2010 的有关规定采用。

（3）偏心受拉承载力计算

偏心受拉墙肢分为大偏拉和小偏拉两种情况。当发生大偏拉破坏时，其受力和破坏特征同大偏压，故采用大偏压的计算方法；当发生小偏拉破坏时，墙肢全截面受拉，混凝土不参与工作，其抗侧移能力和耗能能力都极差，不利于抗震，因此在设计中应避免。

$$N \leqslant \frac{1}{\gamma_{RE}} \left[\frac{1}{\dfrac{1}{N_{wu}} + \dfrac{e_0}{M_{wu}}} \right] \tag{4-84}$$

$$N_{wu} = 2A_s f_y + A_{sw} f_{yw} \tag{4-85}$$

$$M_{wu} = A_s f_y (h_{w0} - a'_s) + A_{sw} f_{yw} \frac{(h_{w0} - a'_s)}{2} \tag{4-86}$$

式中　A_{sw}——抗震墙腹板竖向分布钢筋的全部截面面积；

其余符号意义同前。

2. 墙肢斜截面受剪承载力计算

（1）剪力设计值

抗震墙底部加强部位截面组合的剪力设计值，一、二、三级抗震时应乘以剪力增大系数 η_v，以防止墙底塑性铰区在弯曲破坏前发生剪切脆性破坏，即通过增大墙底剪力的方法来满足"强剪弱弯"的要求。

$$V = \eta_{vw} V_w \tag{4-87}$$

9 度设防烈度的一级抗震墙可不按上式调整，但应符合下式要求：

$$V = 1.1 \frac{M_{wua}}{M_w} V_w \tag{4-88}$$

式中　V——抗震墙底部加强部位截面组合的剪力设计值；

V_w——抗震墙底部加强部位截面组合的剪力计算值；

M_{wua}——抗震墙底部截面按实配纵向钢筋面积、材料强度标准值和轴力等计算的抗震受弯承载力所对应的弯矩值；有翼墙时应计入墙两侧各一倍翼墙厚度范围内的纵向钢筋；

M_w——抗震墙底部截面组合的弯矩设计值；

η_{vw}——抗震墙剪力增大系数，一级可取 1.6，二级可取 1.4，三级可取 1.2。

（2）剪压比的限制

为避免墙肢混凝土被压碎而发生斜压脆性破坏，抗震墙墙肢截面尺寸应符合下式要求：

当剪跨比大于 2 时
$$V_w \leqslant \frac{1}{\gamma_{RE}}(0.2\beta_c f_c b_w h_w) \qquad (4-89)$$

当剪跨比不大于 2 时
$$V_w \leqslant \frac{1}{\gamma_{RE}}(0.15\beta_c f_c b_w h_w) \qquad (4-90)$$

式中　V_w——墙肢组合的剪力设计值；

　　　b_w——抗震墙墙肢截面宽度；

　　　h_w——抗震墙墙肢长度。

（3）截面受剪承载力计算

偏心受压墙肢斜截面受剪承载力按下列公式计算：

$$V_w \leqslant \frac{1}{\gamma_{RE}}\left[\frac{1}{\lambda - 0.5}\left(0.4f_t b_w h_{w0} + 0.1N\frac{A_w}{A}\right) + 0.8f_{yv}\frac{A_{sh}}{s}\right] \qquad (4-91)$$

$$\lambda = \frac{M_w}{V_w H_{w0}} \qquad (4-92)$$

式中　N——相应于 V_w 的轴向压力设计值，当 N 大于 $0.2f_c b_w h_w$ 时，取 N 等于 $0.2f_c b_w h_w$；

　　　A——抗震墙的截面面积；

　　　A_w——T 形、I 形截面抗震墙腹板面积，对矩形截面抗震墙取 $A_w = A$；

　　　λ——计算截面处的剪跨比，λ 小于 1.5 时，取 1.5，λ 大于 2.2 时取 2.2；此处 M_w 应为与 V_w 相应的弯矩设计值；当计算截面与墙底之间的距离小于 $h_{w0}/2$ 时，λ 可按距墙底 $h_{w0}/2$ 处的弯矩设计值与剪力设计值计算；

　　　A_{sh}——配置在同一截面内的水平分布钢筋截面面积之和；

　　　f_{yv}——水平分布钢筋抗拉强度设计值；

　　　s——水平分布钢筋间距。

偏心受拉墙肢斜截面受剪承载力按下列公式计算：

$$V_w \leqslant \frac{1}{\gamma_{RE}}\left[\frac{1}{\lambda - 0.5}\left(0.4f_t b_w h_{w0} - 0.1N\frac{A_w}{A}\right) + 0.8f_{yv}\frac{A_{sh}}{s}h_{w0}\right] \qquad (4-93)$$

式中　N——考虑地震组合的抗震墙轴向拉力设计值中的较大值。

当公式右边计算值小于 $\frac{1}{\gamma_{RE}}\left(0.8f_{yv}\frac{A_{sh}}{s}h_{w0}\right)$ 时，取等于 $\frac{1}{\gamma_{RE}}\left(0.8f_{yv}\frac{A_{sh}}{s}h_{w0}\right)$。

3. 抗震墙水平施工缝截面抗震验算

施工中抗震墙多是分层浇筑的，因而在层间留下水平施工缝。震害调查和试验表明，水平施工缝在地震中过程中容易开裂，为避免墙体受剪后沿水平施工缝滑移，应验算水平施工缝处的受剪承载力。

一级抗震墙应进行施工缝截面抗震验算，其验算公式如下：

$$V_{wj} \leqslant \frac{1}{\gamma_{RE}}(0.6f_y A_s + 0.8N) \qquad (4-94)$$

式中　V_{wj}——水平施工缝截面组合的剪力设计值；

　　　N——水平施工缝截面组合的轴向力设计值，压力时取正值，拉力时取负值；

　　　A_s——水平施工缝截面的全部竖向钢筋截面面积，包括竖向分布钢筋、附加竖向插筋以及边缘构件（不包括两侧翼墙）纵向钢筋的总截面面积；

f_y——竖向钢筋抗拉强度设计值。

4.5.7.2　连梁截面设计

1. 连梁正截面设计

为了保证抗震墙的延性，在设计中应做到"强墙弱梁"。为了使连梁首先屈服，可以对连梁中的弯矩进行调整，降低连梁弯矩，按降低后弯矩进行配筋，可以使连梁抗弯承载力降低，从而使连梁较早出现塑性铰，又可以降低连梁中的平均剪应力，改善其延性。降低连梁弯矩的方法，通常是降低中部弯矩最大的一些连梁的弯矩设计值，并将其余部位的连梁弯矩设计值相应提高，以满足平衡条件。经调整的连梁弯矩设计值，可均取为最大弯矩连梁调整前弯矩设计值的80%（图4-35）。为了满足墙肢与连梁的内力平衡条件，必要时可提高墙肢的配筋。

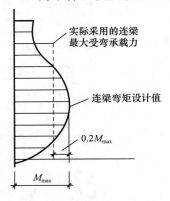

图 4-35　连梁的弯矩设计值

抗震墙连梁通常采用对称配筋，受弯承载力可按框架梁的设计公式计算。

2. 连梁斜截面受剪承载力的计算

（1）剪力设计值的调整

按照"强剪弱弯"的原则，对于抗震墙中跨高比大于2.5的连梁，其端部截面组合的剪力设计值同框架梁的剪力设计值，见式（4-29）和式（4-30）。

（2）剪压比的限制

连梁的跨高比对连梁的破坏形态和延性有着重要影响，因此也应限制连梁的剪压比，对于配置普通箍筋的连梁，其截面尺寸应符合式（4-31）和式（4-32）的要求。

（3）斜截面受剪承载力计算

对于配置普通箍筋连梁的斜截面受剪承载力，应按下列公式计算：

跨高比大于2.5时：

$$V \leqslant \frac{1}{\gamma_{RE}} \left(0.42 f_t b h_0 + \frac{A_{sv}}{s} f_{yv} h_0 \right) \tag{4-95}$$

跨高比小于2.5时：

$$V \leqslant \frac{1}{\gamma_{RE}} \left(0.38 f_t b h_0 + 0.9 \frac{A_{sv}}{s} f_{yv} h_0 \right) \tag{4-96}$$

4.5.8　抗震墙结构的构造措施

4.5.8.1　抗震墙的厚度

根据不同的抗震等级，并区分底部加强部位和一般部位，考虑有无端柱和翼墙的影响，《抗震规范》对于抗震墙的厚度具体要求如下：

（1）按一、二级抗震等级设计时，不应小于 160mm 且不宜小于层高或无支长度的 1/20，三、四级不应小于 140mm 且不宜小于层高或无支长度的 1/25；无端柱或翼墙时，一、二级不宜小于层高或无支长度的 1/16，三、四级不宜小于层高或无支长度的 1/20。

（2）底部加强部位的墙厚，一、二级不应小于 200mm 且不宜小于层高或无支长度的 1/16，三、四级不应小于 160mm 且不宜小于层高或无支长度的 1/20；无端柱或翼墙时，一、二级不宜小于层高或无支长度的 1/12，三、四级不宜小于层高或无支长度的 1/16。

4.5.8.2 墙肢轴压比及边缘构件

实验表明，抗震墙在反复荷载作用下的塑性变形能力，与截面纵向钢筋的配筋、端部边缘构件范围、端部边缘构件内纵向钢筋及箍筋的配置，以及截面形状、截面轴压比等因素有关，而墙肢的轴压比是更重要的影响因素。当轴压比较小时，即使在墙端部不设约束边缘构件，抗震墙也具有较好的延性和耗能能力；而当轴压比超过一定值时，不设约束边缘构件的抗震墙，其延性和耗能能力降低。因此，《抗震规范》规定，一、二、三级抗震墙在重力荷载代表值作用下墙肢的轴压比，一级时，9 度不宜大于 0.4，7、8 度不宜大于 0.5；二、三级时不宜大于 0.6。其中，墙肢轴压比指墙的轴压力设计值与墙的全截面面积和混凝土轴心抗压强度设计值乘积之比值。

为了保证抗震墙肢的延性以及耗能能力，《抗震规范》规定，抗震墙两端洞口两侧应设置边缘构件，边缘构件包括暗柱、端柱和翼墙，并符合以下要求：

（1）对于抗震墙结构，底层墙肢底截面的轴压比不大于表 4-17 规定的一、二、三级抗震墙及四级抗震墙，墙肢两端可设置构造边缘构件，构造边缘构件的范围可按图 4-36 采用，构造边缘构件的配筋除应满足受弯承载力要求外，并宜符合表 4-18 的要求。

抗震墙设置构造边缘构件的最大轴压比　　　　　　　表 4-17

抗震等级或烈度	一级（9 度）	一级（7、8 度）	二、三级
轴压比	0.1	0.2	0.3

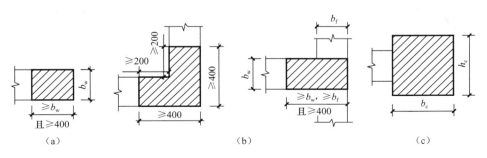

图 4-36　抗震墙的构造边缘构件范围
（a）暗柱；（b）翼柱；（c）端柱

抗震墙构造边缘构件的配筋要求　　　　　　　　　　　　表 4-18

抗震等级	纵向钢筋最小量（取较大值）	箍筋		纵向钢筋最小量（取较大值）	箍筋	
		最小直径（mm）	沿竖向最大间距（mm）		最小直径（mm）	沿竖向最大间距（mm）
一	$0.010A_c$，$6\phi16$	8	100	$0.008A_c$，$6\phi14$	8	150
二	$0.008A_c$，$6\phi14$	8	150	$0.006A_c$，$6\phi12$	8	200
三	$0.006A_c$，$6\phi12$	6	150	$0.005A_c$，$4\phi12$	6	200
四	$0.005A_c$，$4\phi12$	6	200	$0.004A_c$，$4\phi12$	6	250

注：1. A_c 为边缘构件的截面面积；
　　2. 其他部位的拉筋，水平间距不应大于纵筋间距的 2 倍；转角处宜采用箍筋；
　　3. 当端柱承受集中荷载时，其纵向钢筋、箍筋直径和间距应满足柱的相应要求。

（2）底层墙肢底截面的轴压比大于表 4-17 规定的一、二、三级抗震墙，以及部分框支抗震墙结构的抗震墙，应在底部加强部位及相邻的上一层设置约束边缘构件，在以上的其他部位可设置构造边缘构件。约束边缘构件沿墙肢的长度、配箍特征值、箍筋和纵向钢筋宜符合表 4-19 的要求（图 4-37）。

抗震墙约束边缘构件的范围及配筋要求　　　　　　　　表 4-19

项　目	一级（9 度）		一级（8 度）		二、三级	
	$\lambda \leqslant 0.2$	$\lambda > 0.2$	$\lambda \leqslant 0.3$	$\lambda > 0.3$	$\lambda \leqslant 0.4$	$\lambda > 0.4$
l_c（暗柱）	$0.20h_w$	$0.25h_w$	$0.15h_w$	$0.20h_w$	$0.15h_w$	$0.20h_w$
l_c（翼墙或端柱）	$0.15h_w$	$0.20h_w$	$0.10h_w$	$0.15h_w$	$0.10h_w$	$0.15h_w$
λ_v	0.12	0.20	0.12	0.20	0.12	0.20
纵向钢筋（取较大值）	$0.012A_c$，$8\phi16$		$0.012A_c$，$8\phi16$		$0.010A_c$，$6\phi16$（三级 $6\phi14$）	
箍筋或拉筋沿竖向间距	100mm		100mm		150mm	

注：1. 抗震墙的翼墙长度小于其 3 倍厚度或端柱截面边长小于 2 倍墙厚时，按无翼墙、无端柱查表；
　　2. l_c 为约束边缘构件沿墙肢长度，且不小于墙厚和 400mm；有翼墙或端柱时不应小于翼墙厚度或端柱沿墙肢方向截面高度加 300mm；
　　3. λ_v 为约束边缘构件的配箍特征值，体积配箍率可按式（4-56）计算，并可适当计入满足构造要求且在墙端有可靠锚固的水平分布钢筋的截面面积；
　　4. h_w 为抗震墙墙肢长度；
　　5. λ 为墙肢轴压比；
　　6. A_c 为图 4-27 中约束边缘构件阴影部分的截面面积。

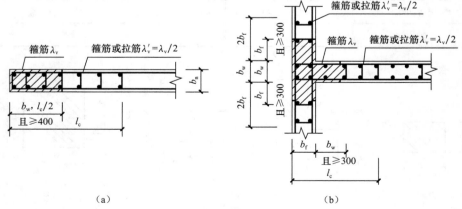

（a）　　　　　　　　　　　　　　　（b）

图 4-37　抗震墙的约束边缘构件（一）

（a）暗柱；（b）有翼墙

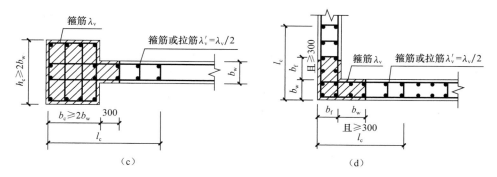

图 4-37 抗震墙的约束边缘构件（二）

（c）有端柱；（d）转角墙（L形墙）

4.5.8.3 墙身分布钢筋

墙身分布钢筋包括竖向和横向分布钢筋，《抗震规范》对墙身的分布钢筋要求如下：

（1）一、二、三级抗震墙的竖向和横向分布钢筋的最小配筋率均不应小于 0.25%；四级抗震墙分布钢筋最小配筋率不应小于 0.20%。高度小于 24m 且剪压比很小的四级抗震墙，其竖向分布筋的最小配筋率应允许按 0.15% 采用。

（2）部分框支抗震墙结构的落地抗震墙底部加强部位，竖向和横向分布钢筋配筋率均不应小于 0.3%。

（3）抗震墙的竖向和横向分布钢筋的间距不宜大于 300mm，部分框支抗震墙结构的落地抗震墙底部加强部位，竖向和横向分布钢筋的间距不宜大于 200mm。

（4）抗震墙厚度大于 140mm 时，其竖向和横向分布钢筋应双排布置，双排分布钢筋间拉筋的间距不宜大于 600mm，直径不应小于 6mm。

（5）抗震墙竖向和横向分布钢筋的直径，均不宜大于墙厚的 1/10 且不应小于 8mm；竖向钢筋直径不宜小于 10mm。

4.5.8.4 连梁构造要求

为防止连梁发生脆性破坏，保证延性，使其进入弹塑性工作状态后仍能发挥良好的作用，连梁应当满足下列构造要求：

（1）连梁沿上、下边缘单侧纵向钢筋的最小配筋率不应小于 0.15%，且配筋不宜少于 2φ12；简单对角斜筋连梁单向对角斜筋的最小配筋率不应小于 0.15%，且配筋不宜少于 2φ12；交叉斜筋连梁单向对角斜筋的最小配筋率不应小于 0.15%，且配筋不宜少于 2φ12，单根两折线筋的截面面积可取为单向对角斜筋截面面积的 50%，且直径不宜小于 12mm；对角斜筋连梁和对角暗柱连梁中每组对角斜筋的最小配筋率不应小于 0.15%，应至少由 4 根钢筋组成，且应至少布置成两层。

（2）简单对角斜筋及交叉斜筋连梁应在各方向对角斜筋接近梁端部位设置不少于 3 根拉结筋，拉结筋的间距应不大于连梁宽度和 200mm 的较小值，直径不应小于 6mm；对角斜筋连梁应在梁截面内沿水平方向及竖直方向设置双向拉结筋以形成复合箍筋，拉结筋应勾住外侧纵向钢筋，双向拉结筋的间距应不大于 200mm，拉结筋直径不应小于 8mm；对角暗柱连梁中约束对角暗柱的箍筋外缘沿梁截面宽度 b 方向的距离不小于 $b/2$，另一方向的距离不小于 $b/5$，沿对角暗柱方向约束箍筋的间距不大于斜筋直径的 6 倍。除对角斜筋连梁以外，其余配筋方式连梁的水平构造钢筋及箍筋形成的双层钢筋网应采用拉结筋连系，拉筋直径不宜小于 6mm，间距不宜大于 400mm。

（3）沿连梁全长箍筋的构造应按 4.4.3 节框架梁梁端加密区箍筋的构造要求采用，对角暗柱连梁沿连梁全长箍筋的间距可按表 4-10 中规定的两倍取用。

（4）连梁纵向受力钢筋、交叉斜筋伸入墙内的锚固长度不应小于 l_{aE}，且不应小于 600mm；顶层连梁纵向钢筋伸入墙体的长度范围内，应配置间距不大于 150mm 的构造箍筋，箍筋直径应与该连梁的箍筋直径相同。

4.6 框架-抗震墙结构的抗震设计

框架-抗震墙结构是由框架和抗震墙组成的结构体系，能充分发挥框架结构和抗震墙结构各自的优点。同抗震墙结构相比，这种结构体系平面布置灵活，自重较轻；同框架结构相比，这种结构体系的刚度又较大，能有效控制水平荷载作用下的内力和变形。

4.6.1 计算的基本假定及计算简图

在竖向荷载的作用下，框架和抗震墙分别承受各自传递范围内的楼面荷载，框架结构的内力可按 4.4 节所述的方法计算。在水平地震作用下，框架和抗震墙由于各层楼板的连接作用而在水平方向上协调变形，共同工作。其内力和侧移的分析，是一个空间超静定问题，要精确计算非常复杂。为简化计算，通常将其化成平面结构来分析。框架在单独水平力作用下的侧移曲线与抗震墙单独在水平力作用下的侧移曲线不一致，水平剪力在框架和抗震墙之间的分配沿高度方向是变化的。当不考虑结构扭转影响时，结构的内力和位移的计算可以得到简化。计算时一般采用下面的基本假定：

（1）楼板结构在其平面内的刚度为无限大，平面外的刚度忽略不计；

（2）结构的刚度中心与质量中心重合，结构不发生扭转；

（3）框架与抗震墙的刚度特征值沿结构高度方向均为常数。

由以上基本假定可知，在水平荷载作用下，在同一楼层处，各榀框架和抗震墙的侧移量是相等的。因此可以把平行于地震作用方向的抗震墙合并在一起，组成"综合抗震墙"，将这个方向的框架合并在一起，组成"综合框架"。将"综合框架"和"综合抗震墙"移到同一个平面内进行分析。在楼板标高处用刚性连杆连接，以满足框架和抗震墙在楼板处侧移相等的变形协调条件。根据框架与抗震墙之间的连接类型，可将实际结构简化为铰接体系和刚接体系进行分析。

如图 4-38（a）所示的框架-抗震墙结构，框架和抗震墙是通过楼板的作用连接在一起的，楼板的平面外刚度为 0，它对各平面抗侧力结构件不产生约束弯矩，因此确定的计算简图为铰接体系，如图 4-38（b）所示。图中总抗震墙包含 2 片墙，总框架包含 5 榀框架，链杆代表刚性楼板。

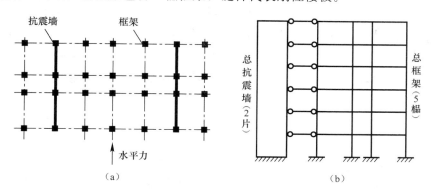

图 4-38　框架-抗震墙结构铰接体系
（a）结构平面图；（b）计算简图

对于图 4-39（a）所示的框架-抗震墙结构，横向抗侧力结构有 2 片双肢墙和 5 榀框架，双肢墙的连梁会对墙肢产生约束弯矩，确定的计算简图为刚接体系，如图 4-39（b）所示，将连梁与楼盖链杆的作用综合为总连杆，抗震墙与总连杆间刚接，框架与总连杆之间铰接。被连接的总抗震墙包括 4 片墙，总框架包含 5 榀框架。

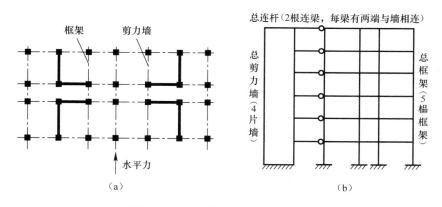

图 4-39　框架-抗震墙结构刚接体系
（a）结构平面图；（b）计算简图

4.6.2　框架-抗震墙结构铰接体系的计算分析

1. 基本计算方程

如图 4-40（a）所示的铰接体系，在水平力的作用下，将连杆沿高度方向连续变化，并切断，以分布力 p_f 代替连杆的集中力，以简化计算，如图 4-40（b）所示。

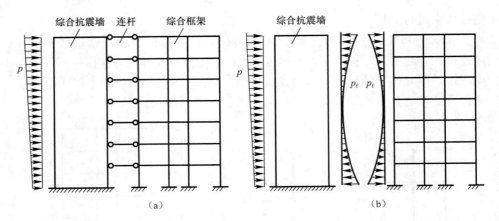

图 4-40　框架-抗震墙结构计算简图

以综合抗震墙为分析对象，取脱离体后将其看成是在侧向分布力（$p-p_f$）作用下的底部固定的悬臂梁。设 z 高度处结构的侧向位移为 y，则由材料力学可知：

$$E_c I_{eq} \cdot \frac{d^4 y}{dz^4} = p - p_f \qquad (4\text{-}97)$$

式中　$E_c I_{eq}$——综合抗震墙的截面等效抗弯刚度，即各榀抗震墙的截面等效抗弯刚度之和，见式（4-57）。

对于综合框架部分，令 C_f 为综合框架的角变抗侧移刚度，即框架结构产生单位剪切角时所需的水平剪切力，即：

$$V_f = C_f \cdot \frac{dy}{dz} \qquad (4\text{-}98)$$

式中　V_f——z 高度处综合框架所承受的水平剪力。

对 V_f 进行一次微分：

$$\frac{dV_f}{dz} = C_f \cdot \frac{d^2 y}{dz^2} \qquad (4\text{-}99)$$

由材料力学中截面剪力与外荷载之间的关系：$\dfrac{dV_f}{dz} = -p_f$，将它代入式（4-99）后再代入（4-97）式得：

$$E_c I_{eq} \cdot \frac{d^4 y}{dz^4} - C_f \frac{d^2 y}{dz^2} = p \qquad (4\text{-}100)$$

为计算方便，令相对高度 $\xi = \dfrac{z}{H}$，则上式可写成：

$$\frac{d^4 y}{d\xi^4} - \lambda^2 \frac{d^2 y}{d\xi^2} = \frac{pH^4}{E_c I_{eq}} \qquad (4\text{-}101)$$

式中

$$\lambda = \sqrt{\frac{C_f H^2}{E_c I_{eq}}} \qquad (4\text{-}102)$$

式（4-100）称为框架-抗震墙体系的基本微分方程。而 λ 是一个无量纲的量，由式（4-102）可知 λ 与综合抗震墙抗弯刚度及综合框架的侧移刚度有关，故称 λ 为框架-抗震墙结构的刚度特征值，它是框架-抗震墙结构内力和位移计算的重要参数。

2. 框架-抗震墙结构内力和位移计算

（1）利用公式计算

公式（4-101）为四阶常系数微分方程，解该方程并利用综合抗震墙的边界条件，即可得出侧移 y 随 λ 及 ξ 的相关关系式，即 $y=f(\lambda, \xi)$（过程略）。

求得侧移量 y 的表达式以后，利用材料力学的计算公式，即可得出抗震墙截面弯矩 M、剪力 V 与挠曲线 $v=f(\lambda, \xi)$ 之间的关系为：

$$M_w = -E_c I_{eq} \frac{\mathrm{d}^2 y}{\mathrm{d}z^2} = -\frac{E_c I_{eq}}{H^2} \frac{\mathrm{d}^2 y}{\mathrm{d}\xi^2} \tag{4-103}$$

$$V_w = \frac{\mathrm{d}M}{\mathrm{d}z} = -E_c I_{eq} \frac{\mathrm{d}^3 y}{\mathrm{d}z^3} = -\frac{E_c I_{eq}}{H^3} \frac{\mathrm{d}^3 y}{\mathrm{d}\xi^3} \tag{4-104}$$

为了使用方便，下面分别给出在均布荷载、倒三角形分布荷载及顶点集中荷载作用下，框架-抗震墙结构的侧向位移 y，综合抗震墙的弯矩 M_w，综合抗震墙的剪力 V_w 的计算公式。

均布荷载作用下：

$$\left.\begin{array}{l} y = \dfrac{qH^2}{C_f \lambda^2}\left[\left(\dfrac{1+\lambda\mathrm{sh}\lambda}{\mathrm{ch}\lambda}\right)(\mathrm{ch}\lambda\xi - 1) - \lambda\mathrm{sh}\lambda\xi + \lambda^2\xi\left(1 - \dfrac{\xi}{2}\right)\right] \\[3mm] M_w = \dfrac{qH^2}{\lambda^2}\left[\left(\dfrac{1+\lambda\mathrm{sh}\lambda}{\mathrm{ch}\lambda}\right)\mathrm{ch}\lambda\xi - \lambda\mathrm{sh}\lambda\xi - 1\right] \\[3mm] V_w = \dfrac{qH}{\lambda}\left[\lambda\mathrm{ch}\lambda\xi - \left(\dfrac{1+\lambda\mathrm{sh}\lambda}{\mathrm{ch}\lambda}\right)\mathrm{sh}\lambda\xi\right] \end{array}\right\} \tag{4-105}$$

倒三角形分布荷载作用下：

$$\left.\begin{array}{l} y = \dfrac{qH^2}{C_f}\left[\left(1 + \dfrac{\lambda\mathrm{sh}\lambda}{2} - \dfrac{\mathrm{sh}\lambda}{\lambda}\right)\dfrac{\mathrm{ch}\lambda\xi - 1}{\lambda^2\mathrm{ch}\lambda} + \left(\dfrac{1}{2} - \dfrac{1}{\lambda^2}\right)\left(\xi - \dfrac{\mathrm{sh}\lambda\xi}{\lambda}\right) - \dfrac{\xi^3}{6}\right] \\[3mm] M_w = \dfrac{qH^2}{\lambda^2}\left[\left(1 + \dfrac{\lambda\mathrm{sh}\lambda}{2} - \dfrac{\mathrm{sh}\lambda}{\lambda}\right)\dfrac{\mathrm{ch}\lambda\xi}{\mathrm{ch}\lambda} - \left(\dfrac{1}{2} - \dfrac{1}{\lambda}\right)\mathrm{sh}\lambda\xi - \xi\right] \\[3mm] V_w = \dfrac{qH}{\lambda}\left[\left(1 + \dfrac{\lambda\mathrm{sh}\lambda}{2} - \dfrac{\mathrm{sh}\lambda}{\lambda}\right)\dfrac{\lambda\mathrm{sh}\lambda\xi}{\mathrm{ch}\lambda} - \left(\dfrac{\lambda}{2} - \dfrac{1}{\lambda}\right)\lambda\mathrm{ch}\lambda\xi - 1\right] \end{array}\right\}$$

$$\tag{4-106}$$

顶点集中荷载作用下：

$$\left.\begin{array}{l} y = \dfrac{pH^3}{EI_w}\left[\dfrac{\mathrm{sh}\lambda}{\lambda^3\mathrm{ch}\lambda}(\mathrm{ch}\lambda\xi - 1) - \dfrac{1}{\lambda^3}\mathrm{sh}\lambda\xi + \dfrac{1}{\lambda^2}\xi\right] \\[3mm] M_w = pH\left[\dfrac{\mathrm{sh}\lambda}{\lambda\mathrm{ch}\lambda}\mathrm{ch}\lambda\xi - \dfrac{1}{\lambda}\mathrm{sh}\lambda\xi\right] \\[3mm] V_w = p\left(\mathrm{ch}\lambda\xi - \dfrac{\mathrm{sh}\lambda}{\mathrm{ch}\lambda}\mathrm{sh}\lambda\xi\right) \end{array}\right\} \tag{4-107}$$

（2）利用图表计算

利用公式（4-105）、式（4-106）、式（4-107）计算 y、M_w、V_w 不方便，为此，工程中常分别将在三种典型荷载作用下结构的 y、M_w 及 V_w 按不同结

137

构刚度特征值 λ 绘制成图表，以便查阅，如图 4-41、图 4-42、图 4-43 所示。图表中各符号的物理意义如下：

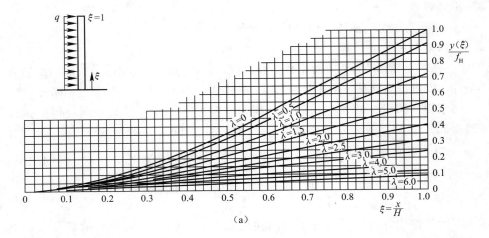

(a)

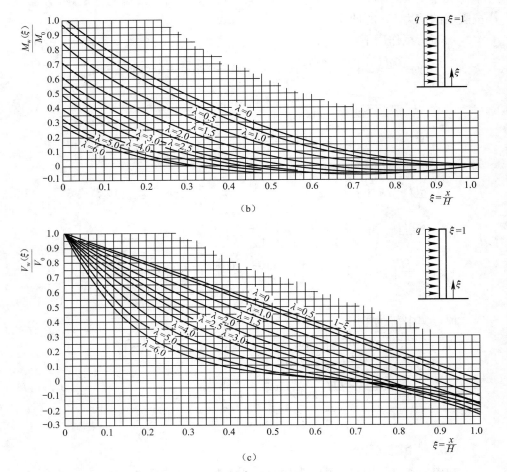

(b)

(c)

图 4-41 均布荷载抗震墙系数表

(a) 位移系数表；(b) 弯矩系数表；(c) 剪力系数表

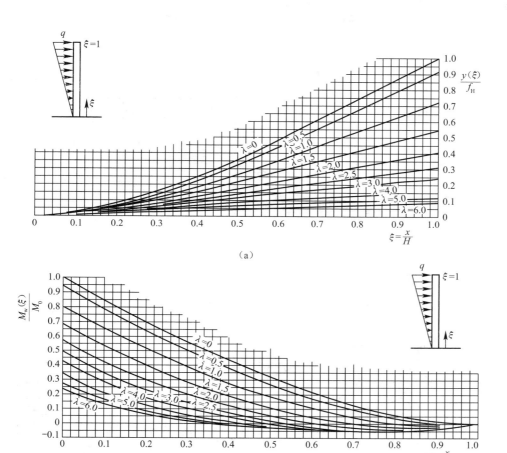

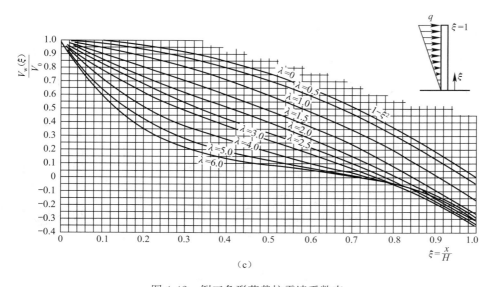

图 4-42　倒三角形荷载抗震墙系数表

（a）位移系数表；（b）弯矩系数表；（c）剪力系数表

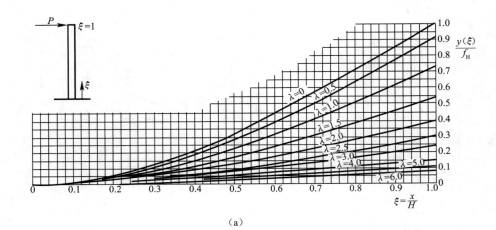

（a）

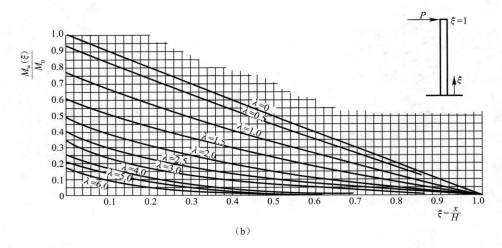

（b）

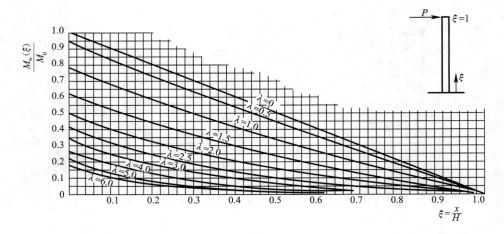

图 4-43　顶点集中荷载抗震墙系数表

（a）位移系数表；（b）弯矩系数表；（c）剪力系数表

$$\xi = \frac{z}{H} \quad\text{——自变量；}$$

y、M_w、V_w——分别为综合抗震墙在 z 高度位置的侧向位移、弯矩及剪力；

y_0——相应的外荷载作用于纯抗震墙结构（$\lambda=0$）时，在抗震墙结构顶点的侧移值；

M_0——相应的外荷载在结构基底处所产生的总弯矩；

F_{EK}——相应的外荷载在结构基底处所产生的总剪力。

当外荷载及框架-抗震墙结构的刚度特征值 λ 确定以后，就可以利用图表查出对应于 ξ 的 y/y_0、M_w/M_0、V_w/F_{EK}，最后计算出 y、M_w、V_w。

（3）结构内力的计算

1）综合框架、综合抗震墙的内力计算

由图 4-31、图 4-32 及图 4-33 可以查得任意标高处综合抗震墙的截面内力 M_w 和 V_w，而同一标高处的综合框架的水平剪力 V_f 可由整个水平截面内的剪力平衡条件求出，即：

$$V_f = V_p - V_w$$

式中 V_p——外荷载在任意标高处所产生的水平剪力，即为分析截面以上所有水平外力的总和。

2）综合框架总剪力的修正

在工程设计中，应当考虑由于地震作用等原因，可能使抗震墙出现塑性铰，从而可能使综合抗震墙的刚度有所下降，根据超静定结构内力按刚度分配的原则，框架部分的剪力会有所提高。因此框架-抗震墙结构中框架所承受的地震剪力不应小于某一限值，以考虑这种不利因素的影响。《抗震规范》规定，规则的框架-抗震墙结构中，任一层框架部分按框架-抗震墙协同工作分析的地震剪力，不应小于结构底部总地震剪力 F_{EK} 的 20% 或框架部分各层按协同工作分析的地震剪力最大值 1.5 倍两者中的较小值，以上所述可参照图 4-44 加以说明。

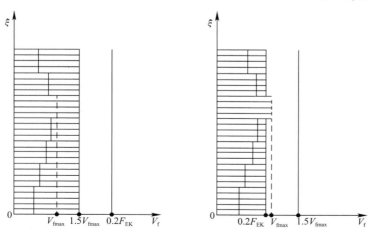

图 4-44　框架-抗震墙结构中框架总剪力调整

3）单榀抗震墙、框架柱内力的计算

当求出综合抗震墙和综合框架的内力以后，应分别按刚度将各自的总内力分配到单榀抗震墙或单根框架柱上去。

① 抗震墙之间的地震剪力分配

当抗震墙截面尺寸大体一致时，可以近似地按墙的抗弯刚度来分配地震剪力，即

$$V_{wj} = \frac{E_c I_w}{\Sigma E_c I_w} V_w \qquad (4\text{-}108)$$

$$M_{wj} = \frac{E_c I_w}{\Sigma E_c I_w} M_w \qquad (4\text{-}109)$$

式中　V_{wj}、M_{wj}——分别为第 j 片抗震墙所分配到的地震剪力和弯矩；

　　　　$E_c I_{wj}$——第 j 片抗震墙的抗弯刚度。

② 框架柱之间地震剪力的分配

综合框架所承受的层间剪力 V_f，按同层各框架柱的抗侧移刚度 D 分配给各柱：

$$V_{fk} = \frac{D_k}{\Sigma D_k} V_f \qquad (4\text{-}110)$$

式中　V_{fk}——第 k 根柱分配的地震剪力；

　　　　D_k——第 k 根柱的侧移刚度；

　　　　V_f——综合框架的层间地震剪力。

（4）内力和位移计算的步骤

按查曲线法计算框架-抗震墙结构内力和位移的步骤如下：

1）计算 C_f 和 $E_c I_{eq}$。

2）利用公式（4-102）计算刚度特征值 λ。

3）根据 λ 和 ξ 值，由图 4-41、图 4-42、图 4-43 查出 y、M_w、V_w。

4）进行框架内力 V_f 的计算，并进行框架地震剪力的调整。

5）按抗震墙的抗弯刚度分配 M_w、V_w 给单片墙，按各柱的抗侧移刚度 D 分配框架层间剪力 V_f 给同层各柱。

4.6.3　框架-抗震墙结构刚接体系的计算分析

考虑连梁对剪力墙转动约束作用时，框架-抗震墙结构的计算图如图 4-45（a）所示。将框架和抗震墙分开以后，在楼层标高处，剪力墙与框架之间除有相互作用的集中水平力 P_{fj} 外，另外在连梁反弯点处还有剪力 V_i（见图 4-45b）。将它移到抗震墙轴线上（见图 4-45c），并将集中力矩 M_i 简化为分布的线力矩 m（见图 4-45d）。可见，框架-抗震墙结构刚接体系与铰接体系不同的是，除了相互间有水平作用力 p_f 外，墙还受到连梁约束弯矩 m。如果一层内连梁有 n 个刚节点与抗震墙相连接时，总的连梁约束弯矩为：

$$m = \sum_{i=1}^{n} \frac{m_{abi}}{h} \qquad (4\text{-}111)$$

进行以上的简化，刚接体系仍然可以应用铰接体系中所有微分方程，图 4-41、图 4-42 及图 4-43 这些曲线依然可以使用，但是需要注意的是，结构刚度特征值 λ 不同，考虑了刚接连梁约束的影响后，应该用下式计算：

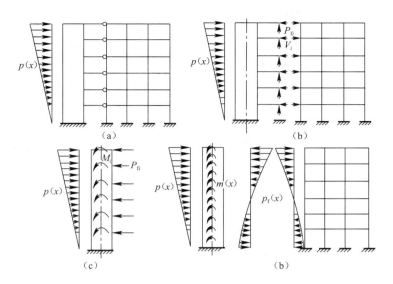

图 4-45　框架-抗震墙结构刚接体系内力分析

$$\lambda = H \sqrt{\frac{C_{\mathrm{f}} + \Sigma \dfrac{m_{\mathrm{ab}i}}{h}}{EI_{\mathrm{w}}}} \tag{4-112}$$

刚接体系抗震墙和框架剪力及连梁约束弯矩的计算步骤如下：

（1）由刚接体系的 λ 值和 ξ 值，查图 4-41、图 4-42 及图 4-43，确定总剪力墙分配的剪力 V'_{w}；

（2）用总剪力减去总剪力墙分配的剪力，得到总框架的剪力，即

$$V'_{\mathrm{f}} = V_{\mathrm{p}} - V'_{\mathrm{w}} \tag{4-113}$$

（3）根据总框架抗侧刚度和总连梁的约束刚度按比例分配 V'_{f}，得到总框架和总连梁的剪力，即

$$V_{\mathrm{f}} = \frac{C_{\mathrm{f}}}{C_{\mathrm{f}} + \sum\limits_{i=1}^{n} \dfrac{m_{\mathrm{ab}i}}{h}} V'_{\mathrm{f}}, \quad m = \frac{\sum\limits_{i=1}^{n} \dfrac{m_{\mathrm{ab}i}}{h}}{C_{\mathrm{f}} + \sum\limits_{i=1}^{n} \dfrac{m_{\mathrm{ab}i}}{h}} V'_{\mathrm{f}} \tag{4-114}$$

（4）由 $V_{\mathrm{w}} = V'_{\mathrm{w}} + m$，确定总剪力墙分配的剪力。

得到总框架、总抗震墙及总连梁的剪力后，再将这些内力按刚度在构件之间进行分配。

4.6.4　框架-抗震墙结构的协同工作性能

由于楼板的刚度较大，要求框架与抗震墙协同变形。其变形曲线的形状与纯框架或纯抗震墙结构的变形曲线有明显的差别，其内力的分布规律也具有自己的特点。

对于纯框架结构，由于柱轴向变形所引起倾覆状的变形影响是次要的，由 D 值法可知，框架结构的层间位移与层间总剪力成正比，自下而上，层间剪力越来越小，因此层间的相对位移，也是自下而上越来越小。这种形式的

144

变形与悬臂梁的剪切变形相一致，故称为剪切型变形。当抗震墙单独承受侧向荷载时，则抗震墙在各层楼面处的弯矩，等于该楼面标高处的倾覆力矩，该力矩与抗震墙纵向变形的曲率成正比，其变形曲线将凸向原始位置。由于这种变形与悬臂梁的弯曲变形相一致，故称为弯曲型变形，如图 4-46 所示。框架-抗震墙结构是由变形特点不同的框架和抗震墙组成的，由于它们之间通过平面内刚度无限大的楼板连接在一起，它们不能自由变形，结构的位移曲线就成了一条反 S 曲线，且其形状随刚度特征值 λ 的不同而变化，如图 4-47 所示。

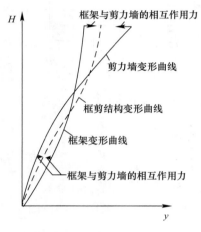

图 4-46　框架-抗震墙的协同变形　　　图 4-47　框架-抗震墙侧向位移特征

由于框架-抗震墙结构具有以上的变形特点，综合框架剪力 V_f 与综合抗震墙剪力 V_w 的分配比例将沿结构高度 z 发生变化，但总有 $V_p = V_f + V_w$。

在下部楼层，抗震墙位移较小，它拉着框架按弯曲型曲线变形，V_p 中将有大部分由抗震墙承受；上部楼层则相反，抗震墙位移越来越大，有外倒的趋势，而框架则呈内收趋势，框架拉着抗震墙按剪切型曲线变形。框架承担水平力以外，还将额外承担把抗震墙拉回来的附加水平力。抗震墙因为给框架一个附加水平力而承受负剪力。由此可见上部框架结构承受的剪力较大，如图 4-48 所示。

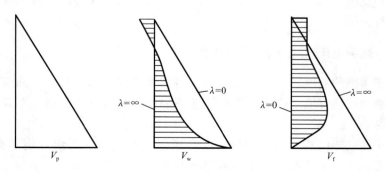

图 4-48　均布荷载下 V_w 和 V_f 随 λ 的变化

由以上分析可知，在结构的底部，框架所承受的总剪力 V_f 总是等于零，此时由外荷载产生的水平剪力全部由抗震墙承担。在结构的顶部，总剪力总等于零，但综合抗震墙的剪力 V_w 和综合框架的剪力 V_f 均不为零，两者大小相等，方向相反。

4.6.5　框架-抗震墙结构的截面设计

框架-抗震墙结构中有框架和抗震墙两类抗侧力构件，在求得其内力以后，可分别按框架和抗震墙进行截面设计。

4.6.6　框架-抗震墙结构构造措施

框架-抗震墙结构的抗震构造措施，除按框架结构和抗震墙结构的有关构造措施采用外，还应满足下列要求：

（1）抗震墙的厚度不应小于 160mm 且不宜小于层高或无支长度的 1/20，底部加强部位的抗震墙厚度不应小于 200mm 且不宜小于层高或无支长度的 1/16。

（2）有端柱时，墙体在楼盖处宜设置暗梁，暗梁的截面高度不宜小于墙厚和 400mm 的较大值，端柱截面宜与同层框架柱相同，并应满足 4.4.3 节对框架柱的要求，抗震墙底部加强部位的端柱和紧靠抗震墙洞口的端柱宜按柱箍筋加密区的要求沿全高加密箍筋。

（3）抗震墙的竖向和横向分布钢筋，配筋率均不应小于 0.25%，钢筋直径不宜小于 10mm，间距不宜大于 300mm，并应双排布置，双排分布钢筋间应设置拉筋。

（4）楼面梁与抗震墙平面外连接时，不宜支承在洞口连梁上，沿梁轴线方向宜设置与梁连接的抗震墙，梁的纵筋应锚固在墙内；也可在支承梁的位置设置扶壁柱或暗柱，并应按计算确定其截面尺寸和配筋。

4.7　钢筋混凝土框架结构设计实例

某四层现浇钢筋混凝土框架结构（楼、屋盖为装配整体式），尺寸如图 4-49 所示，采用横向承重；属于乙类建筑，设计设防烈度为 7，建筑场地类别为 Ⅱ，框架结构的抗震等级为三级；混凝土强度等级为 C35，梁、柱纵向钢筋为 HRB400，箍筋为 HPB300，板钢筋为 HPB300。试对该框架结构进行截面抗震计算（本例只进行横向计算）。

1. 重力荷载代表值计算

恒载取全部，楼面均布活荷载和屋面雪荷载均取 50%。集中于楼、屋盖标高处的重力荷载代表值分别为：$G_1 = 10867.6$kN，$G_2 = 10721.4$kN，$G_3 = 10731.4$kN，$G_4 = 10769.1$kN，$G_5 = 11113.7$kN。

2. 侧移刚度计算

边框架梁的惯性矩取 $1.5I_0$，中框架梁的惯性矩取为 $2.0I_0$，框架梁线刚度计算列于表 4-20（a），框架柱侧移刚度 D 计算列于表 4-20（b）。

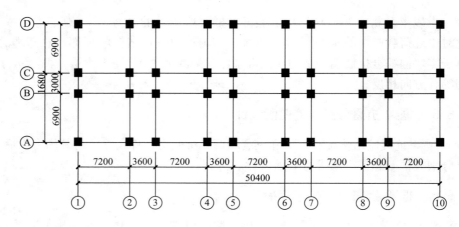

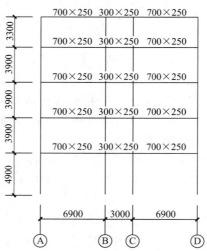

图 4-49 结构平面图及剖面图（单位：mm）

框架梁线刚度计算   表 4-20（a）

框架梁位置	截面 $b \times h$(m²)	混凝土强度等级	弹性模量 E_c(kN/m²)	跨度 L (m)	矩形截面惯性矩 I_0(m⁴)	$I_b = 1.5I_0$（边跨）$I_b = 2.0I_0$（中跨）	$K_{bi} = E_c I_b / L$
边框架梁	0.25×0.7	C35	3.15×10⁷	6.9	0.0071	0.0107	4.88×10⁴
	0.25×0.3	C35	3.15×10⁷	3.0	0.0006	0.0008	8.4×10³
	0.3×0.4	C35	3.15×10⁷	3.6	0.0016	0.0024	2.1×10⁴
	0.3×0.8	C35	3.15×10⁷	7.2	0.0128	0.0192	8.4×10⁴
中框架梁	0.25×0.7	C35	3.15×10⁷	6.9	0.0071	0.0142	6.48×10⁴
	0.25×0.3	C35	3.15×10⁷	3.0	0.0006	0.0012	1.26×10⁴
	0.3×0.4	C35	3.15×10⁷	3.6	0.0016	0.0032	2.8×10⁴
	0.3×0.8	C35	3.15×10⁷	7.2	0.0128	0.0256	11.2×10⁴

楼层		K_c	$\overline{K}$ 一般层： $\overline{K}=\Sigma K_{bi}/2K_c$ 底层： $\overline{K}=\Sigma K_{bi}/K_c$	α 一般层： $\alpha=\overline{K}/(2+\overline{K})$ 底层： $(0.5+\overline{K})/(2+\overline{K})$	$D=12\alpha K_c/h^2$ （kN/m）	根数
顶层	A轴边框边柱	4.97×10^4	1.690	0.458	25083	2
	A轴中框边柱	4.97×10^4	2.113	0.514	28150	8
	B轴边框中柱	4.97×10^4	2.254	0.530	29026	2
	B轴中框中柱	4.97×10^4	2.817	0.585	32038	8
	C轴边框中柱	4.97×10^4	2.254	0.530	29026	2
	C轴中框中柱	4.97×10^4	2.817	0.585	32038	8
	D轴边框边柱	4.97×10^4	1.690	0.458	25083	2
	D轴中框边柱	4.97×10^4	2.254	0.530	29026	8
	ΣD			1179444		
普通层	A轴边框边柱	4.21×10^4	1.995	0.499	16574	2
	A轴中框边柱	4.21×10^4	2.494	0.555	18434	8
	B轴边框中柱	4.21×10^4	2.660	0.571	18966	2
	B轴中框柱	4.21×10^4	3.325	0.624	20726	8
	C轴边框中柱	4.21×10^4	2.660	0.571	18966	2
	C轴中框中柱	4.21×10^4	3.325	0.624	20726	8
	D轴边框边柱	4.21×10^4	1.995	0.499	16574	2
	D轴中框边柱	4.21×10^4	2.494	0.555	18434	8
	ΣD			768720		
底层	A轴边框边柱	3.35×10^4	2.507	0.667	11168	2
	A轴中框边柱	3.35×10^4	3.134	0.708	11854	8
	B轴边框中柱	3.35×10^4	3.343	0.719	12038	2
	B轴中框中柱	3.35×10^4	4.179	0.757	12674	8
	C轴边框中柱	3.35×10^4	3.343	0.719	12038	2
	C轴中框中柱	3.35×10^4	4.179	0.757	12674	8
	D轴边框边柱	3.35×10^4	2.507	0.667	11168	2
	D轴中框边柱	3.35×10^4	3.134	0.708	11854	8
	ΣD			484840		

3. 水平地震作用、层间地震剪力和弹性位移计算

本设计质量和刚度沿高度分布均匀，高度不超过 40m，并且以剪切变形为主，故采用底部剪力法计算横向水平地震作用，采用假想顶点位移法计算结构基本自振周期。结构在重力荷载代表值作用下的假想顶点位移计算见表 4-21。

假想顶点位移计算　　　　　　　　表 4-21

楼层	G_i(kN)	ΣG_i	ΣD(kN/m)	$\Delta u_i=\Sigma G_i/\Sigma D$ (m)	u_i
5	11113.7	11113.7	1179444	0.00942	0.24843
4	10769.1	21882.8	768720	0.02846	0.23901
3	10721.4	32604.2	768720	0.04241	0.21055
2	10721.4	43325.6	768720	0.05636	0.16814
1	10867.6	54193.2	484840	0.11178	0.11178

考虑填充墙对框架结构的影响，取周期折减系数 $\psi_T = 0.7$，则结构的基本自振周期为：

$$T_1 = 1.7\psi_T\sqrt{u_T} = 1.7 \times 0.7 \times \sqrt{0.24843} = 0.593s$$

本工程所在场地为7度设防，设计地震分组为第一组，场地类别为Ⅱ类，结构的基本自振周期采用假想顶点位移法的计算结果，即 $T_1 = 0.593s$。查表得：$\alpha_{max} = 0.08$，$T_g = 0.35s$，因为 $T_1 = 0.593 < 5T_g$，则地震的影响系数为：

$$\alpha_1 = \left(\frac{T_g}{T_1}\right)^{\gamma}\alpha_{max} = \left(\frac{0.35}{0.593}\right)^{0.9} \times 0.08 = 0.04977$$

对于多质点结构，结构底部总横向水平地震作用标准值：

$$F_{EK} = \alpha_1 G_{eq} = 0.04977 \times 0.85 \times 54193.2 = 2292.6kN$$

由 $T_1 = 0.593s > 1.4T_g = 0.49s$，所以需要考虑顶部附加水平地震作用的影响，顶部附加地震作用系数为：

$$\delta_n = 0.08T_1 + 0.07 = 0.08 \times 0.593 + 0.07 = 0.117$$

则顶部附加水平地震作用为：

$$\Delta F_n = \delta_n F_{EK} = 0.117 \times 2292.6 = 268.2kN$$

由 $F_i = \dfrac{G_i H_i}{\sum\limits_{j=1}^{n} G_j H_j} F_{EK}(1-\delta_n)$ 计算各层水平地震作用标准值，进而求出各

楼层地震剪力及楼层层间位移，计算过程见表4-22。

各层水平地震作用标准值、楼层地震剪力及楼层层间位移计算　　表 4-22

楼层	G_i(kN)	H_i	$G_i H_i$	$\Sigma G_i H_i$	F_i(kN)	V_i(kN)	ΣD(kN/m)	$\Delta u_i = V_i/\Sigma D$(m)
5	11113.7	19.9	221162.6	683691	654.85	923.05	1179444	0.00078
4	10769.1	16.6	178767.1	683691	529.32	1452.37	768720	0.00189
3	10721.4	12.7	136161.8	683691	403.17	1855.54	768720	0.00241
2	10721.4	8.8	94348.3	683691	279.36	2134.90	768720	0.00278
1	10867.6	4.9	53251.2	683691	157.67	2292.60	484840	0.00473

楼层最大层间位移与楼层层高之比：

$$\frac{\Delta u_i}{h} = \frac{0.00472}{4.9} = \frac{1}{1038} < \frac{1}{550} \text{ 故满足位移要求。}$$

4. 水平地震作用下的内力计算

以⑦轴线横向框架为例，采用 D 值法进行水平地震作用下的框架内力计算。框架柱反弯点高度比见表4-23，柱端弯矩和梁端弯矩分别列于表4-24（a）、表4-24（b）和表4-24（c）；地震作用下框架弯矩图和柱轴力图分别见图4-50和图4-51。

反弯点高度比 y　　　　表 4-23

楼层	A轴中框架柱	B轴中框架柱	C轴中框架柱	E轴中框架柱	楼层	A轴中框架柱	B轴中框架柱	C轴中框架柱	E轴中框架柱
5	0.366	0.378	0.378	0.366	2	0.500	0.500	0.500	0.500
4	0.45	0.45	0.45	0.45	1	0.650	0.650	0.650	0.650
3	0.466	0.478	0.478	0.466					

地震荷载作用下柱端弯矩及剪力计算表   表 4-24 (a)

柱	楼层	V_j (kN)	D_{ij} (kN/m)	ΣD (kN/m)	$D_{ij}/\Sigma D$	V_{ij} (kN)	y	h (m)	$M_{c上}$ (kN·m)	$M_{c下}$ (kN·m)
A轴	5	923.05	21698	1179444	0.018	16.61	0.366	3.3	34.75	20.06
	4	1452.37	13155	768720	0.017	24.69	0.450	3.9	52.96	43.33
	3	1855.54	13155	768720	0.017	31.54	0.466	3.9	65.69	57.32
	2	2134.90	13155	768720	0.017	36.29	0.500	3.9	70.77	70.77
	1	2292.60	10350	484840	0.021	48.14	0.650	4.9	82.56	153.33
B轴	5	923.05	23885	1179444	0.020	18.46	0.378	3.3	37.89	23.03
	4	1452.37	14480	768720	0.019	27.60	0.450	3.9	59.20	48.44
	3	1855.54	14480	768720	0.019	35.26	0.478	3.9	71.78	65.73
	2	2134.90	14480	768720	0.019	40.56	0.500	3.9	79.09	79.09
	1	2292.60	10883	484840	0.022	50.44	0.650	4.9	86.50	160.65
C轴	5	923.05	23885	1179444	0.020	18.46	0.378	3.3	37.89	23.03
	4	1452.37	14480	768720	0.019	27.60	0.450	3.9	59.20	48.44
	3	1855.54	14480	768720	0.019	35.26	0.478	3.9	71.78	65.73
	2	2134.90	14480	768720	0.019	40.56	0.500	3.9	79.09	79.09
	1	2292.60	10883	484840	0.022	50.44	0.650	4.9	86.50	160.65
E轴	5	923.05	21698	1179444	0.018	16.61	0.366	3.3	34.75	20.06
	4	1452.37	13155	768720	0.017	24.69	0.450	3.9	52.96	43.33
	3	1855.54	13155	768720	0.017	31.54	0.466	3.9	65.69	57.32
	2	2134.90	13155	768720	0.017	36.29	0.500	3.9	70.77	70.77
	1	2292.60	10350	484840	0.021	48.14	0.650	4.9	82.56	153.33

梁端弯矩 M_{AB}、M_{EC} 计算   表 4-24 (b)

楼层	柱端弯矩	柱端弯矩和	M_{AB} (kN·m)	柱端弯矩	柱端弯矩和	M_{EC} (kN·m)
5	34.75	34.75	34.75	34.75	34.75	34.75
	34.75			34.75		
4	20.06	73.02	73.02	20.06	73.02	73.02
	52.96			52.96		
3	43.33	109.02	109.02	43.33	109.02	109.02
	65.69			65.69		
2	57.32	128.09	128.09	57.32	128.09	128.09
	70.77			70.77		
1	70.77	153.33	153.33	70.77	153.33	153.33
	82.56			82.56		

梁端弯矩 M_{BC}、M_{BA} 计算   表 4-24 (c)

楼层	柱端弯矩	柱端弯矩和	$K_b^{左}$(kN·m)	$K_b^{右}$(kN·m)	M_{BA}(kN·m)	M_{BC}(kN·m)
5		37.89	6.52×10^4	1.18×10^4	32.08	5.81
	37.89					
4	23.03	82.23	6.52×10^4	1.18×10^4	69.63	12.60
	59.20					

4.7 钢筋混凝土框架结构设计实例

续表

楼层	柱端弯矩	柱端弯矩和	$K_b^{左}$(kN·m)	$K_b^{右}$(kN·m)	M_{BA}(kN·m)	M_{BC}(kN·m)
3	48.44	120.22	$6.52×10^4$	$1.18×10^4$	101.80	18.42
	71.78					
2	65.73	144.82	$6.52×10^4$	$1.18×10^4$	122.63	22.19
	79.09					
1	79.09	165.59	$6.52×10^4$	$1.18×10^4$	140.21	25.38
	86.50					

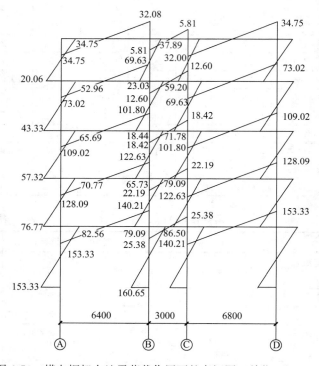

图 4-50 横向框架在地震荷载作用下的弯矩图（单位：kN·m）

5. 重力荷载下内力计算

进行荷载效应组合时需要用到重力荷载代表值，重力荷载代表值，对于楼层取全部恒荷载和 50% 的楼面活荷载；对于屋面，取全部恒荷载和 50% 的雪荷载。考虑现浇楼板对梁刚度的加强作用，故对⑦轴线框架梁（中框架梁）的惯性矩乘以 2.0，框架梁柱线刚度及相对线刚度计算过程详见表 4-25。框架在重力荷载代表值作用下的内力分析采用弯矩二次分配法，计算过程见图 4-52。重力荷载下框架弯矩图和柱轴力图见图 4-53（a）和 4-53（b）。

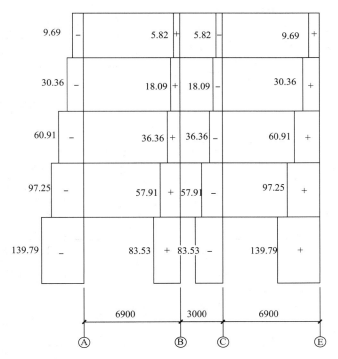

图 4-51　横向框架在地震荷载作用下的柱轴力图（单位：kN）

梁柱线刚度及相对线刚度计算　　　　　　　　　　表 4-25

构件		线刚度	相对线刚度
框架梁	6.9m 跨度	$i=2.0\times\dfrac{EI}{l}=2.0\times\dfrac{7.15\times10^{9}}{6.9\times10^{3}}E=2.07\times10^{6}E$	1.55
	3.0m 跨度	$i=2.0\times\dfrac{EI}{l}=2.0\times\dfrac{5.625\times10^{8}}{3.0\times10^{3}}E=0.375\times10^{6}E$	0.28
框架柱	1~4 层	$i=\dfrac{EI}{l}=\dfrac{5.21\times10^{9}}{3.9\times10^{3}}E=1.336\times10^{6}E$	1
	5 层	$i=\dfrac{EI}{l}=\dfrac{5.21\times10^{9}}{3.3\times10^{3}}E=1.579\times10^{6}E$	1.18

　　计算弯矩分配系数，以 B 轴线上的顶层柱与顶层 AB 跨梁，BC 跨梁的交点为例。三杆汇交于一点，各杆系的分配系数计算如下：

$$\mu_{BA}=\frac{4\times1.55}{4\times1.55+4\times0.28+4\times1.18}=0.515$$

$$\mu_{BC}=\frac{4\times0.28}{4\times1.55+4\times0.28+4\times1.18}=0.093$$

$$\mu_{柱}=\frac{4\times1.18}{4\times1.55+4\times0.28+4\times1.18}=0.392$$

	上柱	下柱	右梁		左梁	上柱	下柱	右梁
		0.432	0.568		0.515		0.392	0.093
五层			-136.204		136.204			-6.503
		58.84	77.364		-66.796		-50.843	-12.062
		22.091	-33.398		38.682		-19.746	6.031
		4.885	6.423		-12.858		-9.787	-2.322
		85.816	-85.816		95.232		-80.376	-14.856
	0.316	0.268	0.416		0.387	0.294	0.249	0.07
四层			-139.815		139.815			-5.49
	44.182	37.47	58.163		-51.984	-39.492	-33.447	-9.403
	29.42	20.654	-25.992		29.082	-25.421	-18.399	4.701
	-7.61	-6.454	-10.018		3.885	2.951	2.499	0.703
	65.992	51.67	-117.662		120.797	-61.962	-49.347	-9.489
	0.282	0.282	0.436		0.405	0.261	0.261	0.073
三层			-146.48		146.48			-5.49
	41.307	41.307	63.865		-57.101	-36.798	-36.798	-10.292
	18.735	20.654	-28.55		31.933	-16.723	-18.399	5.146
	-3.056	-3.056	-4.726		-0.792	-0.511	-0.511	-0.143
	58.986	58.905	-115.891		120.519	-54.032	-55.708	-10.779
	0.282	0.282	0.436		0.405	0.261	0.261	0.073
二层			-146.48		146.48			-5.49
	41.307	41.307	63.865		-57.101	-36.798	-36.798	-10.292
	20.654	20.654	-28.55		31.933	-18.399	-18.399	5.146
	-3.597	-3.597	-5.562		-0.114	-0.073	-0.073	-0.02
	58.364	58.364	-116.727		121.198	-55.271	-55.271	-10.657
	0.282	0.282	0.436		0.405	0.261	0.261	0.073
一层			-146.48		146.48			-5.49
	41.307	41.307	63.865		-57.101	-36.798	-36.798	-10.292
	20.654		-28.55		31.933	18.399		5.146
	2.227	2.227	3.443		-7.565	-4.875	-4.875	-1.364
	64.188	43.334	-107.722		113.746	-60.073	-41.674	-12.00
	21.767				-20.837			

图 4-52 弯矩二次分配法计算重力荷载作用下的
左半部分框架梁柱弯矩（单位：kN·m）

6. 框架梁内力组合

（1）内力换算和梁端负弯矩调幅。

选择第三层 AB 框架梁为例进行内力组合，根据 $M_{边缘}=M-V\dfrac{b}{2}$ 和 $V_{边缘}=V-q\dfrac{b}{2}$ 将框架梁轴线处的内力换算为梁支座边缘处的内力值。计算过程详见表 4-26。本设计的梁端负弯矩调幅系数为 0.85，梁端负弯矩调幅后的数值列于表 4-26。

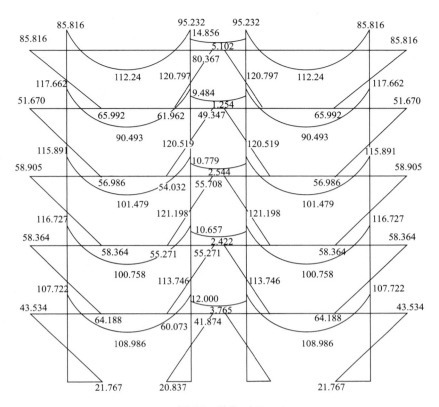

（a）弯矩图（单位：kN•m）

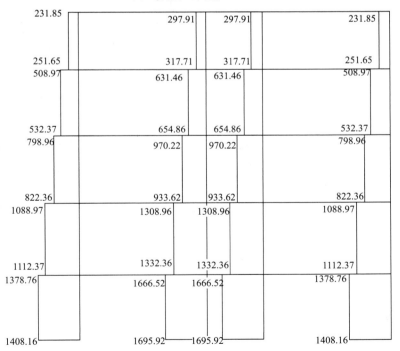

（b）轴力图（单位：kN）

图 4-53　横向框架在重力荷载下的内力图

4.7　钢筋混凝土框架结构设计实例

轴线处的内力换算为梁支座边缘处的内力值　　表 4-26

楼层	截面位置		内力	S_{GE}	S_{Ekl}	S_{Ekr}
3	轴线处内力	左端	M	−115.89	109.02	−109.02
			V	126.70	−30.55	30.55
		跨中	M	101.48	3.61	−3.61
			V	—	—	—
		右端	M	−120.52	−101.80	101.80
			V	−128.04	−30.55	30.55
	轴线处边缘处内力	左端	M	−84.22	101.38	−101.38
			V	117.47	−30.55	30.55
		跨中	M	101.48	3.61	−3.61
			V	—	—	—
		右端	M	−88.51	−94.16	94.16
			V	−118.81	−30.55	30.55
	梁支座边缘处调幅后内力	左端	M	−71.59	101.38	−101.38
			V	117.47	−30.55	30.55
		跨中	M	101.48	3.61	−3.61
			V	—	—	—
		右端	M	−75.23	−94.16	94.16
			V	−88.85	−30.55	30.55

注：表中弯矩的单位是 kN·m，剪力的单位是 kN。

（2）地震作用效应和其他荷载效应的基本组合。

对于一般结构，地震作用效应和其他荷载效应的基本组合只考虑重力荷载代表值和水平地震作用两种荷载效应的组合，组合过程见表 4-27。抗震组合公式为：$\gamma_{RE}(1.2S_{GE}+1.3S_{Ek})$。

用于承载力计算的框架梁抗震基本组合表（第三层 AB 框架梁）　表 4-27

截面位置		内力	S_{GE}	S_{Ek}		抗震组合	
				左震	右震	左震	右震
3	左端	M	−71.59	101.38	−101.38	34.41	−163.28
		V	117.47	−30.55	30.55	86.06	153.58
	跨中	M	101.48	3.61	−3.61	94.85	87.81
		V	—	—	—		
	右端	M	−75.23	−94.16	94.16	−159.51	24.10
		V	−88.85	−30.55	30.55	−124.38	−56.87

注：1. 表中弯矩的单位是 kN·m，剪力的单位是 kN；
　2. 对于受弯混凝土梁，受弯时，$\gamma_{RE}=0.75$；受剪时，$\gamma_{RE}=0.85$。

（3）框架梁正截面受弯承载力计算。

选择最不利内力组合。

左端右震：$M=163.28$kN·m

跨中左震：$M=94.85$kN·m

右端左震：$M=159.51\text{kN}\cdot\text{m}$

第三层 AB 框架梁的界面尺寸为：$700\text{mm}\times250\text{mm}$，混凝土等级为 C35，纵向受力筋采用 HRB400 级，箍筋采用 HPB300 级。

查表知：C35 混凝土 $f_c=16.7\text{N/mm}^2$，$f_t=1.57\text{N/mm}^2$，$f_{tk}=2.20\text{N/mm}^2$

钢筋强度：HRB400　$f_y=360\text{N/mm}^2$，$f_{yk}=400\text{N/mm}^2$

HPB300　$f_y=270\text{N/mm}^2$，$f_{yk}=300\text{N/mm}^2$

第三层 AB 框架梁的正截面受弯承载能力及纵向钢筋计算过程详见表 4-28。

第三层 AB 框架梁正截面受弯承载力计算（抗震设计） 　　表 4-28

截面位置		M	α_s	ξ	γ_s	A_s	配筋	实配 A_s	ρ（%）
		$\text{kN}\cdot\text{m}$	$\alpha_s=M/\alpha_1 bh_0^2 f_c$	$\xi=1-\sqrt{1-2\alpha_s}$	$\gamma_s=0.5\times(1+\sqrt{1-2\alpha_s})$	$A_s=M/\gamma_s h_0 f_y$		mm^2	$\rho=A_s/bh$
支座	左端	163.28	0.09	0.094<0.518	0.953	715.68	4Φ16	804	0.46
	右端	159.51	0.09	0.094<0.518	0.953	406.77	4Φ16	804	0.46
跨中		94.85	0.05	0.051<0.518	0.974		3Φ16	603	0.34

最小配筋率计算：

支座：$\rho_{\min}=\max[0.25\%,(55f_t/f_y)\%]=\max[0.25\%,0.24\%]=0.25\%$

跨中：$\rho_{\min}=\max[0.2\%,(45f_t/f_y)\%]=\max[0.2\%,0.196\%]=0.2\%$

从表 4-28 可以看出各截面的配筋率均大于最小配筋率，满足要求。

（4）框架梁斜截面受剪承载能力验算。

为避免梁在弯曲破坏前发生剪切破坏，应按"强剪弱弯"的原则调整框架梁端截面组合的剪力设计值。该框架梁的抗震等级为三级，框架梁端截面剪力设计值 V，应按下式进行调整：

$$V=\eta_{vb}(M_b^l+M_b^r)/l_n+V_{Gb}$$

梁端剪力增大系数 $\eta_{vb}=1.1$。

梁端截面剪力"强剪弱弯"调整 　　表 4-29

截面	M_b^l	M_b^r	$l_n(\text{m})$	$V_{Gb}(\text{kN})$	$V=\eta_{vb}(M_b^l+M_b^r)/l_n+V_{Gb}(\text{kN})$	$\gamma_{RE}\cdot V$
左端	-217.71	32.13	6.9	127.37	167.20	142.12
右端	-217.71	32.13	6.9	127.38	167.21	142.13

注：承载力抗震调整系数 $\gamma_{RE}=0.85$。

从表 4-27 可知，框架梁左端最大剪力组合值 153.58kN，框架梁右端最大剪力组合值 124.38kN，从表 4-29 可知，框架梁左端最大剪力组合值为 142.12kN，框架梁右端最大剪力组合值为 142.13kN，近似取表 4-29 中数值进行第三层 AB 框架梁斜截面受剪承载能力计算。

斜截面受剪承载能力及配箍计算详见表 4-30。

4.7　钢筋混凝土框架结构设计实例

第三层 AB 框架梁斜截面受剪承载能力计算（抗震设计）　　表 4-30

截面	V(kN)	$0.25\beta_s f_c$ bh_0(kN)	$A_{sv}/s = (V - 0.42 f_t bh_0)/$ $1.25 f_{yv} h_0$	实配加密区 四肢箍筋	实配非加密区 四肢箍筋	$\rho_{sv} = \dfrac{A_{sv}}{bs}$	$0.26 f_t/f_{yv}$	加密区 长度(mm)
左端	142.12	694.09	0.417	φ8@100	φ8@200	0.40%	0.15%	1050
右端	142.13	694.09	0.417	φ8@100	φ8@200	0.40%	0.15%	1050

注：表中剪力 V 已乘以承载力抗震调整系数 $\gamma_{RE}=0.85$。

7. 框架柱内力组合

选择第三层 A 轴线框架柱为例进行内力组合。

（1）控制截面内力。

框架柱控制截面的内力值详见表 4-31。

第三层 A 轴线框架柱控制截面内力值　　表 4-31

截面位置		内力	S_{GE}	S_{Ek}	
				左震	右震
3	柱顶	M	58.91	−65.69	65.69
		N	798.69	−60.91	60.91
	柱底	V	−30.07	31.54	−31.54
		M	−58.36	57.32	−57.32
		N	822.36	−60.91	60.91
		V	−30.07	31.54	−31.54

（2）地震作用效应和其他荷载效应的基本组合。

对于一般结构，地震作用效应和其他荷载效应的基本组合只考虑重力荷载代表值和水平地震作用两种荷载效应的组合，组合过程见表 4-32 和表 4-33。

用于承载力计算的框架柱抗震弯矩和轴力基本组合表
（第三层 A 轴线框架柱）　　表 4-32

截面位置		内力	S_{GE}	S_{Ek}		抗震组合 $\gamma_{RE}(1.2S_{GE}+1.3S_{Ek})$	
				左震	右震	左震	右震
3	柱顶	M	58.91	−65.69	65.69	−11.76	124.87
		N	798.69	−60.91	60.91	703.40	821.45
	柱底	M	−58.36	57.32	−57.32	3.59	−115.64
		N	822.36	−60.91	60.91	726.12	852.81

注：1. 表中弯矩的单位是 kN·m，轴力的单位是 kN；
　　2. 对于框架柱，偏压时承载力抗震调整系数 $\gamma_{RE}=0.80$。

用于承载力计算的框架柱抗震剪力基本组合表（第三层 A 轴线）　表 4-33

截面位置		内力	S_{GE}	S_{Ek}		抗震组合 γ_{RE}（$1.2S_{GE}+1.3S_{Ek}$）	
				左震	右震	左震	右震
3	柱身	V	−30.07	31.54	−31.54	4.18	−65.52

注：1. 表中剪力的单位是 kN；
　　2. 对于框架柱，受剪时承载力抗震调整系数 $\gamma_{RE}=0.85$。

（3）框架柱抗震截面计算

1）轴压比验算。

抗震等级为三级的框架柱的轴压比限值为 0.85，则

$$\mu_N = \frac{N}{f_c b_c h_c} = \frac{852.81 \times 10^3}{16.7 \times 500 \times 465} = 0.22 < 0.85 \text{ 满足要求。}$$

2）根据"强柱弱梁"的原则调整柱的弯矩设计值。

三级抗震等级要求同一节点处梁端、柱端组合弯矩设计值应符合：

$$\Sigma M_c = 1.3 \Sigma M_b$$

则

$$\Sigma M_c = M_c^t + M_c^b$$

柱端组合值为：

$$M_c^t = 115.64 \text{kN} \cdot \text{m}, \quad M_c^b = 128.6 \text{kN} \cdot \text{m}$$

$\Sigma M_c = M_c^t + M_c^b = 115.64 + 128.6 = 244.24 \text{kN} \cdot \text{m} > \Sigma 1.3 M_b = 1.3 \times$ 149.37 = 194.18 kN · m 按 ΣM_c 进行计算。

框架柱正截面受弯承载能力计算　　　　　　　　表 4-34

截面位置	柱顶	柱底
$M(\text{kN} \cdot \text{m})$	124.87	115.64
$N(\text{kN})$	821.45	852.81
$l_0(\text{m})$	4.875	4.875
$bh_0(\text{mm})$	500×465	500×465
$e_0(\text{mm})$	152	135.6
$e_a(\text{mm})$	20	20
$e_i = e_0 + e_a(\text{mm})$	172	155.6
l_0/h	9.75	9.75
$\xi_1 = 0.5 f_c A/N$	1	1
$\xi_2 = 1.15 - 0.01 l_0/h$	1	1
$\eta = 1 + \frac{1}{1400 e_i/h_0} \left(\frac{l_0}{h}\right)^2 \xi_1 \xi_2$	1.183	1.233
$\eta e_i(\text{mm})$	179.82	167.19
$e(\text{mm})$	418.48	406.85
ξ	0.211<0.518	0.220<0.518
偏心性质	大偏压	大偏压
$A_s = A_s' = \frac{Ne - \xi(1 - 0.5\xi)\alpha_1 f_c bh_0^2}{f_y'(h_0 - a_s')}(\text{mm}^2)$ $A_s = A_s'$	19.35	<0
选配钢筋	2φ18	2φ18
实配面积（mm²）	509	509
单侧最小配筋面积（mm²，$\rho_{min} = 0.2\%$）	500	500

3）根据"强剪弱弯"的原则调整柱的截面剪力计算值。

① 剪力设计值：

$$V_c = 1.2 \frac{M_c^t + M_c^b}{H_n} = 1.2 \times \frac{240.51}{3.9 - 0.7} = 90.2 \text{kN}$$

157

② 剪压比验算：

$$V_c \leqslant \frac{1}{\gamma_{RE}}（0.2f_c b_c h_{c0}）\text{ 式中 } h_{c0} = h_c - 40，\text{则}$$

$$\frac{1}{\gamma_{RE}}(0.2f_c b_c h_{c0}) = \frac{1}{0.85} \times (0.2 \times 16.7 \times 500 \times 465) = 913.6 \text{kN} > 90.2 \text{kN}$$

③ 箍筋计算：

$$V_c \leqslant \frac{1.75}{\lambda + 1} f_t b_t h_{c0} + f_{yv} \frac{A_{sv}}{s} h_0 + 0.07N$$

式中混凝土及轴向压力部分承受的剪力 V_{c1} 为：

$$V_{c1} = \frac{1.05}{\lambda + 1} f_t b_t h_{c0} + 0.07N，\text{由于柱反弯点在层高范围内，取}$$

$$\lambda = \frac{H_n}{2h_0} = \frac{3.2}{2 \times 0.465} = 3.44 > 3，\text{取} \lambda = 3。$$

由于 $N = 821.45 \text{kN} < 0.3 f_c A = 1252.5 \text{kN}$，故取 $N = 821.45 \text{kN}$，则

$$V_{c1} = \frac{1.75}{\lambda + 1} f_t b_t h_{c0} + 0.07N$$

$$= \frac{1.75}{4} \times 1.57 \times 500 \times 465 + 0.07 \times 821.45 \times 1000$$

$$= 217200 \text{N} > V = 90200 \text{N}$$

所以只需要按照构造要求配筋：

加密区采用 4 肢箍 $\phi 8@100$，非加密区采用 4 肢箍 $\phi 8@200$。

④ 体积配箍率：

$\mu_N = 0.25 < 0.3$，$\lambda_v = 0.06$，采用井字复合配箍，其配箍率为：

$$\rho_v = \frac{\Sigma l_n}{(b_c - 2c)(h_c - 2c)} \frac{A_{sv}}{s} \times 100\%$$

$$= \frac{4 \times (500 - 2 \times 30) \times 2}{(500 - 2 \times 30)^2} \frac{50.3}{100}$$

$$= 0.91\% > \lambda_v \frac{f_c}{f_{yv}} = 0.06 \times \frac{16.7}{270} = 0.37\%$$

《抗震规范》要求柱箍筋非加密区的体积配箍率不宜小于加密区箍筋率的 $1/2$，非加密区的箍筋间距 $s = 150\text{mm}$，其体积配箍率为：

$$\rho_v = \frac{\Sigma l_n}{(b_c - 2c)(h_c - 2c)} \frac{A_{sv}}{s} \times 100\%$$

$$= \frac{4 \times (500 - 2 \times 30) \times 2}{(500 - 2 \times 30)^2} \frac{50.3}{200} = 0.46\% > 0.5 \times 0.91\% = 0.405\%$$

满足要求。

⑤ 确定柱加密区长度 l_0：

$$\left. \begin{array}{l} l_0 = h_c = 500\text{mm} \\ H_n/6 = \dfrac{3200}{6} = 535\text{mm} \\ 500\text{mm} \end{array} \right\} \text{取大者，取} l_0 = 535\text{mm}。$$

小结及学习指导

本章主要介绍钢筋混凝土框架结构的震害特点及原因，在抗震设计时，需要考虑抗震的概念设计、抗震设计计算及抗震构造措施3个层面的内容，以保证结构的抗震性能。

（1）钢筋混凝土结构的震害现象主要包括结构平面不规则产生的震害、竖向不规则产生的震害、防震缝的震害、框架梁柱及节点的震害、填充墙的震害、抗震墙的震害，在学习中要体会震害现象的产生机理，从而进一步理解钢筋混凝土结构的抗震计算方法和构造措施。

（2）考虑到不同类型及不同高度的钢筋混凝土结构房屋的地震反应不同，综合考虑地震作用（包括设防烈度、场地类别）、结构类型和房屋高度等主要因素，《抗震规范》将结构划分为四个等级，设计时根据不同的抗震等级采用相应的计算和构造措施。

（3）钢筋混凝土框架结构的抗震设计中，首先要掌握水平地震作用下内力的计算方法，即反弯点法和修正的反弯点法（D值法）。重力荷载作用下，梁端弯矩需要进行调幅，以便于施工并满足抗震性能的需求。框架结构构件的截面设计中，要理解延性抗震设计的一般原则，即"强柱弱梁"、"强剪弱弯"和"强节点、强锚固"。

（4）抗震墙结构的设计中，要明确整体墙、整体小开口墙、联肢墙及壁式框架这四类墙体的分类标准及基本的计算原则，能够查找相关的规范计算这四类墙体的内力和变形。抗震墙结构的截面设计中，重点是体会如何实现延性设计的思想。

（5）框架-抗震墙结构的设计中，要掌握铰接体系和刚接体系在计算方法上的不同，理解框架-抗震墙结构的协同工作性能。框架-抗震墙结构的截面设计相对比较简单，在求得其内力以后，可分别按框架和抗震墙进行截面设计。

思考题与习题

4-1　多层与高层钢筋混凝土结构的抗震等级是根据什么划分的？划分结构抗震等级的意义是什么？

4-2　规则结构应符合哪些要求？

4-3　抗震墙结构和框架抗震墙结构中的抗震墙设置应符合哪些要求？

4-4　根据本章内容，水平地震作用的计算方法有哪些？

4-5　分层法、反弯点法在计算中采取了哪些基本假定？有哪些主要计算步骤？

4-6　反弯点法与修正反弯点法的异同点是什么？D值的意义是什么？

4-7　如何计算框架结构在水平荷载作用下的侧移？

4-8　计算框架抗震墙结构内力的步骤有哪些？

4-9　计算抗震墙结构顶点侧移的主要步骤有哪些？

4-10　哪些部位为抗震墙的加强部位？对加强部位有什么要求？

4-11　何谓抗震框架结构的"强柱弱梁"、"强剪弱弯"和"强节点、强锚固"设计原则？在计算中如何体现上述原则？

第5章
砌体房屋和底部框架砌体房屋抗震设计

本章知识点

> 【知识点】砌体房屋和底部框架砌体房屋的震害现象与分析，砌体
> 房屋和底部框架砌体房屋抗震设计的一般规定、抗震设
> 计方法及抗震构造措施，砌体房屋抗震设计实例。
>
> 【重　点】了解砌体房屋和底部框架砌体房屋的震害特征，掌握砌
> 体房屋和底部框架砌体房屋的抗震设计方法及抗震构造
> 措施。
>
> 【难　点】多层砌体房屋和底部框架砌体房屋的抗震计算方法、抗
> 震构造措施。

5.1　概述

砌体结构房屋通常是指墙、柱与基础等竖向承重构件采用砌块、石块等砌体材料，而屋盖、楼盖等水平承重构件采用钢筋混凝土或木材等材料建造的房屋。砌体结构具有施工方便、建筑造价低等特点，在我国得到广泛应用，是居住、办公、医院和学校等建筑中最为普遍的结构形式。砌块的制作材料包括煤矸石、页岩、粉煤灰、灰砂、黏土和混凝土。以往，墙体材料多采用普通黏土砖，20 世纪 60～70 年代后，混凝土小型空心砌块等新型墙体材料开始发展。由于生产黏土类砌块会毁损耕地，目前各地正陆续限制或禁止使用黏土类砌块。因此，设计时应遵守各地规定，因地制宜地选择适合的材料。

由于砌体是抗拉、抗剪强度相对较低的脆性材料，且整体性能差，因此砌体房屋的抗震性能相对较低。在历次大地震中，未经合理抗震设防的多层砌体结构房屋破坏十分严重。实践证明，如果对砌体结构房屋进行抗震设计，采取合理的抗震构造措施，确保施工质量，在中、高烈度区，砌体结构房屋也能够不同程度地抵御地震的破坏作用。

对于有大空间需求的住宅类和办公类建筑，可在其底层采用框架-抗震墙结构，上部采用较经济的砌体结构，形成底部框架-抗震墙上部砌体墙承重的结构体系，称为底框架砌体房屋。这类结构形式具有比钢筋混凝土框架结构经济，比砌体结构能提供较大的使用空间的优点，因此在城市和乡镇的临街

建筑和住宅区的带商店的建筑中被广泛采用。底框架房屋的上部各层纵、横墙较密、自重大、侧向刚度大，而底部框架侧向刚度相对较小，形成所谓的"上刚下柔"结构，地震作用下结构的侧向变形大多集中于相对薄弱的底层，历次大地震中破坏主要发生在底部框架部位。因此，进行底框架房屋的抗震设计时，提高底层框架部分的刚度及延性设计是关键，同时对上部砌体结构应采取必要的抗震构造措施，防止上部结构发生地震破坏。

5.2　震害现象

5.2.1　多层砌体房屋的震害

多层砖砌体房屋是我国量大面广的建筑，在历次的地震中遭受到不同程度的破坏，震害经验教训比较丰富。总结震害的经验教训，对完善砌体房屋的抗震设计方法具有十分重要的意义。根据历次地震宏观调查结果，多层砖砌体房屋的震害现象如下：

1. 墙体开裂

墙体裂缝的形式主要有"X"形交叉斜裂缝、水平裂缝和竖向裂缝。

（1）"X"形交叉斜裂缝。在砌体房屋中，与水平地震作用方向平行的墙体是承担地震作用的主要构件。这类墙体往往因为主拉应力强度不足而引起斜裂缝破坏。由于水平地震反复作用，两个方向的斜裂缝组成"X"形交叉斜裂缝（图 5-1a）。斜裂缝多出现在多层砌体房屋的横墙和山墙中，其规律是下重上轻，这是因为多层房屋墙体下部地震剪力大的缘故。此外，房屋的纵墙的窗台墙或窗间墙上也可能出现受剪的交叉斜裂缝（图 5-1b）。

（2）水平裂缝。这种裂缝大多出现在外纵墙的窗口上、下皮处（图 5-1c）。当房屋纵向承重，横墙间距较大而屋盖的刚度较弱时，垂直于纵墙方向的地震作用使纵墙发生平面外弯曲，从而在窗口的上、下皮处产生水平裂缝。

　　　　（a）

　　　　（b）

图 5-1　墙体开裂（一）

（a）山墙上的"X"形交叉斜裂缝水平裂缝；（b）窗间墙上的交叉斜裂缝；

（c） （d）

图 5-1 墙体开裂（二）

（c）窗口上沿的水平裂缝；（d）纵横墙交接处的竖向裂缝

（3）竖向裂缝。这种裂缝大多出现在纵横墙交接处，纵横墙被拉脱形成竖向裂缝。

2. 墙角破坏

墙角位于房屋尽端，房屋对它的约束作用减弱，并且地震作用下其应力状态复杂，因而容易产生地震破坏（图 5-2）。此外，在地震作用下当房屋发生扭转时，墙角处的位移反应较房屋的其他部位大，这也是造成墙角破坏的原因。

图 5-2 墙角的破坏

3. 纵横墙连接破坏

主要是由于纵、横墙连接薄弱，加之地震时两个方向的地震作用使连接处受力复杂、产生应力集中。这种破坏将导致整片纵墙外闪甚至倒塌（图 5-3）。

4. 楼梯间破坏

楼梯间是重要的逃生通道，对于保证地震时的人身安全至关重要。但是在历次地震中，楼梯间的破坏比较严重（图 5-4）。主要原因是，楼梯间顶层墙体的计算高度较其他楼层的大，墙体稳定性相对差，易于发生破坏；房屋的标准层楼梯间墙体计算高度较同楼层其他部位墙体小，墙体刚度大，因而

163

分配的地震剪力大，故易造成破坏。

5. 楼盖与屋盖的破坏

由于楼板支承长度不足，地震作用下局部塌落，并造成墙体倒塌。此外，楼、屋盖下方支承墙体破坏倒塌也会引起楼、屋盖的倒塌。图 5-5 为楼盖在地震中的破坏情况。

6. 附属构件的破坏

女儿墙、突出屋面的屋顶间（电梯机房、水箱间等）等附属结构，由于地震的"鞭梢效应"影响，其破坏一般较下部主体结构严重。此外，隔墙

图 5-3　外纵墙的外闪破坏

等非结构构件、室内外装饰等在地震作用下也会发生开裂、破坏。

（a）　　　　　　　　　　　　　　　　　（b）

图 5-4　楼梯间的破坏

（a）楼梯间墙体开裂；（b）楼梯间墙体破坏

7. 房屋倒塌

当房屋墙体特别是底层墙体整体抗震强度不足时，易造成房屋整体倒塌；当房屋局部或上层墙体抗震强度不足时，易发生局部倒塌；当个别部位构件之间连接强度不足时，易发生局部倒塌。

根据历次震害经验，砌体房屋的震害大体存在以下规律：

（1）刚性楼盖房屋，上层破坏轻，下层破坏重；柔性楼盖房屋，上层破坏重，下层破坏轻；

（2）横墙承重房屋的震害轻于纵墙承重房屋；

（3）坚实地基上的房屋震害轻于软弱地基上和非均匀地基上的房屋；

（4）外廊式房屋往往地震破坏较重；

（5）预制楼盖房屋比现浇楼盖房

图 5-5　楼板的破坏

屋震害重；

（6）房屋两端、转角、楼梯间及附属结构的震害较重。

5.2.2 底层框架房屋的震害

当房屋底层未设置抗震墙时，由于房屋底层侧向刚度与上部砖房相差悬殊，并且抗震构造措施不足，在水平地震作用下，底层框架部分侧向变形较大成为薄弱层，并且同时受到上部砖房的倾覆力矩作用，房屋的底层框架部分极易发生破坏。

图 5-6　砌体房屋的倒塌破坏

未经抗震设防的底层框架结构在地震中较容易发生破坏。在唐山地震中，天津市的底层商店住宅的震害较相同层数的多层砖房严重。这类房屋地震破坏的主要特点是：

（1）震害多数发生在底层，表现为"上轻下重"；

（2）底层的震害规律是底层墙体震害重于框架柱，框架柱震害重于框架梁；

（3）房屋上部砖砌体部分的破坏状况与多层砖房类似。

（a）　　　　　　　　　　　（b）　　　　　　　　　　（c）

图 5-7　底框架房屋的破坏

（a）底层框架倒塌；（b）二层砖墙坐塌，局部楼板垮塌；（c）上部砌体结构破坏

2008 年的汶川大地震中，我国不同年代的经过抗震设防的底层框架结构也发生了不同程度的破坏。2000 年以前建造的底部框架砖房中，相当多的房屋底层没有设置钢筋混凝土抗震墙，造成 2 层与底层的侧向刚度相差过大，在地震作用下底层的层间位移比较突出，形成底层变形集中的现象，因此底层破坏十分严重。2001 年以后建造的底部框架砖房，由于当时的《抗震规范》对底层的抗震墙设置以及底部框架楼层的侧向刚度与上部砖砌体楼层侧向刚度比有严格的规定，汶川地震中这部分房屋底层的破坏相对较少，破坏的位置主要是二层及以上各层。破坏的主要原因是底层刚度及抗震承载力相对较

大，而上部砖房部分未予以适当增强。

5.3　抗震设计的一般规定

5.3.1　建筑布置和结构体系

砌体房屋建筑平、立面布置对房屋的抗震性能影响极大。对于建筑平、立面布置不合理的多层砌体房屋，试图通过提高墙体的抗震承载力或加强构造措施来提高房屋的抗震能力是非常困难和不经济的。多层砌体房屋的建筑平、立面布置基本原则是规则、均匀、对称，避免质量和刚度发生突变，避免楼层错层。根据历次地震调查统计发现，纵墙承重的结构布置方案，因横向支承较少，纵墙较易受弯曲破坏而导致倒塌；纵横墙均匀对称布置，可使各墙垛受力基本相同，避免出现薄弱部位破坏；楼梯间、房屋的近端及转角处均是地震中易发生破坏的部位。这些情况在进行房屋的建筑布置及结构体系选择时应当充分考虑。

多层砌体房屋的结构布置基本要求是：

（1）应优先采用横墙承重或纵横墙共同承重的结构体系，不应采用砌体墙和混凝土墙混合承重的结构体系。

（2）纵横向砌体抗震墙的布置应符合下列要求：

① 宜均匀对称，沿平面内宜对齐，沿竖向应上下连续；且纵横向墙体的数量不宜相差过大。

② 平面轮廓凹凸尺寸，不应超过典型尺寸的 50%；当超过典型尺寸的 25% 时，房屋转角处应采取加强措施。

③ 楼板局部大洞口的尺寸不宜超过楼板宽度的 30%，且不应在墙体两侧同时开洞。

④ 房屋错层的楼板高差超过 500mm 时，应按两层计算；错层部位的墙体应采取加强措施。

⑤ 同一轴线上的窗间墙宽度宜均匀；墙面洞口的面积，6、7 度时不宜大于墙面总面积的 55%，8、9 度时不宜大于 50%。

⑥ 在房屋宽度方向的中部应设置内纵墙，其累计长度不宜小于房屋总长度的 60%（高宽比大于 4 的墙段不计入）。

（3）在下列情况下，应设置防震缝，缝两侧均应设置墙体，缝宽应根据烈度和房屋高度确定，可采用 70～100mm：

① 当房屋立面高差在 6m 以上；

② 房屋有错层，且楼板高差大于层高的 1/4；

③ 各部分结构刚度、质量截然不同；

④ 房屋的楼梯间不宜设置在尽端或转角处；

⑤ 不应在房屋转角处设置转角窗；

⑥ 横墙较少、跨度较大的房屋，宜采用现浇钢筋混凝土楼、屋盖。

5.3.2　房屋高度和层数的限制

历次地震的宏观调查资料表明，二、三层砖房在不同烈度区的震害比四、五层砖房轻得多；六层及六层以上的砖房在地震时震害明显加重。海城和唐山地震中，相邻的砖房，四、五层的比二、三层的破坏严重，倒塌率也高得多。因此，限制房屋的层数和总高度是主要的抗震措施。

房屋的层数和总高度不应超过表 5-1 的规定。这里，房屋高度是指室外地面到主要屋面板板顶或檐口的高度。半地下室房屋的房屋高度从地下室室内地面算起，全地下室和嵌固条件好的半地下室应允许从室外地面算起，对带阁楼的坡屋面应算到山尖墙的 1/2 高度处。表 5-1 中的小砌块砌体房屋不包括配筋混凝土小型空心砌块砌体房屋。

当房屋的室内外高差大于 0.6m 时，房屋总高度应允许比表 5-1 中的数据适当增加，但增加量应少于 1.0m。

乙类的多层砌体房屋不应采用底部框架-抗震墙砌体房屋，其层数和总高度限值为按本地区设防烈度根据表 5-1 给出的房屋层数和总高度限值分别减去 1 层和 3m。

对医院、教学楼等及横墙较少（是指同一楼层内开间大于 4.20m 的房间占该层总面积的 40% 以上；开间不大于 4.20m 的房间占该层总面积不到 20% 且开间大于 4.80m 的房间占该层总面积的 50% 以上）的多层砌体房屋总高度，应比表 5-1 的规定降低 3m，层数相应减少一层；各层横墙很少的多层砌体房屋，还应再减少一层。6、7 度时，对横墙较少的丙类多层砌体房屋，当按规定采取加强措施并满足抗震承载力要求时，其高度和层数可仍按表 5-1 的规定采用。多层砌体承重房屋的层高，不应超过 3.60m。底部框架-抗震墙砌体房屋的底部，层高不应超过 4.50m；当底层采用约束砌体抗震墙时，底层的层高不应超过 4.20m。

房屋的层数和总高度限值（m）　　　　　　表 5-1

房屋类别		最小抗震墙厚度（mm）	烈度和设计基本地震加速度										
			6		7				8				9	
			0.05g		0.10g		0.15g		0.20g		0.30g		0.40g	
			高度	层数	高度	层数	高度	层数	高度	层数	高度	层数	高度	层数
多层砌体房屋	普通砖	240	21	7	21	7	21	7	18	6	15	5	12	4
	多孔砖	240	21	7	21	7	18	6	18	6	15	5	9	3
	多孔砖	190	21	7	18	6	15	5	15	5	12	4	—	—
	小砌块	190	21	7	21	7	18	6	18	6	15	5	9	3
底部框架-抗震墙房屋	普通砖、多孔砖	240	22	7	22	7	19	6	16	5	—	—	—	—
	多孔砖	190	22	7	19	6	16	5	13	4	—	—	—	—
	小砌块	190	22	7	22	7	19	6	16	5	—	—	—	—

167

5.3.3 房屋最大高宽比

为了保证房屋的稳定性，应对其高宽比进行限制。房屋的最大高宽比限值见表 5-2。对于单面走廊房屋，其总宽度不包括走廊宽度。建筑平面接近正方形时，其高宽比宜适当减小。

房屋最大高宽比 表 5-2

烈度	6	7	8	9
最大高宽比	2.5	2.5	2	1.5

5.3.4 房屋抗震横墙的间距

地震中，横墙间距大小对房屋倒塌影响很大。对于横墙承重房屋，不仅需要横墙有足够的承载力，而且楼盖须具有传递水平地震力给横墙的水平刚度。抗震横墙间距的限制能够使楼盖具有足够的水平刚度，有效传递水平地震力给各横墙。多层砌体房屋和底部框架房屋的抗震横墙间距不应超过表 5-3 的要求。对于房屋的顶层（非木屋盖），其最大横墙间距应允许适当放宽，但应采取相应加强措施；多孔砖抗震横墙厚度为 190mm 时，最大横墙间距应比表中数值减少 3m。

房屋抗震横墙间距（m） 表 5-3

房屋类型		烈度			
		6	7	8	9
多层砌体房屋	现浇或装配整体式钢筋混凝土楼、屋盖	15	15	11	7
	装配式钢筋混凝土楼、屋盖	11	11	9	4
	木屋盖	9	9	4	—
底部框架-抗震墙房屋	上部各层	同多层砌体房屋			—
	底层或底部两层	18	15	11	—

5.3.5 多层砌体房屋中砌体墙段的局部尺寸限值

房屋局部尺寸限值见表 5-4，其目的在于防止因局部失效导致整体结构的破坏甚至倒塌。当房屋的局部尺寸不足时，应采取局部加强措施弥补，且最小宽度不宜小于 1/4 层高和表 5-4 中数据的 80%。房屋出入口处的女儿墙应有锚固，避免地震时倒塌伤人。

房屋的局部尺寸限值（m） 表 5-4

部 位	6 度	7 度	8 度	9 度
承重窗间墙最小宽度	1.0	1.0	1.2	1.5
承重外墙尽端至门窗洞边的最小距离	1.0	1.0	1.2	1.5

部　位	6度	7度	8度	9度
非承重外墙尽端至门窗洞边的最小距离	1.0	1.0	1.0	1.0
内墙阳角至门窗洞边的最小距离	1.0	1.0	1.5	2.0
无锚固女儿墙（非出入口处）的最大高度	0.5	0.5	0.5	0.0

5.4　多层砌体房屋抗震验算

　　砌体结构的抗震计算，一般情况下只需进行小震下的承载力验算，而无需进行小震下的弹性变形验算和大震下的弹塑性变形验算。这是因为砌体结构的变形能力差，小震下的弹性变形较小，因此不需要进行小震下的弹性变形验算。砌体结构在大震下的不倒塌要求是通过严格的构造措施来保证的。

　　多层砌体结构所受地震作用主要包括水平及竖直方向，某些情况下还有地震扭转作用。一般来讲，竖直地震作用对多层砌体房屋所造成的破坏程度相对较小，因而不要求进行这方面的计算。地震扭转作用亦可不作计算，仅在进行建筑平面、立面布置及结构布置时尽量做到质量、刚度均匀。通过合理的结构布置一方面减少扭转的影响，另一方面增强抗扭能力。因此，多层砌体房屋的抗震计算，一般只需进行横向和纵向水平地震作用下的横墙和纵墙在其自身平面内的抗震承载力验算。

　　多层砌体结构的抗震验算基本步骤如图 5-8 所示，可大致分为建立计算简图、计算地震作用和层间剪力、层间地震剪力在各墙体上进行分配和对不利墙段进行抗震验算几个步骤。

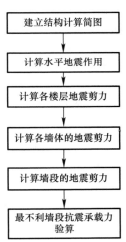

图 5-8　砌体结构抗震验算基本步骤

5.4.1　计算简图

　　确定多层砌体房屋的抗震计算简图时，有如下考虑：

　　（1）按 5.3 节要求进行建筑布置及结构选型后，房屋在地震作用下的扭转效应一般可以忽略不计，因此可分别考虑房屋两个主轴方向的抗震计算问题，即沿横墙和纵墙方向进行墙体抗震承载力验算。当沿斜向布置有抗震墙时，尚应考虑该斜向的水平地震作用。

　　（2）当砌体房屋的高宽比满足 5.3 节的要求时，可以认为该房屋的水平地震作用下的变形以层间剪切变形为主。

　　（3）假定楼盖平面内的变形忽略不计。

　　根据上述条件，多层砌体房屋在水平地震作用下的计算简图可采用图 5-9 所示的层间剪切型计算简图。

169

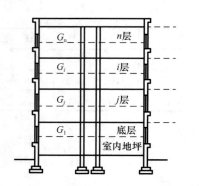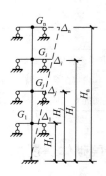

图 5-9　多层砌体结构房屋的计算简图

计算简图以防震缝所划分的结构单元作为计算单元。计算简图中各集中质点设在楼、屋盖标高处，各楼层质点重力荷载应包括：楼、屋盖上的重力荷载代表值，楼层上、下各半层墙体的重力荷载。

计算简图中结构底部固定端标高的取法为：当基础埋置较浅时，取为基础顶面；当基础埋置较深时，可取为室外地坪下 0.5m 处标高；当设有整体刚度很大的全地下室时，则取为地下室顶板顶部；当地下室刚度较小或为半地下室时，则应取为地下室室内地坪处，此时，地下室顶板也算一层楼面。

5.4.2　水平地震作用及楼层地震剪力计算

多层砌体房屋一般层数不多，质量和刚度沿高度的分布比较均匀，并以剪切变形为主，因此可采用底部剪力法计算其水平地震作用。由于多层砌体房屋侧向刚度较大，自振周期较短，为简化计算，水平地震影响系数取最大值，即 $\alpha_1 = \alpha_{max}$。因此，多层砌体房屋的总水平地震作用标准值及各质点的水平地震作用标准值分别为（图 5-10）：

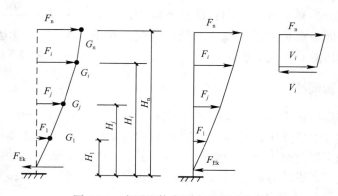

图 5-10　多层砌体房屋水平地震作用

$$F_{Ek} = \alpha_{max} G_{eq} \tag{5-1}$$

$$F_i = \frac{G_i H_i}{\sum_{j=1}^{n} G_j H_j} F_{Ek} \tag{5-2}$$

由图 5-10 可知，作用在房屋第 i 层的层间地震剪力 V_i 为：

$$V_i = \sum_{j=i}^{n} F_i \tag{5-3}$$

当采用底部剪力法计算时，对于突出屋面的屋顶间、女儿墙、烟囱等的地震作用效应，宜乘以增大系数 3，以考虑鞭梢效应。但此增大部分的地震作用效应不应往下传递。即当顶部质点为突出屋面的小建筑时，顶层的楼层地震剪力为 $V_n = 3F_n$，而其余各层仍按式（5-3）计算。

5.4.3　楼层地震剪力在墙体中的分配

楼层地震剪力 V_i 是作用在整个房屋某一楼层上的层间剪力，根据计算的水平地震作用方向，它可以是纵向的层间剪力，也可以是横向的层间剪力。墙体平面外的刚度较弱，因此层间地震剪力由与其平行的墙体承担，即纵、横向的层间地震剪力分别由该楼层的纵、横向墙体承担。

进行墙体抗震承载力验算时，首先需要将由式（5-1）～式（5-3）计算得到的整个楼层层间剪力 V_i 分配到该楼层的各道墙体上；然后，再把每道墙上的地震剪力分配到该墙体上的某一墙段上。这样，当某一道墙或某一墙段的地震剪力已知后，方可能按砌体结构的方法对墙体的抗震承载力进行验算。

1. 墙体侧向刚度计算

楼层地震剪力 V_i 在同一层各墙体间的分配主要取决于楼盖的水平刚度及各墙体的侧移刚度。因此，首先需计算墙体的侧移刚度。

下面分三种情况讨论墙体侧移刚度的计算方法。

（1）无洞墙体

在多层砌体房屋的抗震分析中，如果各层楼盖仅发生平移而不发生转动，确定墙体的层间抗侧力等效刚度时，视其为下端固定、上端嵌固的构件。对于这类构件，单位水平力作用下墙体弯曲变形和剪切变形（图 5-11）分别为：

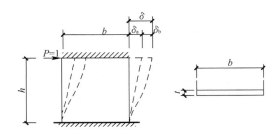

图 5-11　单位力作用下墙体的弯曲、剪切变形

弯曲变形

$$\delta_b = \frac{h^3}{12EI} = \frac{1}{Et} \cdot \frac{h}{b} \cdot \left(\frac{h}{b}\right)^2 \tag{5-4}$$

剪切变形

$$\delta_s = \frac{\xi h}{AG} = 3 \cdot \frac{1}{Et} \cdot \frac{h}{b} \tag{5-5}$$

式中　h——墙体、门间墙或窗间墙高度；

$\quad\quad$ A——墙体、门间墙或窗间墙的水平截面面积，$A=bt$；

$\quad\quad$ I——墙体、门间墙或窗间墙的水平截面惯性矩，$I=\frac{1}{12}b^3 t$；

b、t——墙体、墙段的宽度和厚度；

$\quad\quad$ ξ——截面剪应力分布不均匀系数，对矩形截面取 $\xi=1.2$；

$\quad\quad$ E——砌体弹性模量；

$\quad\quad$ G——砌体剪切模量，一般取 $G=0.4E$。

于是，墙体总变形为：

$$\delta = \frac{1}{Et} \cdot \frac{h}{b} \cdot \left(\frac{h}{b}\right)^2 + 3 \cdot \frac{1}{Et} \cdot \frac{h}{b} \tag{5-6}$$

由于墙体的高宽比 $\rho = \frac{h}{b}$ 影响弯曲变形和剪切变形在总变形中所占的比例，为了简化计算，《抗震规范》规定，在进行地震剪力分配和截面验算时，砌体墙段的层间等效侧向刚度应按以下原则确定：

① 当 $\rho<1$ 时，可只计算剪切变形，等效侧向刚度为：

$$K = \frac{1}{\delta} = \frac{Etb}{3h} = \frac{Et}{3\rho} \tag{5-7}$$

② 当 $1\leqslant\rho\leqslant4$ 时，应同时计算考虑弯曲和剪切变形，等效侧向刚度为：

$$K = \frac{1}{\delta} = \frac{Et}{(h/b)\left[3+(h/b)^2\right]} = \frac{Et}{3\rho+\rho^3} \tag{5-8}$$

③ 当 $\rho>4$ 时，墙体以弯曲变形为主，其侧向刚度相对较小，可以不考虑该墙段参与抵抗楼层地震剪力，即等效侧向刚度 $K=0$。

这里，墙段的高宽比 h/b 指层高 h 与墙段长度 b 之比，对门窗洞边的小墙段指洞净高与洞侧墙宽之比。

（2）小开洞墙体

对设置构造柱的小开口墙段，其等效侧向刚度可按无洞墙体计算，再根据墙体的开洞率乘以表 5-5 的墙段洞口影响系数。开洞率指洞口水平截面积与墙段水平毛截面积之比，相邻洞口之间净宽小于 500mm 的墙段视为洞口。洞口中线偏离墙段中线大于墙段长度的 1/4 时，表中影响系数值折减 0.9；门洞的洞顶高度大于层高 80% 时，表中数据不适用；窗洞高度大于 50% 层高时，按门洞对待。

墙段洞口影响系数 表 5-5

开洞率	0.10	0.20	0.50
影响系数	0.98	0.94	0.88

（3）开规则洞口墙体

当一片墙上有规则洞口时（图 5-12a），墙顶在 $P=1$ 作用下，该处的侧移等于沿墙高各墙段的侧移之和，即

$$\delta = \sum_{i=1}^{n} \delta_i \qquad (5\text{-}9a)$$

其中

$$\delta_i = \frac{1}{k_i} \qquad (5\text{-}9b)$$

而其侧向刚度

$$K = \frac{1}{\sum_{i=1}^{n} \delta_i} \qquad (5\text{-}10)$$

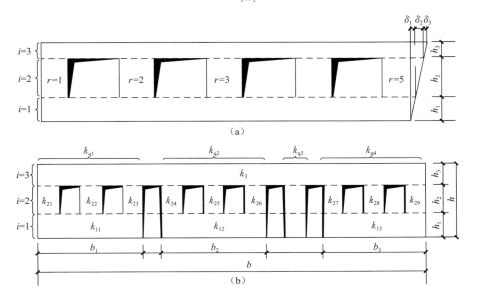

图 5-12　有洞墙体

（a）开有规则洞口时；（b）开有不规则洞口时

由于窗洞上、下的水平墙带因其高宽比 $h/b<1$，故应按式（5-7）计算其侧移刚度；而窗间墙可视为上、下嵌固的墙肢，应根据其高宽比数值，按式（5-7）或式（5-9）计算其侧移刚度，即：

对水平实心墙带

$$K_i = \frac{Et}{3\rho_i} \quad (i=1\text{、}3) \qquad (5\text{-}11)$$

对窗间墙

$$K_i = \sum_{r=1}^{s} K_{ir} \quad (i=2) \qquad (5\text{-}12)$$

其中，当 $\rho_{ir} = \dfrac{h_{ir}}{b_{ir}} < 1$ 时，$K_{ir} = \dfrac{Et}{3\rho_{ir}}$；当 $1 \leqslant \rho_{ir} \leqslant 4$ 时，$K_{ir} = \dfrac{Et}{3\rho_{ir} + \rho_{ir}^3}$。

对于具有多道水平实心墙带的墙，由于其高宽比 $\rho<1$，不考虑弯曲变形

的影响，故可将各水平实心墙带的高度加到一起，一次算出它们的侧移刚度及其侧移数值。例如，对图 5-12（a）所示墙体，有：

$$\Sigma h = h_1 + h_3, \quad \rho = \frac{\Sigma h}{b}$$

代入式（5-11），即可求出两段墙带的总侧移刚度。

按式（5-9a）求得沿墙高各墙段的总侧移后，即可算出具有洞口墙的侧移刚度。

对于图 5-12（b）所示开有不规则洞口的墙片，其侧移刚度可按下式计算：

$$K = \cfrac{1}{\cfrac{1}{K_{q1} + K_{q2} + K_{q3} + K_{q4}} + \cfrac{1}{K_3}} \tag{5-13}$$

式中　K_{qj}——第 j 个规则墙片单元的侧移刚度；

$$K_{q1} = \cfrac{1}{\cfrac{1}{K_{11}} + \cfrac{1}{K_{21} + K_{22} + K_{23}}} \tag{5-14a}$$

$$K_{q2} = \cfrac{1}{\cfrac{1}{K_{12}} + \cfrac{1}{K_{24} + K_{25} + K_{26}}} \tag{5-14b}$$

$$K_{q4} = \cfrac{1}{\cfrac{1}{K_{13}} + \cfrac{1}{K_{27} + K_{28} + K_{29}}} \tag{5-14c}$$

K_{1j}——第 j 个规则墙片单元下段的侧移刚度；

K_{2r}——墙片中段第 r 个墙肢的侧移刚度；

K_{qs}——无洞墙肢的侧移刚度；

K_3——墙片上段的侧移刚度。

2. 楼层地震剪力 V_i 的分配原则

当地震作用沿房屋横向作用时，由于横墙在其平面内的刚度很大，而纵墙在其平面外刚度很小，所以地震作用的绝大部分由横墙承担。当地震作用沿房屋纵向作用时，则地震作用的绝大部分由纵墙承担。

（1）横向楼层地震剪力 V_i 的分配

横向楼层地震剪力在横向各抗侧力墙体之间的分配，不仅取决于每片墙体的层间抗侧力等效刚度，而且也取决于楼盖的整体水平刚度。楼盖的水平刚度一般取决于楼盖的结构类型和楼盖的宽长比。

① 刚性楼盖房屋

刚性楼盖房屋指抗震横墙间距符合《抗震规范》规定的现浇及装配整体式钢筋混凝土楼盖房屋。当受到横向水平地震作用时，可以认为楼盖在其水平面内无变形，故可将楼盖视为在其平面内绝对刚性的连续梁，而将各横墙看做是该梁的弹性支座（图 5-13）。当结构和荷载都对称时，房屋的刚度中心与质量中心重合，楼盖仅发生整体

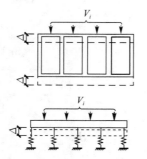

图 5-13　刚性楼盖计算简图

平移运动而不发生扭转，各横墙将产生相等的水平位移，此时作用于刚性梁上的地震作用所引起的支座反力即为抗震横墙所承受的地震剪力，它与支座的弹性刚度成正比，即各墙所承受的地震剪力按各墙的侧移刚度比例进行分配。

设第 i 层共有 r 道抗震横墙，其中第 m 道横墙承受的地震剪力为 V_{im}，各抗震横墙所分担的地震剪力 V_{im} 之和即为该楼层总地震剪力 V_i：

$$\sum_{m=1}^{r} V_{im} = V_i \tag{5-15}$$

V_{im} 为第 m 道墙的侧移值 Δ 与其侧向刚 K_{im} 的乘积：

$$V_{im} = \Delta \cdot K_{im} \tag{5-16}$$

即

$$\sum_{m=1}^{r} \Delta \cdot K_{im} = V_i \tag{5-17}$$

则有

$$\Delta = \frac{V_i}{\sum_{m=1}^{r} K_{im}} \tag{5-18}$$

将式（5-18）代入式（5-16），得：

$$V_{im} = \frac{K_{im}}{\sum_{m=1}^{r} K_{im}} V_i \tag{5-19}$$

当计算墙体在其平面内的侧移刚度 K_{im} 时，由于大部分墙体的高宽比小于1，其弯曲变形小，故一般可只考虑剪切变形的影响，即：

$$K_{im} = \frac{A_{im} G_{im}}{\xi h_{im}} \tag{5-20}$$

式中　G_{im}——第 i 层 m 道墙砌体的剪切模量；

A_{im}——第 i 层 m 道墙的净横截面面积；

h_{im}——第 i 层 m 道墙的高度。

若各墙的高度 h_{im} 相同，材料相同，从而 G_{im} 相同，则：

$$V_{im} = \frac{A_{im}}{\sum_{m=1}^{r} A_{im}} V_i \tag{5-21}$$

式（5-21）表明，对于刚性楼盖，当各抗震横墙的高度、材料相同时，其楼层水平地震剪力可按各抗震墙的横截面面积比例进行分配。

②柔性楼盖房屋

柔性楼盖房屋是指以木结构等柔性材料为楼盖的房屋。由于楼盖的整体性差，在其自身平面内的水平刚度很小，故当受到横向水平地震作用时，楼盖变形除平移外还有弯曲变形，在各横墙处的变形不相同，变形曲线也不连续，因而可近似地视整个楼盖为分段简支于各片横墙的多跨简支梁，各片横墙可独立地变形，视为各跨简支梁的弹性支座（图 5-14）。各横墙所承担的地震作用为该墙两侧横墙之间各一半楼（屋）盖面积上重力荷载所产生的地震作用。因此，各横墙所承担的地震作用即可按各墙所承担的上述重力荷载代表值的比例进行分配，即：

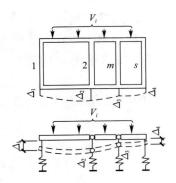

图 5-14 柔性楼盖计算简图

$$V_{im} = \frac{G'_{im}}{G_i} V_i \qquad (5\text{-}22)$$

式中 G_i——第 i 层楼（屋）盖上所承担的总重力荷载代表值；

G'_{im}——第 i 层楼（屋）盖上，第 m 道墙与左右两侧相邻横墙之间各一半楼（屋）盖面积上所承担的重力荷载代表值之和。

当楼（屋）盖上重力荷载均匀分布时，各横墙所承担的地震剪力可进一步简化为按该墙与两侧横墙之间各一半楼（屋）盖面积比例进行分配，即：

$$V_{im} = \frac{S_{im}}{S_i} V_i \qquad (5\text{-}23)$$

式中 S_{im}——第 i 层楼盖上第 m 道墙与左右两侧相邻横墙之间各一半楼（屋）盖面积之和；

S_i——第 i 层楼盖的总面积。

③ 中等刚性楼盖房屋

装配式钢筋混凝土楼盖属于中等刚性楼盖，其楼（屋）盖的刚度介于刚性与柔性楼（屋）盖之间。对于中等刚性楼盖房屋，第 i 层第 m 片横墙所承担的地震剪力，可取前述两种分配算法的平均值，即：

$$V_{im} = \frac{1}{2}\left(\frac{K_{im}}{\sum\limits_{m=1}^{l} K_{im}} + \frac{G_{im}}{G_i} \right) V_i \qquad (5\text{-}24)$$

当墙高及所用材料相同，且楼（屋）盖上重力荷载分布均匀时，上式可进一步简化为：

$$V_{im} = \frac{1}{2}\left(\frac{A_{im}}{\sum\limits_{m=1}^{l} A_{im}} + \frac{S_{im}}{S_i} \right) V_i \qquad (5\text{-}25)$$

（2）纵向楼层地震剪力的分配

一般房屋纵向尺寸较横向大得多，且纵墙的间距很小。因此，无论何种类型的楼盖，其纵向水平刚度都很大，在纵向地震作用下，均可按刚性楼盖考虑，即纵向地震剪力可按各纵墙侧移刚度比例进行分配。

3. 墙体地震剪力在各墙段间的分配

在同一道墙上，门窗洞口之间各墙段所承担的地震剪力可按各墙段的侧移刚度比例进行再分配。第 m 道墙上第 r 墙段所分配的地震剪力为：

$$V_{imr} = \frac{K_{imr}}{\sum\limits_{r=1}^{n} K_{imr}} V_{im} \qquad (5\text{-}26)$$

式中 K_{imr}——第 i 层第 m 道墙段的侧移刚度；

V_{im}——第 i 层第 m 道墙段所分配的地震剪力。

5.4.4 墙体抗震承载力验算

砌体房屋的抗震承载力验算，最后可归结为一道墙体或一个墙段的抗震承载力验算。通常情况下，不必对每道墙体或每一个墙段进行验算，而可根据工程经验，选择若干抗震不利墙段进行抗震承载力验算。

根据震害和工程实践经验，多层砌体房屋的抗震不利墙段可能是底层、顶层或砂浆强度变化的楼层墙体，也可能是承担地震作用较大或竖向正应力较小的墙体等。

各类砌体沿阶梯形截面破坏的抗震抗剪强度设计值，应按下式确定：

$$f_{vE} = \zeta_N f_v \tag{5-27}$$

式中 f_{vE}——各类砌体沿阶梯形截面破坏的抗震抗剪强度设计值；

f_v——非抗震设计的砌体抗剪强度设计值，应按现行国家标准《砌体结构设计规范》确定；

ζ_N——砌体抗震抗剪强度的正应力影响系数，应按表 5-6 采用。

砌体强度的正应力影响系数　　　　　表 5-6

砌体类别	σ_0/f_v							
	0.0	1.0	3.0	5.0	7.0	10.0	12.0	$\geqslant 16.0$
普通砖、多孔砖	0.80	0.99	1.25	1.47	1.65	1.90	2.05	—
小砌块	—	1.23	1.69	2.15	2.57	3.02	3.32	3.92

注：σ_0 为对应于重力荷载代表值的砌体截面平均压应力。

1. 普通砖、多孔砖墙体的截面抗震受剪承载力验算

（1）一般情况下，应按下式进行验算：

$$V \leqslant f_{vE}A/\gamma_{RE} \tag{5-28}$$

式中 V——墙体剪力设计值，砌体房屋一般仅考虑水平地震作用，此时水平地震作用分项系数可取 1.3；

A——验算墙体的横截面面积，通常取 1/2 层高处净截面面积，多孔砖取毛截面面积；

γ_{RE}——承载力抗震调整系数，按表 5-7 取值。

承载力抗震调整系数　　　　　表 5-7

结构构件	受力状态	γ_{RE}
两端均有构造柱、芯柱的抗震墙	受剪	0.9
其他抗震墙	受剪	1.0

（2）采用水平配筋的墙体，应按下式验算：

$$V \leqslant \frac{1}{\gamma_{RE}}(f_{vE}A + \zeta_s f_{yh}A_{sh}) \tag{5-29}$$

式中 f_{yh}——水平钢筋抗拉强度设计值；

A_{sh}——所验算墙体层间竖向截面的总水平钢筋面积，其配筋率应不小于 0.07% 且不大于 0.17%；

ζ_s——钢筋参与工作系数，可按表 5-8 采用。

钢筋参与工作系数　　　　　　　　　　表 5-8

墙体高宽比	0.4	0.6	0.8	1.0	1.2
ζ_s	0.10	0.12	0.14	0.15	0.12

（3）考虑构造柱参与工作的墙体承载力验算

当按式（5-28）和式（5-29）验算不满足要求时，可计入基本均匀设置于墙段中部、截面不小于 240mm×240mm（墙厚 190mm 时为 240mm×190mm）且间距不大于 4m 的构造柱对受剪承载力的提高作用，按下列简化方法验算：

$$V \leqslant \frac{1}{\gamma_{RE}}\left[\eta_c f_{vE}(A - A_c) + \zeta_s f_t A_c + 0.08 f_{yc} A_{sc} + \zeta_s f_{yh} A_{sh}\right] \quad (5\text{-}30)$$

式中　A_c——中部构造柱的横截面总面积（对横墙和内纵墙，$A_c > 0.15A$ 时，取 0.15A；对外纵墙，$A_c > 0.25A$ 时，取 0.25A）；

f_t——中部构造柱的混凝土轴心抗拉强度设计值；

A_{sc}——中部构造柱的纵向钢筋截面总面积（配筋率不小于 0.6%，大于 1.4% 时取 1.4%）；

f_{yh}、f_{yc}——分别为墙体水平钢筋、构造柱钢筋抗拉强度设计值；

ζ_s——中部构造柱参与工作系数；居中设一根时取 0.5，多于一根时取 0.4；

η_c——墙体约束修正系数；一般情况取 1.0，构造柱间距不大于 3.0m 时取 1.1；

A_{sh}——层间墙体竖向截面的总水平钢筋面积，无水平钢筋时取 0.0。

2. 小砌块墙体的截面抗震受剪承载力验算

应按下式验算：

$$V \leqslant 1/\gamma_{RE}\left[f_{vE}A + (0.3 f_t A_c + 0.05 f_y A_s)\zeta_c\right] \quad (5\text{-}31)$$

式中　f_t——芯柱混凝土轴心抗拉强度设计值；

A_c——芯柱截面总面积；

A_s——芯柱钢筋截面总面积；

f_y——芯柱钢筋抗拉强度设计值；

ζ_c——芯柱参与工作系数，可按表 5-9 采用。当同时设置芯柱和构造柱时，构造柱截面可作为芯柱截面，构造柱钢筋可作为芯柱钢筋。

芯柱参与工作系数　　　　　　　　　　表 5-9

填孔率 ρ	$\rho < 0.15$	$0.15 \leqslant \rho < 0.25$	$0.25 \leqslant \rho < 0.5$	$\rho \geqslant 0.5$
ζ_c	0.0	1.0	1.10	1.15

注：填孔率指芯柱根数（含构造柱和填实孔洞数量）与孔洞总数之比。

5.5 多层砌体房屋抗震构造措施

砌体结构抗震构造措施的主要目的在于加强结构的整体性，弥补抗震计算的不足。通过抗震构造措施提高房屋的变形能力，确保房屋在地震作用下不发生倒塌。砌体房屋的抗震强度验算仅针对墙体本身，对于墙片与墙片、楼屋盖之间及房屋局部等部位的连接，必须通过构造措施来确保小震作用下各构件间的连接强度以满足使用要求。

5.5.1 多层砖砌体房屋抗震构造措施

1. 钢筋混凝土构造柱的设置

钢筋混凝土构造柱与圈梁一起对墙体及整栋房屋提供有效的约束作用，使墙体在侧向变形下仍具有良好的竖向和侧向承载力，提高墙体的往复变形能力，从而提高墙体及房屋的抗倒塌能力。试验研究表明，设置在墙段两端的构造柱能够使砌体的受剪承载力提高 10%～30% 左右，提高的幅度与墙体高宽比、竖向压力和开洞情况有关。构造柱应当设置在震害较重、连接构造比较薄弱和易于产生应力集中的部分。

一般情况下，多层砖房应按表 5-10 的要求设置构造柱。表中的较大洞口，内墙指不小于 2.1m 的洞口。外墙在内外墙交接处已设置构造柱时应允许适当放宽，但洞侧墙体应加强。

多层砖砌体房屋构造柱设置要求　　表 5-10

房屋层数				设置部位	
6 度	7 度	8 度	9 度		
四、五	三、四	二、三		楼、电梯间四角、楼梯斜梯段上下端对应的墙体处；外墙四角和对应转角；错层部位横墙与外纵墙交接处；大房间内外墙交接处；较大洞口两侧	隔 12m 或单元横墙与外纵墙交接处；楼梯间对应的另一侧内横墙与外纵墙交接处
六	五	四	二		隔开间横墙（轴线）与外墙交接处；山墙与内纵墙交接处
七	≥六	≥五	≥三		内墙（轴线）与外墙交接处；内墙的局部较小墙垛处；内纵墙与横墙（轴线）交接处

下列情况下，构造柱的设置应根据实际情况进行调整：

（1）外廊式和单面走廊式的多层房屋，应根据房屋增加一层后的层数，按表 5-10 的要求设置构造柱，且单面走廊两侧的纵墙均应按外墙处理。

（2）教学楼、医院等横墙较少的房屋，应根据房屋增加一层后的层数，按表 5-10 的要求设置构造柱。当横墙较少的房屋为外廊式或单面走廊式时，应根据房屋增加一层后的层数，按表 5-10 的要求设置构造柱，且单面走廊两侧的纵墙均应按外墙处理；但 6 度不超过四层、7 度不超过三层和 8 度不超过二层时，应按增加二层后的层数对待。

（3）各层横墙很少的房屋，应按增加二层后的层数设置构造柱。

（4）采用蒸压灰砂砖和蒸压粉煤灰砖的砌体房屋，当砌体的抗剪强度仅达到普通黏土砖砌体的 70％时，应根据增加一层后的层数按上述要求设置构造柱；但 6 度不超过四层、7 度不超过三层和 8 度不超过二层时，应按增加二层后的层数对待。

多层砖砌体房屋构造柱的构造要求如下：

（1）构造柱最小截面可采用 180mm×240mm（墙厚 190mm 时为 180mm×190mm），纵向钢筋宜采用 4φ12，箍筋间距不宜大于 250mm，且在柱上下端应适当加密；6、7 度时超过六层、8 度时超过五层和 9 度时，构造柱纵向钢筋宜采用 4φ14，箍筋间距不应大于 200mm；房屋四角的构造柱应适当加大截面及配筋。

（2）构造柱的施工顺序应为先砌墙、后浇柱。构造柱与墙连接处应砌成马牙槎（图 5-15），沿墙高每隔 500mm 设 2φ6 水平钢筋和 φ4 分布短筋平面内点焊组成的拉结网片或 φ4 点焊钢筋网片，每边伸入墙内不宜小于 1m（如图 5-16 所示）。6、7 度时底部 1/3 楼层，8 度时底部 1/2 楼层，9 度时全部楼层，上述拉结钢筋网片应沿墙体水平通长设置。

（3）构造柱应与圈梁连接，以增加构造柱的中间支点。构造柱与圈梁连接处，构造柱的纵筋应在圈梁纵筋内侧穿过，保证构造柱纵筋上下贯通。

（4）构造柱可不单独设置基础，但应伸入室外地面下 500mm，或与埋深小于 500mm 的基础圈梁相连。

（5）房屋高度和层数接近表 5-1 的限值时，纵、横墙内构造柱间距尚应符合下列要求：

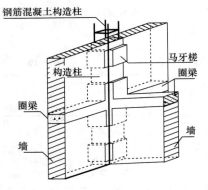

图 5-15　构造柱和圈梁示意图

① 横墙内的构造柱间距不宜大于层高的 2 倍，下部 1/3 楼层的构造柱间距适当减小；

② 当外纵墙开间大于 3.9m 时，应另设加强措施。内纵墙的构造柱间距不宜大于 4.2m。

2. 钢筋混凝土圈梁的设置

钢筋混凝土圈梁的作用是多方面的：增加墙体间以及墙体与楼盖的连接；作为楼盖、屋盖的边缘构件，提高楼盖、屋盖的水平刚度和整体性；与构造柱一起作为墙体的边框和加强带约束墙体，提高墙体的整体性；限制墙体裂缝的开展；减轻地基不均匀沉降的影响；圈梁还可以减小构造柱的计算长度。

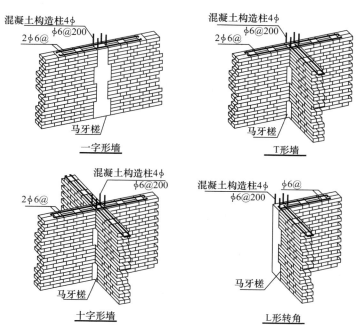

图 5-16　构造柱与墙体的拉结构造

多层砖砌体房屋的现浇钢筋混凝土圈梁设置应符合下列要求：

（1）装配式钢筋混凝土楼、屋盖或木屋盖的砖房，横墙承重（包括纵横墙共同承重）时应按表 5-11 的要求设置圈梁；纵墙承重时，抗震横墙上的圈梁间距应比表内要求适当加密。

多层砖砌体房屋现浇钢筋混凝土圈梁设置要求　　　　　　　表 5-11

墙　类	烈　度		
	6、7	8	9
外墙和内纵墙	屋盖处及每层楼盖处	屋盖处及每层楼盖处	屋盖处及每层楼盖处
内横墙	屋盖处及每层楼盖处；屋盖处间距不应大于4.5m；楼盖处间距不应大于7.2m；构造柱对应部位	屋盖处及每层楼盖处；各层所有横墙，且间距不应大于4.5m；构造柱对应部位	屋盖处及每层楼盖处；各层所有横墙

（2）现浇或装配整体式钢筋混凝土楼、屋盖与墙体有可靠连接的房屋，应允许不另设圈梁，但楼板沿抗震墙体周边均应加强配筋并应与相应的构造柱钢筋可靠连接。

多层砖砌体房屋现浇混凝土圈梁的构造要求如下：

（1）圈梁应闭合，遇有洞口圈梁应上下搭接，圈梁宜与预制板设在同一标高处或紧靠板底；

（2）圈梁在表 5-11 要求的间距内无横墙时，应利用梁或板缝中配筋替代圈梁；

（3）圈梁的截面高度不应小于 120mm，配筋应符合表 5-12 的要求；为加强基础整体性和刚性而增设的基础圈梁，截面高度不应小于 180mm，配筋不应少于 4φ12。

多层砖砌体房屋圈梁配筋要求　　　　　　　　　　　　　表 5-12

配　筋	烈　度		
	6、7	8	9
最小纵筋	4φ10	4φ12	4φ14
箍筋最大间距（mm）	250	200	150

3. 楼、屋盖的构造措施

（1）现浇钢筋混凝土楼板或屋面板伸进纵、横墙内的长度，均不应小于 120mm。

（2）装配式钢筋混凝土楼板或屋面板，当圈梁未设在板的同一标高时，板端伸进外墙的长度不应小于 120mm，伸进内墙的长度不应小于 100mm 或采用硬架支模连接，在梁上不应小于 80mm 或采用硬架支模连接。

（3）当板的跨度大于 4.8m 并与外墙平行时，靠外墙的预制板侧边应与墙或圈梁拉结（图 5-17）。

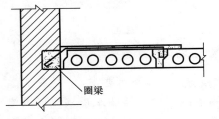

图 5-17　预制楼板与圈梁的拉结

（4）房屋端部大房间的楼盖，6 度时房屋的屋盖和 7～9 度时房屋的楼、屋盖，当圈梁设在板底时，钢筋混凝土预制板应相互拉结，并应与梁、墙或圈梁拉结。

（5）楼、屋盖的钢筋混凝土梁或屋架应与墙、柱（包括构造柱）或圈梁可靠连接；不得采用独立砖柱。跨度不小于 6m 大梁的支承构件应采用组合砌体等加强措施，并满足承载力要求。

4. 墙体间的拉结构造要求

设置构造柱的部位均应设置拉结钢筋，未设置构造柱的部位也应采取加强拉结的构造措施。

（1）6、7 度时长度大于 7.2m 的大房间以及 8、9 度时外墙转角及内外墙交接处，应沿墙高每隔 500mm 配置 2φ6 的通长钢筋和 φ4 分布短筋平面内点焊组成的拉结网片或 φ4 点焊网片。

（2）后砌的非承重砌体隔墙应沿墙高每隔 500mm 配置 2φ6 的拉结钢筋与承重墙或柱拉结，每边深入墙内不应小于 500mm；8 度和 9 度时长度大于 5m 的后砌非承重砌体隔墙，墙顶尚应与楼板或梁拉结。

5. 楼梯间的构造要求

（1）顶层楼梯间墙体应沿墙高每隔 500mm 设 2φ6 通长钢筋和 φ4 分布短钢筋平面内点焊组成的拉结网片或 φ4 点焊网片；7～9 度时其他各层楼梯间墙体应在休息平台或楼层半高处设置 60mm 厚、纵向钢筋不应少于 2φ10 的钢筋混凝土带或配筋砖带，配筋砖带不少于 3 皮，每皮砖的配筋不少于 2φ6，砂浆强度等级不应低于 M7.5 且不低于同层墙体的砂浆强度等级。

（2）楼梯间及门厅内墙阳角处的大梁支承长度不应小于 500mm，并应与圈梁连接。

（3）装配式楼梯段应与平台板的梁可靠连接，8、9 度时不应采用装配式楼梯段；不应采用墙中悬挑式踏步或踏步竖肋插入墙体的楼梯，不应采用无筋砖砌栏板。

（4）突出屋顶的楼、电梯间，构造柱应伸到顶部，并与顶部圈梁连接，所有墙体应沿墙高每隔 500mm 设 2φ6 通长钢筋和 φ4 分布短筋平面内点焊组成的拉结网片或 φ4 点焊网片。

6. 横墙较少的多层砌体房屋放宽高度和层数限制时的特殊措施

丙类的多层砖砌体房屋，当横墙较少且总高度和层数接近或达到表 5-1 规定限值时，应采取下列加强措施：

（1）房屋的最大开间尺寸不宜大于 6.6m。

（2）同一结构单元内横墙错位数量不宜超过横墙总数的 1/3，且连续错位不宜多于两道；错位的墙体交接处均应增设构造柱，且楼、屋面板应采用现浇钢筋混凝土板。

（3）横墙和内纵墙上洞口的宽度不宜大于 1.5m；外纵墙上洞口的宽度不宜大于 2.1m 或开间尺寸的一半；且内外墙上洞口位置不应影响内外纵墙与横墙的整体连接。

（4）所有纵横墙均应在楼、屋盖标高处设置加强的现浇钢筋混凝土圈梁：圈梁的截面高度不宜小于 150mm，上下纵筋各不应少于 3φ10，箍筋不小于 φ6，间距不大于 300mm。

（5）所有纵横墙交接处及横墙的中部，均应增设满足下列要求的构造柱：在纵、横墙内的柱距不宜大于 3.0m，最小截面尺寸不宜小于 240mm×240mm（墙厚 190mm 时为 240mm×190mm），配筋宜符合表 5-13 的要求。

（6）同一结构单元的楼、屋面板应设置在同一标高处。

（7）房屋底层和顶层的窗台标高处，宜设置沿纵横墙通长的水平现浇钢筋混凝土带；其截面高度不小于 60mm，宽度不小于墙厚，纵向钢筋不少于 2φ10，横向分布筋的直径不小于 φ6 且其间距不大于 200mm。

增设构造柱的纵筋和箍筋设置要求 表 5-13

位置	纵向钢筋			箍 筋		
	最大配筋率（％）	最小配筋率（％）	最小直径（mm）	加密区范围	加密区间距	最小直径（mm）
角柱	1.8	0.8	14	全高	100	6
边柱			14	上端 700 下端 500		
中柱	1.4	0.6	12			

7. 其他构造要求

（1）坡屋顶房屋的屋架应与顶层圈梁可靠连接，檩条或屋面板应与墙、屋架可靠连接，房屋出入口处的檐口瓦应与屋面构件锚固。采用硬山搁檩时，顶层内纵墙顶宜增砌支承山墙的踏步式墙垛，并设置构造柱。

（2）门窗洞处不应采用砖过梁；过梁支承长度，6～8度时不应小于240mm，9度时不应小于360mm。

（3）预制阳台，6、7度时应与圈梁和楼板的现浇板带可靠连接，8、9度时不应采用预制阳台。

后砌的非承重砌体隔墙，烟道、风道、垃圾道等不应削弱墙体。当墙体被削弱时，应采取加强措施。

（4）同一结构单元的基础（或桩承台），宜采用同一类型的基础，底面宜埋置在同一标高上，否则应增设基础圈梁并应按1：2的台阶逐步放坡。

5.5.2　多层砌块房屋抗震构造措施

多层小砌块房屋应按表5-14的要求设置钢筋混凝土芯柱。对外廊式和单面走廊式的多层房屋、横墙较少的房屋、各层横墙很少的房屋，尚应分别按上述关于增加层数的对应要求，按表5-14的要求设置芯柱。

多层小砌块房屋芯柱设置要求　　　　　　　　表 5-14

房屋层数				设置部位	设置数量
6度	7度	8度	9度		
四、五	三、四	二、三		外墙转角，楼、电梯间四角、楼梯斜梯段上下端对应的墙体处； 大房间内外墙交接处； 错层部位横墙与外纵墙交接处； 隔12m或单元横墙与外纵墙交接处	外墙转角，灌实3个孔； 内外墙交接处，灌实4个孔； 楼梯斜梯段上下端对应的墙体处，灌实2个孔
六	五	四		同上； 隔开间横墙（轴线）与外纵墙交接处	
七	六	五	二	同上； 各内墙（轴线）与外纵墙交接处； 内纵墙与横墙（轴线）交接处和洞口两侧	外墙转角，灌实5个孔； 内外墙交接处，灌实4个孔； 内墙交接处，灌实2个孔； 洞口两侧各灌实1个孔
	七	≥六	≥三	同上； 横墙内芯柱间距不大于2m	外墙转角，灌实7个孔； 内外墙交接处，灌实5个孔； 内墙交接处，灌实4～5个孔； 洞口两侧各灌实1个孔

注：外墙转角、内外墙交接处、楼电梯间四角等部位，应允许采用钢筋混凝土构造柱替代部分芯柱。

多层小砌块房屋的芯柱，应符合下列构造要求：

（1）小砌块房屋芯柱截面不宜小于 120mm×120mm。

（2）芯柱混凝土强度等级，不应低于 Cb20。

（3）芯柱的竖向插筋应贯通墙身且与圈梁连接；插筋不应小于 1φ12，6、7 度时超过五层、8 度时超过四层和 9 度时，插筋不应小于 1φ14。

（4）芯柱应伸入室外地面下 500mm 或与埋深小于 500mm 的基础圈梁相连。

（5）为提高墙体抗震受剪承载力而设置的芯柱，宜在墙体内均匀布置，最大净距不宜大于 2.0m。

（6）多层小砌块房屋墙体交接处或芯柱与墙体连接处应设置拉结钢筋网片，网片可采用直径 4mm 的钢筋点焊而成，沿墙高间距不大于 600mm，并应沿墙体水平通长设置。6、7 度时底部 1/3 楼层，8 度时底部 1/2 楼层，9 度时全部楼层，上述拉结钢筋网片沿墙高间距不大于 400mm。

小砌块房屋中替代芯柱的钢筋混凝土构造柱，应符合下列构造要求：

（1）构造柱截面不宜小于 190mm×190mm，纵向钢筋宜采用 4φ12，箍筋间距不宜大于 250mm，且在柱上下端应适当加密；6、7 度时超过五层、8 度时超过四层和 9 度时，构造柱纵向钢筋宜采用 4φ14，箍筋间距不应大于 200mm；外墙转角的构造柱可适当加大截面及配筋。

（2）构造柱与砌块墙连接处应砌成马牙槎，与构造柱相邻的砌块孔洞，6 度时宜填实，7 度时应填实，8、9 度时应填实并插筋。构造柱与砌块墙之间沿墙高每隔 600mm 设置 φ4 点焊拉结钢筋网片，并应沿墙体水平通长设置。6、7 度时底部 1/3 楼层，8 度时底部 1/2 楼层，9 度全部楼层，上述拉结钢筋网片沿墙高间距不大于 400mm。

（3）构造柱与圈梁连接处，构造柱的纵筋应在圈梁纵筋内侧穿过，保证构造柱纵筋上下贯通。

（4）构造柱可不单独设置基础，但应伸入室外地面下 500mm，或与埋深小于 500mm 的基础圈梁相连。

多层小砌块房屋的现浇钢筋混凝土圈梁的设置位置应按上述对多层砖砌体房屋圈梁的要求执行，圈梁宽度不应小于 190mm，配筋不应少于 4φ12，箍筋间距不应大于 200mm。多层小砌块房屋的层数，6 度时超过五层、7 度时超过四层、8 度时超过三层和 9 度时，在底层和顶层的窗台标高处，沿纵横墙应设置通长的水平现浇钢筋混凝土带；其截面高度不小于 60mm，纵筋不少于 2φ10，并应有分布拉结钢筋；其混凝土强度等级不应低于 C20。水平现浇混凝土带亦可采用槽形砌块替代模板，其纵筋和拉结钢筋不变。

丙类的多层小砌块房屋，当横墙较少且总高度和层数接近或达到表 5-1 规定限值时，应符合上述关于丙类的多层砖砌块房屋的相关要求；其中，墙体中部的构造柱可采用芯柱替代，芯柱的灌孔数量不应少于 2 孔，每孔插筋的直径不应小于 18mm。小砌块房屋的其他抗震构造措施，尚应符合楼、屋盖结构及其连接方面的有关要求。其中，墙体的拉结钢筋网片间距应符合上述的相应规定，分别取 600mm 和 400mm。

5.6 砖砌体结构房屋抗震设计实例

【例 5-1】 某四层砖混结构办公楼，其平面和剖面如图 5-18 所示。各层外墙墙厚 370mm，内墙 240mm，采用烧结普通砖 MU10，混合砂浆 M5 砌筑。

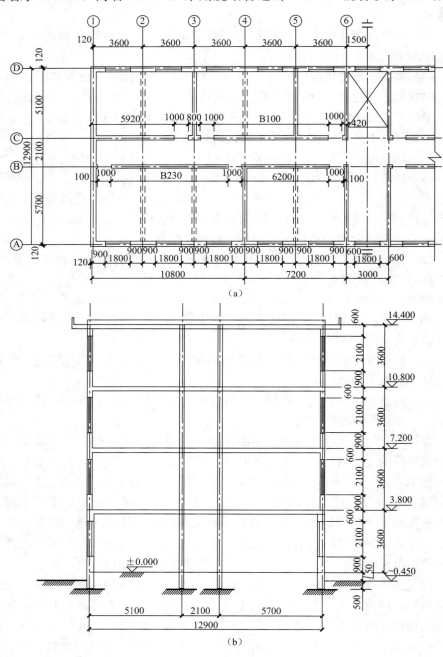

图 5-18 办公楼平面与剖面图

(a) 首层平面图；(b) 剖面图

楼板和屋面均采用 120mm 厚预应力混凝土空心板。抗震设防烈度为 7 度（0.10g），设计地震分组第一组，场地类别Ⅲ类。试验算墙体的抗震承载力。

已知条件：屋面永久荷载标准值（含面层自重）为 4.60kN/m²，屋面可变荷载取 0.35kN/m²，楼面永久荷载标准值（含面层自重）为 3.3kN/m²，楼面可变荷载取 2.0kN/m²。240mm 厚砖墙自重为 5.24kN/m²，370mm 厚砖墙自重为 7.71kN/m²，门窗自重为 0.45kN/m²。

解题思路：根据《抗震规范》，多层砌体房屋的抗震验算一般只考虑两个主轴方向的地震作用，且一般采用底部剪力法。各层水平地震剪力求得后，通常可选择从属面积大或压应力较小的墙段进行截面抗震承载力验算。

【解】

根据对称性，本算例以房屋的一半作为计算对象。

1. 确定结构方案是否满足抗震设计的一般规定

根据图 5-18，楼层面积（按轴线计算）为 $A = 12.9 \times (10.8 + 7.2 + 3.0/2) = 251.55\text{m}^2$，开间大于 4.8m 的房间面积 $A_1 = 2 \times 5.1 \times (3.6 + 3.6) + 5.7 \times (10.8 + 7.2) = 176.04\text{m}^2 = 0.7A$，开间不大于 4.8m 的房间面积 $A_2 = A - A_1 = 251.55 - 176.04 = 75.51\text{m}^2 = 0.3A$。因此，该房屋属于横墙很少的多层砌体房屋。

房屋自室外地面至檐口的高度为 14.40＋0.45＝14.85m，层数为 4 层，其总高度和层数满足表 5-1 的要求。

房屋的高宽比为 $14.85/(12.9 + 2 \times 0.12) = 1.13$，满足表 5-2 的房屋最大高宽比要求。

根据图 5-17，房屋的抗震横墙最大间距为 10.8m，满足表 5-3 的要求。

根据图 5-17，房屋的局部尺寸，承重窗间墙最小宽度、承重外墙尽端至门窗洞边的最小距离等，均满足表 5-4 的要求。

2. 计算简图与重力荷载代表值

该房屋的计算简图如图 5-19（a）所示，其中底部固定端取室外地坪下 0.5m。集中在各层楼板标高处的质点重力荷载代表值包括楼面（或屋面）永久荷载标准值（自重），50％的楼（屋）面可变荷载标准值，上下各半层墙体重量标准值之和。这里，计算过程从略，直接给出各质点重力荷载代表值：

$$G_1 = 3600\text{kN}, \quad G_2 = G_3 = 3000\text{kN}, \quad G_4 = 2200\text{kN}$$

于是，结构等效总重力荷载为：

$$G_{\text{eq}} = 0.85 \sum_{i=1}^{4} G_i = 0.85 \times 8800 = 7480\text{kN}$$

3. 地震作用和层间地震剪力计算

按《抗震规范》规定，可只考虑房屋两个主轴方向的水平地震作用。房屋每个主轴方向的结构总水平地震作用标准值为：

$$F_{\text{Ek}} = \alpha_{\max} G_{\text{eq}} = 0.08 \times 7480 = 598.40\text{kN}$$

按底部剪力法，各层的水平地震作用标准值 F_i、水平地震剪力标准值 V_i

和设计值 $1.3V_i$ 的计算结果列于表 5-15 并示于图 5-19。

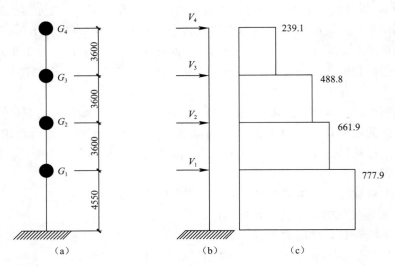

图 5-19　计算简图和各层水平地震作用示意图

（a）计算简图；（b）水平地震作用；（c）层间地震剪力设计值

各层地震剪力计算结果　　　　　　　　　　　　表 5-15

层数 (j)	G_j (kN)	H_j (m)	G_jH_j (kN·m)	$\dfrac{G_jH_j}{\sum G_jH_j}$	$F_j = \dfrac{G_jH_j}{\sum G_jH_j}F_{Ek}$ (kN)	$V_j = \sum\limits_{j=n}^{4}F_j$ (kN)	$1.3V_j$ (kN)
4	2200	15.35	33700	0.307	183.71	183.71	238.82
3	3000	11.75	35250	0.321	192.09	376.00	488.53
2	3000	8.15	24450	0.223	133.44	509.24	662.01
1	3600	4.55	16380	0.149	89.16	598.40	777.92

4. 墙体截面抗震承载力验算

通常可只选择从属面积大或竖向压应力较小的墙段进行截面抗震承载力验算。本例中为说明计算步骤，分别选择第 4 层 4 轴横墙、首层 4 轴横墙以及首层 A 轴纵墙进行计算。

（1）横墙截面抗震承载力验算

房屋采用装配式钢筋混凝土楼屋盖，楼屋盖刚度介于刚性楼盖和柔性楼盖之间，各层水平地震剪力的分配取上述两种情况分配结果的平均比值，即按式（5-24）计算。由于楼、屋面荷载均匀分布，式（5-24）可写为：

$$V_{jm} = \frac{1}{2}\left[\frac{k_{jm}}{\sum\limits_{m=1}^{n}k_{jm}} + \frac{A_{G,jm}}{A_{G,j}}\right]V_j$$

式中　$A_{G,jm}$——第 j 层第 m 道横墙的从属面积；

　　　　$A_{G,j}$——第 j 层的总建筑面积；

其他符号含义同式（5-24）。

考虑到本算例中房屋横墙的宽高比均小于 1，计算时可将上式中的第一项简化为按墙体水平截面净面积比例分配。

① 第 4 层 4 轴横墙截面抗震承载力验算

第 4 层 4 轴横墙水平截面净面积为

$$A_{44} = (5.7 + 0.24) \times 0.24 = 1.43 \text{m}^2$$

第 4 层横墙水平截面总净面积为

$$A_4 = (12.9 + 0.24) \times 0.37 + [3 \times (5.1 + 0.24) + 2 \times (5.7 + 0.24)]$$
$$\times 0.24 = 11.56 \text{m}^2$$

第 4 层 4 轴横墙的从属面积（图 5-20）为：

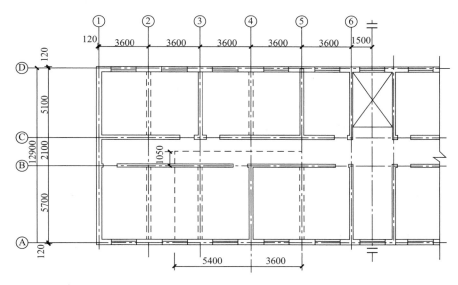

图 5-20　横墙从属面积示意图

$$A_{G,44} = (3.6 + 5.4) \times \left(5.7 + \frac{2.1}{2} + 0.12\right) = 61.83 \text{m}^2$$

第 4 层的总建筑面积为：

$$A_{G,4} = (12.9 + 0.24) \times (10.8 + 0.12 + 7.2 + 1.5) = 257.81 \text{m}^2$$

第 4 层 4 轴横墙承受的楼层地震剪力设计值为：

$$V_{44} = \frac{1}{2} \left(\frac{A_{44}}{A_4} + \frac{A_{G,44}}{A_{G,4}}\right) V_4 = \frac{1}{2} \left(\frac{1.43}{11.56} + \frac{61.83}{257.81}\right) \times 238.82 = 43.41 \text{kN}$$

屋盖传来的重力荷载产生的压应力为（已知屋面永久荷载标准值为 4.60kN/m²，屋面可变荷载取 0.35kN/m²）：

$$\frac{(4.60 + 0.5 \times 0.35) \times 3.6}{0.24 \times 10^3} = 0.072 \text{MPa}$$

本层 1/2 墙高处墙自重产生的压应力为：

$$\frac{0.5 \times 3.6 \times 5.24}{0.24 \times 10^3} = 0.039\text{MPa}$$

故对应于重力荷载代表值的第 4 层 4 轴横墙截面的平均压应力为：

$$\sigma_{0,44} = 0.072 + 0.039 = 0.111\text{MPa}$$

M5 砂浆，$f_v = 0.11\text{MPa}$，则 $\sigma_{0,44}/f_v = 0.111/0.11 = 1.01$，查表 5-6 得 $\zeta_N = 1.004$。

由式（5-27），$f_{vE} = 1.004 \times 0.11 = 0.11\text{MPa}$，按式（5-30），两端有构造柱时：

$$\frac{1}{\gamma_{RE}} f_{vE} A = \frac{1}{0.9} \times 0.11 \times 1.43 \times 10^3 = 174.78\text{kN} > 43.41\text{kN}，安全。$$

② 首层 4 轴横墙截面抗震承载力验算

首层墙体布置与 4 层相同，故 4 轴横墙面积和从属面积计算同第 4 层的 4 轴墙体。

4 轴横墙净面积：$A_{14} = A_{44} = 1.43\text{m}^2$

横墙总净面积：$A_1 = A_4 = 11.56\text{m}^2$

4 轴横墙的从属面积：$A_{G,14} = A_{G,44} = 61.83\text{m}^2$

首层总建筑面积：$A_{G,1} = A_{G,4} = 257.81\text{m}^2$

4 轴横墙承受的楼层地震剪力设计值为：

$$V_{14} = \frac{1}{2}\left(\frac{A_{14}}{A_4} + \frac{A_{G,14}}{A_{G,4}}\right) V_4 = \frac{1}{2}\left(\frac{1.43}{11.56} + \frac{61.83}{257.81}\right) \times 777.92 = 141.40\text{kN}$$

屋盖传来的重力荷载产生的压应力为（已知屋面永久荷载标准值为 4.60kN/m²，屋面可变荷载取 0.35kN/m²，楼面永久荷载标准值为 3.3kN/m²，楼面可变荷载取 2.0kN/m²）：

$$\frac{[(4.60 + 0.5 \times 0.35) + 3 \times (3.30 + 0.5 \times 2.0)] \times 3.6}{0.24 \times 10^3} = 0.265\text{MPa}$$

本层 1/2 墙高处墙自重产生的压应力为：

$$\frac{(3 \times 3.6 + 0.5 \times 4.55) \times 5.24}{0.24 \times 10^3} = 0.285\text{MPa}$$

故对应于重力荷载代表值的首层 4 轴横墙截面的平均压应力为：

$$\sigma_{0,44} = 0.265 + 0.285 = 0.550\text{MPa}$$

M5 砂浆，$f_v = 0.11\text{MPa}$，则 $\sigma_{0,14}/f_v = 0.550/0.11 = 5$，查表 5-6 得 $\zeta_N = 1.47$

由式（5-27）

$$f_{vE} = 1.47 \times 0.11 = 0.162\text{MPa}$$

按式（5-30），两端有构造柱时：

$$\frac{1}{\gamma_{RE}} f_{vE} A = \frac{1}{0.9} \times 0.162 \times 1.43 \times 10^3 = 257.40\text{kN} > 141.40\text{kN}，安全。$$

（2）首层纵墙截面抗震承载力验算

A 轴、D 轴纵墙的等效侧移刚度计算见表 5-16。

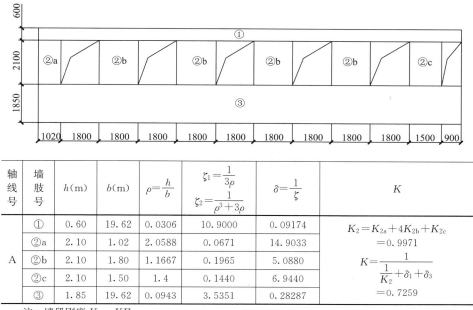

轴线号	墙肢号	$h(\text{m})$	$b(\text{m})$	$\rho=\dfrac{h}{b}$	$\zeta_1=\dfrac{1}{3\rho}$ $\zeta_2=\dfrac{1}{\rho^3+3\rho}$	$\delta=\dfrac{1}{\zeta}$	K
A	①	0.60	19.62	0.0306	10.9000	0.09174	$K_2=K_{2a}+4K_{2b}+K_{2c}$ $=0.9971$ $K=\dfrac{1}{\dfrac{1}{K_2}+\delta_1+\delta_3}$ $=0.7259$
	②a	2.10	1.02	2.0588	0.0671	14.9033	
	②b	2.10	1.80	1.1667	0.1965	5.0880	
	②c	2.10	1.50	1.4	0.1440	6.9440	
	③	1.85	19.62	0.0943	3.5351	0.28287	

注：墙段刚度 $K_{\text{w}}=KEt$。

B 轴纵墙的等效侧移刚度计算见表 5-17。

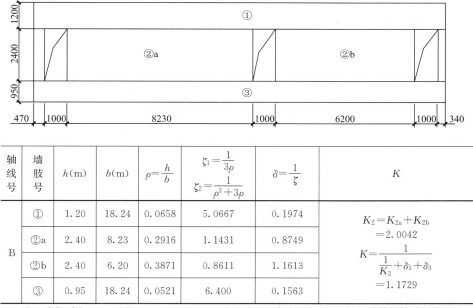

轴线号	墙肢号	$h(\text{m})$	$b(\text{m})$	$\rho=\dfrac{h}{b}$	$\zeta_1=\dfrac{1}{3\rho}$ $\zeta_2=\dfrac{1}{\rho^3+3\rho}$	$\delta=\dfrac{1}{\zeta}$	K
B	①	1.20	18.24	0.0658	5.0667	0.1974	$K_2=K_{2a}+K_{2b}$ $=2.0042$ $K=\dfrac{1}{\dfrac{1}{K_2}+\delta_1+\delta_3}$ $=1.1729$
	②a	2.40	8.23	0.2916	1.1431	0.8749	
	②b	2.40	6.20	0.3871	0.8611	1.1613	
	③	0.95	18.24	0.0521	6.400	0.1563	

注：墙段刚度 $K_{\text{w}}=KEt$。470mm、340mm 宽小墙段的高宽比大于 4，故取其等效侧移刚度 $=0$。

C 轴纵墙的等效侧移刚度计算见表 5-18。

C 轴墙肢刚度计算表　　　　　　　　　　　　表 5-18

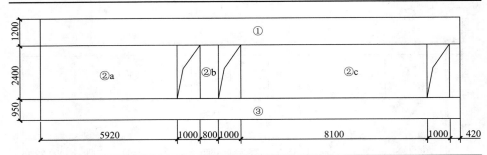

轴线号	墙肢号	h (m)	b (m)	$\rho = \dfrac{h}{b}$	$\zeta_1 = \dfrac{1}{3\rho}$ $\zeta_2 = \dfrac{1}{\rho^3 + 3\rho}$	$\delta = \dfrac{1}{\zeta}$	K
C	①	1.20	18.24	0.0658	5.0667	0.1974	$K_2 = K_{2a} + K_{2b} + K_{2c}$ $= 1.975$
	②a	2.40	5.92	0.4054	0.8222	1.2162	
	②b	2.40	0.80	3.000	0.0278	35.9710	$K = \dfrac{1}{\dfrac{1}{K_2} + \delta_1 + \delta_3}$
	②c	2.40	8.10	0.2963	1.1250	0.8889	
	③	0.95	18.24	0.0521	6.400	0.1563	$= 1.1628$

注：墙段刚度 $K_w = KEt$。420mm 宽的小墙段的等效侧移刚度为 0。

首层纵墙等效侧移刚度总和为：

$$k_1 = (0.7256 \times 2 + 1.1729 + 1.1628)Et = 3.7869Et$$

纵墙抗震承载力验算：

A 轴上 1.8m 宽墙段工 4 处，其中②b 墙段为自承重墙，竖向压应力最小，为不利墙段，抗剪强度验算如下：

地震剪力设计值为：

$$V = \frac{k}{k_1}V_1 = \frac{0.1965}{3.7869} \times 777.90 = 40.36 \text{kN}$$

本层 1/2 墙高处墙自重产生的压应力为：

$$\frac{(3 \times 3.6 + 0.5 \times 4.55) \times 5.24}{0.24 \times 10^3} = 0.285 \text{MPa}$$

$$\frac{3.6 \times 1.5 \times 3 \times 5.24 + 1.8 \times 2.1 \times 3 \times 5.24 + 3.6 \times 0.6 \times 7.71 + 1.8 \times (2.275 - 0.6) \times 7.71}{1.8 \times 0.37 \times 10^3}$$

$$= 0.277 \text{MPa}$$

对应于重力荷载代表值的平均压应力为：

$$\sigma_0 = 0.277 \text{MPa}$$

M5 砂浆，$f_v = 0.11$MPa，则 $\sigma_{0,14}/f_v = 0.277/0.11 = 2.518$，查表 5-6 得 $\zeta_N = 1.187$。

由式（5-27）：

$$f_{vE} = 1.187 \times 0.11 = 0.131 \text{MPa}$$

按式（5-30）：

$$\frac{1}{\gamma_{RE}} f_{vE} A = \frac{1}{0.9} \times 0.131 \times 1.8 \times 0.37 \times 10^3 = 96.94 \text{kN} > 40.36 \text{kN}，安全。$$

需注意，本算例所选墙段仅为说明计算步骤，实际设计中，尚应选其他强度可能不足的墙段进行验算。

5.7 底部框架-抗震墙砌体房屋抗震设计

底部框架-抗震墙砌体房屋一般是指底层或底部两层由钢筋混凝土框架和一定数量的钢筋混凝土抗震墙（或黏土砖抗震墙）承重，上部各层由黏土砖墙承重的混合结构。这种房屋多用于底部为商业等，上部为住宅的建筑。

底层框架砖房上部各层纵、横墙较密，重量大，侧向刚度大；而底部框架的侧向刚度与上部结构的相差较大，这样就形成了"上刚下柔"的结构体系。侧向刚度的急剧变化，使侧向变形集中于相对薄弱的底层，对抗震非常不利。因此，尽管底层框架砖房结构的经济性较好，但应用这种结构形式应受到一定限制。《抗震规范》允许在结构布置、计算、构造等方面满足一定要求后，用于 8 度及以下地区。

下面分别从结构布置原则、抗震计算要点和构造措施三方面对底部框架-抗震墙砌体房屋的抗震设计主要内容进行介绍。

5.7.1 结构布置原则

1. 上部砌体墙体的布置

底框架房屋上部砌体结构的自重很大，为了使下部的框架-抗震墙结构更好地传递上部荷载，除楼梯间附近的个别墙段外，上部的砌体墙体与底部的框架梁或抗震墙均应对齐。

2. 底部抗震墙的布置

由于底层框架和上部砌体结构的刚度相差悬殊，为了避免地震中底层产生过大位移，《抗震规范》要求，在房屋的底部，应沿纵横两方向设置一定数量的抗震墙，并应均匀对称布置。

底层的抗震墙作为第一道防线的抗侧力构件，它的作用相当于框架-抗震墙结构的抗震墙。抗震墙选用的材料可以是砖砌体或其他砌体，也可以是钢筋混凝土。抗震墙是既承担竖向荷载又承担水平地震作用的主要构件。设计时让框架只承担小部分地震作用，将框架作为具有安全储备的抗震的第二道防线。

《抗震规范》规定，6 度且总层数不超过四层的底层框架-抗震墙砌体房屋，应允许采用嵌砌于框架之间的约束普通砖砌体或小砌块砌体的砌体抗震墙，但应计入砌体墙对框架的附加轴力和附加剪力并进行底层的抗震验算，且同一方向不应同时采用钢筋混凝土抗震墙和约束砌体抗震墙；其余情况，8 度时应采用钢筋混凝土抗震墙，6、7 度时应采用钢筋混凝土抗震墙或配筋小砌块砌体抗震墙。

3. 底部框架与上部砌体结构侧向刚度比的限制

（1）底层框架-抗震墙砌体房屋的纵横两个方向，第二层计入构造柱影响的侧向刚度与底层侧向刚度的比值，6、7 度时不应大于 2.5，8 度时不应大于 2.0，且均不应小于 1.0。

（2）底部两层框架-抗震墙砌体房屋的纵横两个方向，底层与底部第二层侧向刚度应接近，第三层计入构造柱影响的侧向刚度与底部第二层侧向刚度的比值，6、7 度时不应大于 2.0，8 度时不应大于 1.5，且均不应小于 1.0。

4. 抗震墙基础

底部框架-抗震墙砌体房屋的抗震墙应设置条形基础、筏形基础等整体性好的基础。

5.7.2　抗震计算要求

1. 层间地震剪力计算

底部框架-抗震墙砌体房屋可采用底部剪力法，底部剪力、质点地震作用及层间剪力的计算方法与一般多层砌体结构房屋相同，但考虑到变形相对集中于底层对结构的不利影响，需对底层的地震作用作适当的调整。《抗震规范》规定，底层框架-抗震墙房屋底层的纵向和横向地震剪力设计值均应乘以增大系数 η，即

$$V_1 = \gamma_{\mathrm{Eh}} \eta \alpha_{\max} G_{\mathrm{eq}} \tag{5-32}$$

式中　η——地震剪力增大系数，可根据第二层与底层侧移刚度比值 γ 的大小在 1.2~1.5 范围内选用，一般取

$$\eta = \sqrt{\gamma} \tag{5-33}$$

当 $\eta < 1.2$ 时，取 $\eta = 1.2$；当 $\eta > 1.5$ 时，取 $\eta = 1.5$。

2. 底部框架柱的地震剪力计算

按两道防线思想设计时，在结构弹性阶段，考虑抗震墙承担全部地震剪力；进入弹塑性阶段以后，考虑到抗震墙的损伤，由抗震墙和框架柱共同承担地震剪力。《抗震规范》规定：框架柱承担的地震剪力设计值，可按各抗侧力构件有效侧向刚度比例分配确定；有效侧向刚度的取值，框架不折减；混凝土墙或配筋混凝土小砌块砌体墙可乘以折减系数 0.30；约束普通砖砌体或小砌块砌体抗震墙可乘以折减系数 0.20。据此可确定框架柱所承担的地震剪力为：

$$V_{\mathrm{c}} = \frac{K_{\mathrm{c}}}{0.3\Sigma K_{\mathrm{wc}} + 0.2\Sigma K_{\mathrm{wm}} + \Sigma K_{\mathrm{c}}} V_1 \tag{5-34}$$

式中　K_{wc}、K_{wm}、K_{c}——分别为一片混凝土抗震墙、一片砖抗震墙、一根钢筋混凝土框架柱的侧移刚度。

3. 倾覆力矩及柱附加轴力计算

框架柱的设计尚需考虑地震倾覆力矩引起的附加轴力。作用于整个房屋底层的地震倾覆力矩 M_1 为（图 5-21）：

$$M_1 = \sum_{i=2}^{n} F_i (H_i - H_1) \tag{5-35}$$

上部砌体结构可视为刚体，底部每榀框架所承担的地震倾覆力矩，可近似按底部抗震墙和框架的侧向刚度的比例分配确定。更精确的方法是按底部抗震墙和框架的转动刚度的比例分配确定。

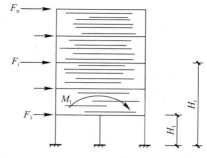

图 5-21　底部框架的倾覆力矩

一片抗震墙承担的倾覆力矩 M_w 和一榀框架承担的倾覆力矩 M_f 分别为：

$$M_w = \frac{K'_w}{\Sigma K'_w + \Sigma K'_f} M_1 \qquad (5\text{-}36a)$$

$$M_f = \frac{K'_w}{\Sigma K'_w + \Sigma K'_f} M_1 \qquad (5\text{-}36b)$$

式中　K'_w——底层一片抗震墙的平面内转动刚度；

K'_f——一榀框架沿自身平面内的转动刚度。

K'_w、K'_f 分别由式（5-37a）、式（5-37b）计算：

$$K'_w = \frac{1}{\dfrac{h}{EI} + \dfrac{1}{C_\phi I_\phi}} \qquad (5\text{-}37a)$$

$$K'_f = \frac{1}{\dfrac{h}{E\Sigma(A_i x_i^2)} + \dfrac{1}{C_z \Sigma(F'_i x_i^2)}} \qquad (5\text{-}37b)$$

式中　I、I_ϕ——抗震墙水平截面惯性矩和基础底面转动惯量；

C_z、C_ϕ——地基抗压和抗弯刚度系数（kN/m^3），它们与地基土的性质、基础底面积、基础形状、埋深、基础刚度等基础特性及扰力特性有关，宜由现场试验确定，也可按 $C_\phi = 2.15 C_z$ 近似求得；

A_i、F'_i——第 i 根柱的水平截面面积和基础底面积；

x_i——第 i 根柱到所在框架中和轴的距离。

假定附加轴力由全部框架柱承担，则倾覆力矩 M_f 在框架柱中产生的附加轴力为：

$$N'_i = \pm \frac{A_i x_i}{\sum\limits_{i=1}^{n}(A_i x_i^2)} M_f \qquad (5\text{-}38)$$

式中　n——一榀框架中框架柱的总数。

此外，对于采用嵌砌于框架之间的普通砖或小砌块的砌体墙作为抗震墙的底部框架，由于抗震墙及周边框架共同承担的地震剪力将通过周边框架向下传递，因此，底层框架柱的轴向力和剪力，应计入砖墙或小砌块墙引起的附加轴力和附加剪力，其值可按下列公式确定：

$$N_f = \frac{V_w H_f}{l} \qquad (5\text{-}39a)$$

$$V_f = V_w \qquad (5\text{-}39b)$$

式中　V_w——墙体承担的剪力设计值，柱两侧有墙时可取两者的较大值；

196

N_f——框架柱的附加轴力设计值；

V_f——框架柱的附加剪力值；

H_f、l——分别为框架的层高和跨度。

4. 抗震墙承载力验算

对底部框架-抗震墙砌体房屋的底部框架及抗震墙按上述方法求得地震作用效应后，可分别对钢筋混凝土构件及砌体墙进行抗震强度验算。此时，底部钢筋混凝土框架的抗震等级，6、7、8度应分别按三、二、一级采用；钢筋混凝土抗震墙的抗震等级，6、7、8度应分别按三、三、二级采用。

进行底部抗震墙的抗震承载力验算时，应按底层或底部两层的纵向和横向地震剪力全部由该方向的抗震墙承担这一原则来确定抗震墙的地震剪力设计值。底层框架-抗震墙房屋中嵌砌于框架之间的普通砖或小砌块的砌体墙，其抗震受剪承载力应按下式验算：

$$V \leqslant \frac{1}{\gamma_{REc}} \Sigma (M_{yc}^u + M_{yc}^l)/H_0 + \frac{1}{\gamma_{REw}} \Sigma f_{vE} A_{w0} \tag{5-40}$$

式中　V——嵌砌普通砖墙或小砌块墙及两端框架柱的剪力设计值；

A_{w0}——砖墙或小砌块墙水平截面的计算面积，无洞口时取实际截面的1.25倍，有洞口时取截面的净面积，但不计入宽度小于洞口高度1/4的墙肢截面面积；

M_{yc}^u、M_{yc}^l——分别为底层框架柱上下端的正截面受弯承载力设计值，可按现行国家标准《混凝土结构设计规范》中非抗震设计的有关公式取等号计算；

H_0——底层框架柱的计算高度，两侧均有砌体墙时取柱净高的2/3，其余情况取柱净高；

γ_{REc}——底层框架柱承载力抗震调整系数，可采用0.8；

γ_{REw}——嵌砌普通砖墙或小砌块墙承载力抗震调整系数，可采用0.9。

5.7.3　抗震构造措施

底部框架-抗震墙砌体房屋的抗震性能总体上要弱于多层砌体房屋，因此在构造柱的设置上要求更加严格。底部框架-抗震墙砌体房屋相邻的上一层砌体楼层为过渡层，在地震时破坏较重，抗震设计时应采取加强措施。底框架房屋中的钢筋混凝土抗震墙是底部抵抗水平地震作用的主要抗侧力构件，而且往往为低矮抗震墙，因此在应采取更严格的抗震构造措施，以加强其抗震能力。底部框架-抗震墙房屋的框架柱不同于一般框架-抗震墙结构中的框架柱的要求，大体上接近框支柱的有关要求。对柱的轴压比、纵向钢筋和箍筋的要求，可参照框架结构对柱的要求，同时箍筋全高加密。

底部框架-抗震墙砌体房屋的抗震构造措施具体如下：

1. 构造柱的设置

底部框架-抗震墙砌体房屋的上部应根据房屋的总层数分别按表5-10和表5-14的规定设置钢筋混凝土构造柱或芯柱。过渡层应在底部框架柱、混凝土墙或约束砌体墙的构造柱所对应处设置构造柱或芯柱。砖砌体墙中构造柱截面不宜小于240mm×240mm（墙厚190mm时为240mm×190mm）；构造柱的纵向钢筋不宜少于4ϕ14，箍筋间距不宜大于200mm；芯柱每孔插筋不应小于1ϕ14，芯柱之间沿墙高应每隔400mm设ϕ4焊接钢筋网片。构造柱、芯柱应与每层圈梁连接，或与现浇楼板可靠拉接。

2. 过渡层墙体的构造要求

过渡层上部砌体墙的中心线宜与底部的框架梁、抗震墙的中心线相重合；构造柱或芯柱宜与框架柱上下贯通。过渡层应在底部框架柱、混凝土墙或约束砌体墙的构造柱所对应处设置构造柱或芯柱；墙体内的构造柱间距不宜大于层高；芯柱除按表5-14设置外，最大间距不宜大于1m。

过渡层构造柱的纵向钢筋，6、7度时不宜少于4ϕ16，8度时不宜少于4ϕ18。过渡层芯柱的纵向钢筋，6、7度时不宜少于每孔1ϕ16，8度时不宜少于每孔1ϕ18。一般情况下，纵向钢筋应锚入下部的框架柱或混凝土墙内；当纵向钢筋锚固在托墙梁内时，托墙梁的相应位置应加强。

过渡层的砌体墙在窗台标高处，应设置沿纵横墙通长的水平现浇钢筋混凝土带；其截面高度不小于60mm，宽度不小于墙厚，纵向钢筋不少于2ϕ10，横向分布筋的直径不小于6mm且其间距不大于200mm。此外，砖砌体墙在相邻构造柱间的墙体，应沿墙高每隔360mm设置2ϕ6通长水平钢筋和ϕ4分布短筋平面内点焊组成的拉结网片或ϕ4点焊钢筋网片，并锚入构造柱内；小砌块砌体墙芯柱之间沿墙高应每隔400mm设置ϕ4通长水平点焊钢筋网片。当过渡层的砌体抗震墙与底部框架梁、墙体不对齐时，应在底部框架内设置托墙转换梁，并且过渡层砖墙或砌块墙应采取比上述更高的加强措施。过渡层的砌体墙，凡宽度不小于1.2m的门洞和2.1m的窗洞，洞口两侧宜增设截面不小于120mm×240mm（墙厚190mm时为120mm×190mm）的构造柱或单孔芯柱。

3. 抗震墙的构造要求

底部框架-抗震墙砌体房屋的底部采用钢筋混凝土墙时，墙体周边应设置梁（或暗梁）和边框柱（或框架柱）组成的边框；边框梁的截面宽度不宜小于墙板厚度的1.5倍，截面高度不宜小于墙板厚度的2.5倍；边框柱的截面高度不宜小于墙板厚度的2倍；墙板的厚度不宜小于160mm，且不应小于墙板净高的1/20；墙体宜开设洞口形成若干墙段，各墙段的高宽比不宜小于2；墙体的竖向和横向分布钢筋配筋率均不应小于0.30%，并应采用双排布置；双排分布钢筋间拉筋的间距不应大于600mm，直径不应小于6mm。

当6度设防的底层框架-抗震墙砖房的底层采用约束砖砌体墙时，砖墙厚不应小于240mm，砌筑砂浆强度等级不应低于M10，应先砌墙后浇框架；沿框架柱每隔300mm配置2ϕ8水平钢筋和ϕ4分布短筋平面内点焊组成的拉结网片，并沿砖墙水平通长设置；在墙体半高处尚应设置与框架柱相连的钢筋混凝土水平系梁；墙长大于4m时和洞口两侧，应在墙内增设钢筋混凝土构造柱。

当 6 度设防的底层框架-抗震墙砌块房屋的底层采用约束小砌块砌体墙时，墙厚不应小于 190mm，砌筑砂浆强度等级不应低于 Mb10，应先砌墙后浇框架；沿框架柱每隔 400mm 配置 2φ8 水平钢筋和 φ4 分布短筋平面内点焊组成的拉结网片，并沿砌块墙水平通长设置；在墙体半高处尚应设置与框架柱相连的钢筋混凝土水平系梁，系梁截面不应小于 190mm×190mm，纵筋不应小于 4φ12，箍筋直径不应小于 φ6，间距不应大于 200mm。

墙体在门、窗洞口两侧应设置芯柱，墙长大于 4m 时，应在墙内增设芯柱，芯柱应符合前述有关多层小砌块房屋芯柱的构造要求；其余位置，宜采用钢筋混凝土构造柱替代芯柱，钢筋混凝土构造柱应符合前述相关的构造要求。

4. 框架柱的构造要求

底部框架-抗震墙砌体房屋框架柱的截面不应小于 400mm×400mm，圆柱直径不应小于 450mm；柱的轴压比，6 度时不宜大于 0.85，7 度时不宜大于 0.75，8 度时不宜大于 0.65。柱的纵向钢筋最小总配筋率，当钢筋的强度标准值低于 400MPa 时，中柱在 6、7 度时不应小于 0.9%，8 度时不应小于 1.1%；边柱、角柱和混凝土抗震墙端柱在 6、7 度时不应小于 1.0%，8 度时不应小于 1.2%。柱的箍筋直径，6、7 度时不应小于 8mm，8 度时不应小于 l0mm，并应全高加密箍筋，间距不大于 100mm。柱的最上端和最下端组合的弯矩设计值应乘以增大系数，一、二、三级的增大系数应分别按 1.5、1.25 和 1.15 采用。

5. 楼盖的构造要求

底部框架-抗震墙砌体房屋的过渡层的底板应采用现浇钢筋混凝土板，板厚不应小于 120mm；并应少开洞、开小洞，当洞口尺寸大于 800mm 时，洞口周边应设置边梁；其他楼层，采用装配式钢筋混凝土楼板时均应设现浇圈梁；采用现浇钢筋混凝土楼板时应允许不另设圈梁，但楼板沿抗震墙体周边均应加强配筋并应与相应的构造柱可靠连接。

6. 托墙梁的构造要求

底部框架-抗震墙砌体房屋的钢筋混凝土托墙梁的截面宽度不应小于 300mm，梁的截面高度不应小于跨度的 1/10；箍筋的直径不应小于 8mm，间距不应大于 200mm；梁端在 1.5 倍梁高且不小于 1/5 梁净跨范围内，以及上部墙体的洞口处和洞口两侧各 500mm 且不小于梁高的范围内，箍筋间距不应大于 100mm；沿梁高应设腰筋，数量不应少于 2φ14，间距不应大于 200mm；梁的纵向受力钢筋和腰筋应按受拉钢筋的要求锚固在柱内，且支座上部的纵向钢筋在柱内的锚固长度应符合钢筋混凝土框支梁的有关要求。

7. 材料要求

底部框架-抗震墙砌体房屋中框架柱、混凝土墙和托墙梁的混凝土强度等级，不应低于 C30；过渡层砌体块材的强度等级不应低于 MU10，砖砌体砌筑砂浆强度的等级不应低于 M10，砌块砌体砌筑砂浆强度的等级不应低于 Mb10。

小结及学习指导

本章主要介绍砌体房屋和底部框架砌体房屋的抗震设计方法，学习中主要把握以下内容：

（1）要对砌体房屋和底部框架砌体房屋的震害现象进行分析，从而理解震害现象产生的机理，进而把握抗震设计的方法。

（2）从抗震概念设计的层面上，掌握砌体房屋和底部框架砌体房屋抗震设计的一般规定。

（3）对于多层砌体房屋的地震作用，可按照底部剪力法来确定，考虑到砌体结构的自振周期较短，水平地震影响系数取最大值。

（4）掌握无洞墙体、小开洞墙体和开规则洞口墙体的侧移刚度的计算方法。横向楼层地震剪力在各墙体之间的分配时，对于刚性楼盖按照刚度进行分配，如果各横墙的高度、材料相同时，可按各墙的横截面积进行分配；对于柔性楼盖，需要按各墙所承担的重力荷载代表值的比例进行分配；中等刚性楼盖房屋，可按刚性楼盖和柔性楼盖的分配结果取平均值。纵向地震剪力可按各纵墙侧移刚度比例进行分配。

思考题与习题

5-1 多层砌体结构房屋的总高度限值与哪些因素有关？

5-2 限制房屋高宽比的目的是什么？

5-3 多层砌体结构房屋的计算简图如何选取？

5-4 构造柱的施工顺序？

5-5 底框架-抗震墙砌体房屋的底部抗震墙有几种类型？砌体抗震墙的施工要求是什么？

5-6 多层砌体结构房屋的抗震构造措施包括哪些方面？

5-7 钢筋混凝土圈梁和构造柱的作用是什么？

5-8 底框架-抗震墙砌体房屋的抗震构造措施主要有哪些？

第6章
单层钢筋混凝土厂房抗震设计

本章知识点

【知识点】单层钢筋混凝土厂房震害现象的分析，单层钢筋混凝土厂房抗震设计的一般规定、抗震计算方法及抗震构造措施，单层钢筋混凝土厂房抗震设计的实例。

【重　点】掌握单层钢筋混凝土厂房抗震设计的一般规定，能够利用《抗震规范》对单层钢筋混凝土厂房进行抗震设计。

【难　点】单层工业厂房纵向抗震计算的柱列法、修正刚度法及空间分析法的原理。

6.1　震害现象

由于单层工业厂房在设计时考虑了类似水平地震作用的风荷载和吊车的水平制动力，因此这类结构在6度、7度区主体结构和支撑系统基本保持完好，少数围护墙局部开裂或外闪；在8度、9度区，由于地震作用较大，主体结构会有不同程度的破坏，支撑中出现杆件压曲或节点拉脱，砖围护墙严重开裂，连接较差的围护墙大面积倒塌，一些重屋盖厂房，屋盖塌落；在10度、11度区许多厂房倾倒毁坏。

下面对钢筋混凝土柱厂房各部分的主要震害进行介绍与分析。

6.1.1　屋盖系统

1. 屋面板

震害表现为屋面板震落、错动（图6-1和图6-2），其原因是屋面板端部预埋件小，屋面板与屋架（梁）的焊点数量不足或焊接不牢（没保证三个角点焊联、焊缝长度不足、焊接质量差等）；严重者在部分或大批屋面板坠落后，屋架即失稳而倒塌。

图6-1　某厂房轻型屋面板掉落

图 6-2　某厂房大型钢筋混凝土屋面板掉落

2．屋架

震害表现为屋架端头混凝土酥裂掉角，屋架与柱连接处破坏，屋架整榀倒塌或部分杆件破坏（图 6-3 和图 6-4）。原因是屋架端头与屋面板连接处剪力大，屋架在柱上支承长度不足，施焊不符合要求，埋件锚固不足等。

图 6-3　某厂房屋盖部分塌落

图 6-4　某厂房屋盖全部塌落

3．天窗架

由于天窗架的刚度远小于下部主体结构的刚度，受"鞭端效应"的影响，其地震作用较大。震害表现为支撑杆件压曲，支撑与天窗立柱联结节点被拉脱，天窗立柱根部开裂或折断等（图 6-5、图 6-6），从而使天窗架纵向歪斜，

图 6-5　某厂房屋架端部破坏

图 6-6　某厂房天窗架破坏

严重者倒塌。产生这些现象的原因除了天窗架所处的部位高、地震作用大以外，还有天窗架竖向支撑布置不合理或数量不足等。

图 6-7　某厂房屋架下弦支撑屈曲

4. 屋盖支撑

震害表现为杆件失稳压曲，特别是天窗架竖向支撑最为严重（图 6-7），原因是支撑数量不足、布置不合理。

6.1.2　柱

钢筋混凝土排架柱系统由于在设计中考虑了风荷载及吊车水平制动力，因此从 7～9 度区震后调查中未发现有折断、倾倒的

实例。但 10 度区部分厂房发生倾倒。然而柱子的局部破坏是普遍的，常见的震害有：

（1）上柱根部或吊车梁顶标高处出现水平裂缝、酥裂或折断（图 6-8）。

图 6-8　某厂房钢筋混凝土柱上部折断

原因是该部分刚度突然变化，产生应力集中。对于高低跨厂房的中柱，还有高振型的影响，会产生较大的内力，而上柱截面承载能力却相对较低。

（2）柱顶破坏（图 6-9）。

由于柱顶直接承受来自屋盖较大的纵横向及竖向荷载和地震作用，再加上柱顶有时存在着某些缺陷，如箍筋过稀、锚筋过细、锚固不足等，故柱顶常发生剪裂、压酥、拉裂和锚筋拔出等震害。

（3）下柱破坏（图 6-10）。

震害表现在柱根附近产生水平裂缝或环裂；严重时可发生酥碎乃至折断，原因是下柱弯矩和剪力过大，承载力不足。

图 6-9　某钢筋混凝土柱顶端与屋架连接部位严重破坏

（4）设有柱间支承的厂房，在柱间支撑与柱的连接部位，由于支撑连接部位的应力集中，多有水平裂缝出现（图6-11）。

图6-10　钢筋混凝土柱底严重破坏　　　　图6-11　柱间支撑屈曲

6.1.3　墙体

厂房外围护墙，高低跨处的高跨封墙和纵、横向厂房交接处的悬墙等，由于这些墙较高，与柱及屋盖连接较差，地震时最容易外闪，连同圈梁一起大面积倒塌（图6-12）。同时高跨封墙的倒塌，更易砸坏低跨屋盖，砸坏厂房内设备，有时会造成严重的次生灾害。

图6-12　围护墙体倒塌连同圈梁坠落

6.2　抗震设计一般规定

1. 厂房的平面布置

厂房的平面布置，应力求简单、规整、平直，使整个厂房结构的质量与刚度分布均匀、对称，尽可能使质量中心与刚度中心重合。具体应注意以下几点：

（1）为了减少地震时厂房的扭转效应，宜在厂房两端对称布置山墙，两侧纵墙刚度也应均匀对称。

（2）与厂房贴建的房屋，应沿厂房纵墙或山墙布置，不宜布置在厂房角部。

（3）当厂房体型复杂或有贴建房屋时，如沿厂房纵向屋盖高低错落，沿厂房横向高跨与低跨刚度相差悬殊，厂房侧边贴建生活间等，宜设防震缝。其防震缝宽度，在厂房纵横交接处可采用100～150mm，其他情况可采用50～90mm。

2. 屋盖系统

（1）天窗架是突出屋面的承重和抗侧力结构，地震反应较大。6～8度时，可采用矩形截面杆件的钢筋混凝土天窗架。9度时，宜采用下沉式天窗。天窗屋盖与端壁板宜采用轻型板材，天窗架宜从厂房单元端部第三柱间开始设置。

（2）厂房宜采用预应力混凝土屋架；跨度大于24m或8度Ⅲ、Ⅳ类场地和9度时应优先采用钢屋架；柱距为12m时，可采用预应力混凝土托架。

（3）厂房端部宜设屋架，不宜共用山墙承重。

3. 柱及柱间支撑

8度和9度时，厂房宜采用矩形、工字形截面柱或斜腹杆双肢柱，不宜采用薄壁工字形柱、腹板开孔工字形柱、预制腹板的工字形柱和管柱；柱底至室内地坪以上500mm范围内和阶形柱的上柱，宜采用矩形截面。

4. 围护结构

厂房围护墙宜采用轻质墙板或钢筋混凝土大型墙板，砌体围护墙应采用外贴式并与柱可靠拉结。外侧柱距为12m时应采用轻质墙板或钢筋混凝土大型墙板。厂房女儿墙的布置和构造措施应符合《抗震规范》对非结构构件的有关规定。

6.3 抗震计算

根据国内大量震害调查结果，《抗震规范》规定，对建造在7度Ⅰ、Ⅱ类场地、柱高不超过10m且结构单元两端有山墙的单跨及等高多跨厂房（锯齿形厂房除外），可不进行横向及纵向抗震验算。厂房抗震计算时，应根据屋盖高差和吊车设置情况，分别采用单质点、双质点或多质点模型计算地震作用。

6.3.1 横向计算

1. 基本假定

（1）单层钢筋混凝土排架厂房大多采用装配式无檩或有檩屋盖，这种屋盖在其平面内的刚度是有限的。因此，在水平地震作用下各柱顶的位移是不等的。为简化计算，通常厂房按排架计算，但必须考虑山墙对厂房空间工作，屋盖弹性变形与扭转，以及吊车桥架的影响。这些影响分别通过不同系数对地震作用、地震内力加以调整。

（2）厂房按平面排架进行动力分析时，将重力荷载集中于柱顶和吊车梁标高处。

（3）地震作用沿厂房高度按倒三角形分布。

2. 计算简图及等效重力荷载代表值

进行单层厂房横向计算时，根据以上假定，取一榀排架作为计算单元。它的动力分析计算简图，可根据厂房类型的不同，取为质量集中在不同标高处的下端固接于基础上端与横梁铰接的弹性直杆。

计算单层厂房自振周期和无吊车厂房地震作用时，厂房质量均集中于屋盖标高处。对于单跨及等高多跨厂房，可简化成单质点体系（图6-13a）；两跨不等高厂房可简化成两个质点体系（图6-13b），三跨不等高厂房可简化为三质点体系（图6-13c）。当厂房屋盖设有突出屋盖的天窗时，上述计算简图不变，而只需将天窗屋盖部分的重力荷载也集中到屋盖质点处即可。

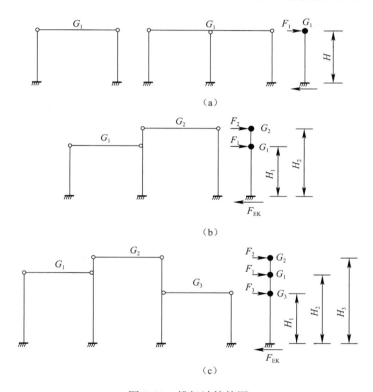

图6-13 排架计算简图
（a）单质点体系；（b）二质点体系；（c）三质点体系

3. 质量集中

当结构的计算模型自由度较少时，特别是取单质点模型时，如简单地把质量集中于楼盖处，将会造成较大的计算误差。因此，对于单层厂房的质量集中时，需要乘以质量集中系数，即将不同处的质量折算入总质量。

质量集中系数应根据一定的原则确定。例如，计算结构的动力特性时，应根据"周期等效"的原则；计算结构的地震作用时，对于排架应根据柱底

"弯矩相等"的原则,对于刚性剪力墙应根据墙底"剪力相等"的原则,经过计算分析后确定。单层排架厂房墙、柱、吊车梁等质量集中于屋架下弦处时的质量集中系数列于表 6-1。高低跨交接柱上高跨一侧的吊车梁靠近低跨屋盖,而将其质量集中于低跨屋盖时,集中质量取 1.0。

单层排架厂房的质量集中系数　　　　　表 6-1

计算阶段＼构件类型	弯曲型墙和柱	剪切型墙	柱上吊车梁
计算自振周期	0.25	0.35	0.50
计算地震作用效应	0.50	0.70	0.75

计算厂房自振周期时,集中于屋盖标高处质点等效重力荷载代表值可按下式计算:

(1) 单跨及等高多跨厂房:

$$G_1 = 1.0G_{屋盖} + 0.5G_{吊车梁} + 0.25G_{柱} + 0.25G_{纵墙} \tag{6-1}$$

(2) 两跨不等高厂房:

$$G_1 = 1.0G_{低跨屋盖} + 0.5G_{低跨吊车梁} + 0.25G_{低跨边柱} + 0.25G_{低跨纵墙}$$
$$+ 1.0G_{高跨吊车梁(中柱)} + 0.25G_{中柱下柱} + 0.5G_{中柱上柱} + 0.5G_{高跨封墙} \tag{6-2a}$$

$$G_2 = 1.0G_{高跨屋盖} + 0.5G_{高跨吊车梁(边跨)} + 0.25G_{高跨边柱} + 0.5G_{中柱上柱}$$
$$+ 0.25G_{高跨外横墙} + 0.5G_{高跨封墙} \tag{6-2b}$$

式中　　　　$G_{屋盖}$——屋盖重力荷载代表值(包括集中于屋盖处的活荷载和檐墙的重力荷载的代表值);

$G_{吊车梁}$、$G_{柱}$、$G_{纵墙}$——分别为吊车梁、柱、纵墙重力荷载代表值。

式 (6-2a) 中 $G_{高跨吊车梁(中柱)}$ 为中柱高跨吊车梁重力荷载代表值集中于低跨屋盖处的数值。当集中于高跨屋盖处时,应乘以 0.5 的质量集中系数。至于是集中到低跨屋盖处还是集中到高跨屋盖处,应以就近集中为原则。

计算厂房地震作用时,各点等效重力荷载代表值可按下式计算:

(1) 单跨及等高多跨厂房:

$$G_1 = 1.0G_{屋盖} + 0.75G_{吊车梁} + 0.5G_{柱} + 0.5G_{纵墙} \tag{6-3}$$

(2) 两跨不等高厂房:

$$G_1 = 1.0G_{低跨屋盖} + 0.75G_{低跨吊车梁} + 0.5G_{低跨边柱} + 0.5G_{低跨纵墙}$$
$$+ 1.0G_{高跨吊车梁(中柱)} + 0.5G_{中柱下柱} + 0.5G_{中柱上柱} + 0.5G_{高跨封墙} \tag{6-4a}$$

$$G_2 = 1.0G_{高跨屋盖} + 0.75G_{高跨吊车梁(边跨)} + 0.5G_{高跨边柱} + 0.5G_{中柱上柱}$$
$$+ 0.5G_{高跨外横墙} + 0.5G_{高跨封墙} \tag{6-4b}$$

计算厂房横向自振周期时,一般不考虑吊车桥架重力荷载,因为它对排架自振周期影响很小。而且这样处理,对厂房抗震计算是偏于安全的。

在计算厂房地震作用时,对于设有吊车的厂房、需要考虑吊车桥架重力荷载(如为硬钩吊车,尚应包括最大吊重的 30%),一般是把某跨吊车桥架重力荷载集中于该跨的任一柱的吊车梁顶面标高处。如两跨不等高厂房均设有吊车，则在确定厂房地震作用时应按四个集中质点考虑，参见图 6-14。

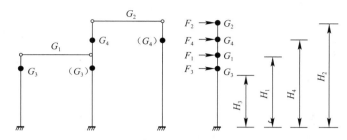

图 6-14　不等高排架的计算简图

4. 基本周期的计算

对单自由度体系，自振周期 T 的计算公式为：

$$T = 2\pi \sqrt{\frac{m}{k}} \tag{6-5}$$

式中　m——质量；

k——刚度。

对多自由度体系，可用能量法计算基本自振周期 T_1，公式为：

$$T_1 = 2\pi \sqrt{\frac{\sum\limits_{i=1}^{n} m_i u_i^2}{\sum\limits_{i=1}^{n} G_i u_i}} \tag{6-6}$$

式中　m_i、G_i——分别为第 i 质点的质量和重量；

u_i——在全部 $G_i (i=1,\cdots,n)$ 沿水平方向的作用下第 i 质点的侧移；

n——自由度数。

5. 自振周期的修正

上述各类厂房横向基本周期均按铰接排架计算的。考虑屋架与柱之间连接的实际情况，或多或少有某些固结作用，此外，在计算中也未考虑围护墙对排架侧向变形的约束作用，因而按上述各公式所算得的基本周期偏长。为此，《抗震规范》规定，由钢筋混凝土屋架与钢筋混凝土或钢柱组成的排架有纵墙时取周期计算值的 80%，无纵墙时取 90%。

6. 排架地震作用的计算

厂房总水平地震作用标准值可按底部剪力法计算如下：

$$F_{EK} = \alpha_1 G_{eq} \tag{6-7}$$

式中　F_{EK}——厂房总水平地震作用标准值；

α_1——相应于基本周期 T_1 的地震影响系数；

G_{eq}——集中于柱顶的等效重力荷载代表值，对单质点取全部等效重力荷载代表值；多质点取全部等效重力荷载代表值的 85%。

沿厂房排架高度的质点 i 的水平地震作用标准值为：

第 6 章 单层钢筋混凝土厂房抗震设计

208

$$F_i = \frac{G_i H_i}{\sum\limits_{j=1}^{n} G_j H_j} F_{\text{EK}} \qquad (6-8)$$

对较为复杂的厂房，例如高低跨高度相差较大的厂房，采用底部剪力法计算时，由于不能反映高振型的影响，误差较大。高低跨相交处柱牛腿的水平拉力主要由高振型引起，此拉力的计算是底部剪力法无法实现的。在这些情况下，就需要采用振型分解法。

7. 考虑厂房空间工作和扭转影响对排架地震作用的调整

理论分析表明，当厂房山墙的距离不是很大，且为钢筋混凝土屋盖时，厂房上的地震作用将有一部分通过屋盖传给山墙，而使厂房排架上的地震作用减小。这就是厂房的空间作用。图 6-15 表示厂房无山墙和有山墙时厂房屋盖在水平力作用下的变形示意图。由图可清楚地看出，由于山墙在其自身平面内的侧移刚度比排架大得多，厂房各排架的侧移不等，中间排架侧移 Δ_1 最大，其他排架侧移由中间向两端逐渐减小。即中间排架侧移由于山墙的作用，使厂房的实际侧移值比按平面排架计算侧移值减小。根据钢筋混凝土有檩屋盖厂房的实测结果，当山墙间距在 78~42m 之间时，厂房中间排架的侧移与按平面排架计算所求得的侧移之比为 0.43~0.216。

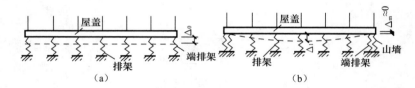

图 6-15　厂房屋盖的变形图

可以预见，当为钢筋混凝土无檩屋盖时，在相同的山墙条件下，两者的比值将会更小。所以，厂房的空间工作对排架地震作用的影响应予以考虑。同时，厂房扭转对排架地震作用的影响，也是不容忽略的。在抗震计算中也应予以考虑。

《抗震规范》考虑厂房空间工作和扭转影响，是通过对平面排架地震效应（弯矩、剪力）的调整来体现的。也就是按平面排架分析所求得的地震弯矩和剪力应乘以相应的调整系数（高低跨交接处截面内力除外），其值按表 6-2 采用。

钢筋混凝土柱考虑空间工作和扭转影响的效应调整系数 　　**表 6-2**

屋盖	山墙		屋盖长度（m）											
			≤30	36	42	48	54	60	66	72	78	84	90	96
钢筋混凝土无檩屋盖	两端山墙	等高厂房	—	—	0.75	0.75	0.75	0.8	0.8	0.8	0.85	0.85	0.85	0.9
		不等高厂房	—	—	0.85	0.85	0.85	0.9	0.9	0.9	0.95	0.95	0.95	1.0
	一端山墙		1.05	1.15	1.2	1.25	1.3	1.3	1.3	1.3	1.35	1.35	1.35	1.35
钢筋混凝土有檩屋盖	两端山墙	等高厂房	—	—	0.8	0.85	0.9	0.95	0.95	1.0	1.0	1.05	1.05	1.10
		不等高厂房	—	—	0.85	0.9	0.95	1.0	1.0	1.05	1.05	1.1	1.1	1.15
	一端山墙		1.0	1.05	1.1	1.1	1.15	1.15	1.15	1.2	1.2	1.2	1.25	1.25

必须指出，表6-2的空间工作和扭转影响的效应调整系数，是在一定条件下拟定的，应用时厂房应符合下列条件的要求：

（1）设防烈度为7度和8度。

（2）厂房单元屋盖长度与总跨度之比小于8或厂房总跨度大于12m。这里的屋盖长度是指山墙到山墙的间距。仅一端有山墙时，应取所考虑排架至山墙或到顶横墙的间距；高低跨相差较大的不等高厂房，总跨度可不包括低跨。

由表6-2中调整系数的变化规律可看出：

（1）空间工作效应调整系数不等于真正的空间作用系数，因为按单个排架计算的周期比厂房实际周期要长。所以，表中的空间工作效应调整系数有时反而大于1。

（2）对于一端有山墙的非对称厂房，效应调整系数包含着屋盖空间工作和厂房扭转两个因素，因而其数值比相同情况的对称厂房仅考虑屋盖空间工作时的数值要大。

（3）屋盖刚度不同，效应调整系数不同。当两端有山墙时，无檩屋盖的空间工作效应调整系数要比有檩屋盖的小，即厂房排架水平地震作用折减得多一些。当只有一端有山墙时，无檩屋盖的效应调整系数均比有檩屋盖的大。这是因为无檩屋盖的横向刚度大，因而对厂房排架造成的扭转效应更大所致。

8. 排架内力分析

求出地震作用标准值 F_i 后，便可将其当作静载施加在排架屋盖和吊车轨道顶标高处，按一般方法进行排架内力分析，然后再求出各柱的控制截面的地震内力。

在进行排架内力分析时，除了按上述一般规定计算外，还要对构件的一些特殊部位的地震效应进行补充计算和调整，这些在《抗震规范》中都作了明确的规定。现介绍如下：

（1）突出屋面的天窗架

突出屋面具有斜撑杆的三铰拱式钢筋混凝土和钢天窗架的横向抗震计算，可按底部剪力法计算，即天窗架可作为一个独立的集中于该屋盖处的质点来考虑，按式（6-8）计算。对于跨度大于9m或9度时，作用于混凝土天窗架上的地震作用效应应乘以增大系数1.5。

（2）高低跨交接处的钢筋混凝土柱

在排架高低跨交接处的钢筋混凝土柱支承低跨屋盖牛腿以上各截面，按底部剪力法求得的地震剪力和弯矩，应乘以增大系数，其值可按下式计算：

$$\eta = \zeta\left(1 + 1.7\,\frac{n_h}{n_0}\,\frac{G_{El}}{G_{Eh}}\right) \tag{6-9}$$

式中　η——地震剪力和弯矩的增大系数；

　　　ζ——不等高厂房高低跨交接处的空间工作影响系数，按表6-3采用；

　　　n_h——高跨的跨数；

n_0——计算跨数，仅一侧有低跨时应取总跨数，两侧均有低跨时应取总跨数与高跨跨数之和；

G_{El}——集中于交接处一侧各低跨屋盖标高处的总重力荷载代表值；

G_{Eh}——集中于高跨柱顶标高处的总重力荷载代表值。

高低跨交接处钢筋混凝土上柱空间工作影响系数　　表 6-3

屋盖	山墙	屋盖长度（m）										
		≤36	42	48	54	60	66	72	78	84	90	96
钢筋混凝土无檩屋盖	两端山墙	—	0.7	0.76	0.82	0.88	0.94	1.0	1.06	1.06	1.06	1.06
	一端山墙	1.25										
钢筋混凝土有檩屋盖	两端山墙	—	0.9	1.0	1.05	1.1	1.1	1.15	1.15	1.15	1.2	1.2
	一端山墙	1.05										

（3）吊车桥架对排架柱局部地震作用效应的修正

钢筋混凝土柱单层厂房的吊车梁顶标高处的上柱截面，由吊车桥架引起的地震剪力和弯矩，应乘以表 6-4 的增大系数。

桥架引起的地震剪力和弯矩增大系数　　表 6-4

屋盖类型	山墙	边柱	高低跨柱	其他中柱
钢筋混凝土无檩屋盖	两端山墙	2.0	2.5	3.0
	一端山墙	1.5	2.0	2.5
钢筋混凝土有檩屋盖	两端山墙	1.5	2.0	2.5
	一端山墙	1.5	2.0	2.0

9. 内力组合及构件抗震承载力验算

内力组合是指地震内力（由于地震作用是往复作用的，故地震内力符号可正可负）与其相对应的正常荷载引起的内力根据可能出现的最不利情况所进行的组合。《抗震规范》规定，当进行地震内力组合时，不考虑吊车横向水平制动力引起的内力。当考虑地震内力组合（包括荷载分项系数、承载力抗震调整系数影响）小于正常荷载下的内力组合时，取正常荷载下的内力组合。

单层钢筋混凝土柱厂房柱的抗震承载力验算，可按现行《混凝土结构设计规范》进行。

6.3.2　纵向计算

震害现象表明，厂房的纵向抗震能力较差，甚至低于厂房的横向抗震能力。因此，需要对厂房的纵向进行详细的抗震计算分析。

在地震作用下，厂房的纵向是整体空间工作的，并且或多或少总伴随着扭转影响。厂房纵向受力体系是由柱间支撑、柱列、纵墙和屋面等组成。柱间支撑的抗侧移刚度比柱列大得多；纵墙的抗侧移刚度也是相当大的，但当开裂以后，其刚度急剧退化；屋面纵向刚度随着屋面形式的不同差别很大。

《抗震规范》规定，钢筋混凝土无檩和有檩屋盖及有较完整支撑系统的轻型屋盖厂房，其纵向抗震验算可采用下列方法：（1）一般情况下，宜考虑屋盖的纵向弹性变形、围护墙与隔墙的有效刚度以及扭转的影响,按多质点进行空间结构分析;(2)柱顶标高不大于15m且平均跨度不大于30m的单跨或等高多跨的钢筋混凝土柱厂房,宜采用修正刚度法计算;(3)纵墙对称布置的单跨厂房和轻型屋盖的多跨厂房,可按柱列分片独立计算。

下面分别介绍柱列法、修正刚度法和空间分析法。

1. 柱列法

由于一般情况下单跨厂房两边柱列纵向刚度相同,所以厂房在作纵向振动时,两柱列可认为独自振动,而不相互影响。对于轻屋盖的多跨等高厂房,边柱列与中柱列纵向刚度虽有差异,但屋盖水平刚度较小,协调各柱列纵向变形的能力较弱,厂房在作纵向振动时,则以独自振动为主。至于屋盖对各柱列纵向振动的影响,则通过对柱列纵向基本周期调整加以解决。这样,就可对上述厂房,以跨度中线划界,取各自独立的柱列进行分析,这种计算方法即为柱列法。

(1)柱列的柔度和刚度

在计算柱列的基本周期和各抗侧力构件(柱、支撑、纵墙)的地震作用时,需要计算各抗侧力构件的柔度和刚度及各柱列的柔度或刚度。下面首先介绍它们的计算方法。

① 柱子的柔度和刚度

对于等截面柱,每根柱子的侧移柔度为:

$$\delta_c = \frac{H^3}{3E_cI_c\mu} \tag{6-10}$$

相应的侧移刚度为:

$$k_c = \frac{3E_cI_c\mu}{H^3} \tag{6-11}$$

式中　H——柱的高度;

　　　I_c——柱的截面惯性矩;

　　　E_c——混凝土弹性模量;

　　　μ——屋盖、吊车梁等纵向构件对柱侧向刚度的影响系数,有吊车梁时$\mu=1.5$,无吊车梁时$\mu=1.1$。

对于变截面柱的侧移刚度和侧移柔度的计算可参考相关计算手册,但需要注意考虑μ的影响。

② 砖围护墙

关于纵墙的侧向柔度和刚度,参见第5章。

③ 柱间支撑

支撑的工作性能与杆件的长细比有关。当斜杆的长细比$\lambda > 200$时,压杆将较早地受压失稳而退出工作,所以此时一般不考虑压杆工作,仅按拉杆受力计算。当$\lambda < 40$时,杆件受压时不致发生侧向失稳,能够充分发挥其全截面的强度和刚度,按压杆和拉杆一样共同工作计算。

因此,在计算上可认为:$\lambda > 150$时为柔性支撑,此时不计压杆的作用;

$40 \leqslant \lambda \leqslant 150$ 时为半刚性支撑，此时可以认为压杆的作用是使拉杆的面积增大为原来的 $(1+\varphi)$ 倍，并且除此之外不再计压杆的其他影响，其中 φ 为压杆的稳定系数；$\lambda < 40$ 时为刚性支撑，此时压杆与拉杆的应力相同。据此，考虑柱间支撑有 n 层（图 6-16 示出了三层的情况），设柱间支撑所在柱间的净距为 L，从上面数起第 i 层的斜杆长度为 L_i，斜杆面积为 A_i，斜杆的弹性模量为 E，斜压杆的稳定系数为 φ_i，则可得出如下的柱间支撑系统的柔度和刚度的计算公式。

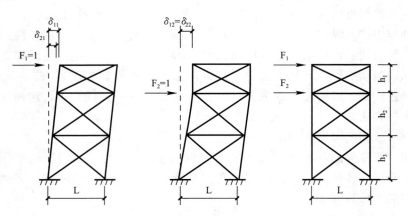

图 6-16　柱间支撑的柔度和刚度

对于柔性支撑（$\lambda > 150$），此时斜压杆不起作用。相应于力 F_1 和 F_2 作用处的坐标（F_1 和 F_2 分别作用在顶层和第二层的顶面），第 i 层拉杆的力为 $P_{il} = L_i/L$，从而可得支撑系统的柔度矩阵的各元素为：

$$\delta_{11} = \frac{1}{EL^2} \sum_{i=1}^{n} \frac{L_i^3}{A_i} \tag{6-12}$$

$$\delta_{22} = \delta_{12} = \delta_{21} = \frac{1}{EL^2} \sum_{i=2}^{n} \frac{L_i^3}{A_i} \tag{6-13}$$

相应的刚度矩阵可由此柔度矩阵求逆而得。

对于半刚性支撑（$40 \leqslant \lambda \leqslant 150$），此时斜拉杆等效面积为 $(1+\varphi_i) A_i$ 倍，除此之外，表观上不再计算斜压杆的影响。在顶部单位水平力作用下，显然有：

$$\delta_{11} = \frac{1}{EL^2} \sum_{i=1}^{n} \frac{L_i^3}{(1+\phi_i)A_i} \tag{6-14}$$

$$\delta_{22} = \delta_{12} = \delta_{21} = \frac{1}{EL^2} \sum_{i=2}^{n} \frac{L_i^3}{(1+\phi_i)A_i} \tag{6-15}$$

对于刚性支撑（$\lambda < 40$），此时有 $\varphi = 1$。故一个柱间支撑系统的柔度矩阵的元素为：

$$\delta_{11} = \frac{1}{2EL^2} \sum_{i=1}^{n} \frac{L_i^3}{A_i} \tag{6-16}$$

$$\delta_{22} = \delta_{12} = \delta_{21} = \frac{1}{2EL^2} \sum_{i=2}^{n} \frac{L_i^3}{A_i} \tag{6-17}$$

④ 柱列的柔度和刚度

图 6-17 表示第 i 柱列抗侧力构件仅在柱顶设置水平连杆的简化力学模型，第 i 柱列柱顶标高的侧移刚度等于各抗侧力构件同一标高的侧移刚度之和。

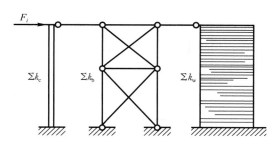

图 6-17　柱列简化的力学模型

$$k_i = \Sigma k_c + \Sigma k_b + \Sigma k_w \qquad (6\text{-}18)$$

式中　k_c、k_b、k_w——分别为一根柱、一片支撑和一片墙的顶点侧移刚度。

第 i 柱列的侧移柔度为：

$$\delta_i = \frac{1}{k_i} \qquad (6\text{-}19)$$

（2）重力荷载的代表值

计算柱列周期时，第 i 柱列换算到柱顶标高处的集中质点等效重力荷载代表值，包括柱列左右跨度各半的屋盖重力荷载代表值，以及该柱列柱子、纵墙和山墙等按动能等效原则换算到柱顶处的重力荷载代表值：

$$G_i = 1.0G_{屋盖} + 0.25(G_柱 + G_{山墙}) + 0.35G_{纵墙} + 0.5(G_{吊车梁} + G_{吊车桥}) \qquad (6\text{-}20a)$$

计算地震作用时，第 i 柱列换算到柱顶标高处的集中质点等效重力荷载代表值，除包括柱列左右半跨度屋盖的重力荷载代表值外，尚应包括柱、纵墙、山墙等按内力等效原则换算到柱顶处的重力荷载代表值：

$$\overline{G}_i = 1.0G_{屋盖} + 0.5(G_柱 + G_{山墙}) + 0.7G_{纵墙} + 0.75(G_{吊车梁} + G_{吊车桥}) \qquad (6\text{-}20b)$$

（3）第 i 柱列沿厂房纵向自振周期

按下式计算：

$$T_i = 2\psi_T \sqrt{G_i \delta_i} \qquad (6\text{-}21)$$

式中　ψ_T——根据厂房空间分析结果确定的周期修正系数，对于单跨厂房，$\psi_T = 1.0$；对于多跨厂房，按表 6-5 采用。

柱列自振周期修正系数 ψ_T　　　　　　表 6-5

围护墙	天窗或支撑		边柱列	中柱列
石棉瓦、挂板或无墙	有支撑	边跨无天窗	1.30	0.90
		边跨有天窗	1.40	0.90
	无柱间支撑		1.15	0.85
砖墙	有支撑	边跨无天窗	1.60	0.90
		边跨有天窗	1.65	0.90
	无柱间支撑		2.00	0.85

214

（4）柱列水平地震作用标准值

第 i 柱列水平地震作用标准值，按底部剪力法计算：

$$F_i = \alpha_i \overline{G}_i \tag{6-22}$$

式中　α_i——相应于柱列自振周期 T_i 的水平地震影响系数；

$\overline{G}_i$——集中于第 i 柱列质点等效重力荷载代表值。

（5）构件水平地震作用标准值的分配（图 6-18）

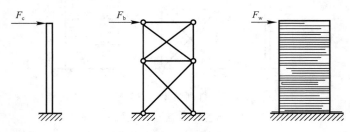

图 6-18　构件水平地震作用标准值的分配

一根柱分配的地震作用标准值：

$$F_{ci} = \frac{k_c}{k_i'} F_i \tag{6-23a}$$

一片支撑分配的地震作用标准值：

$$F_{bi} = \frac{k_b}{k_i'} F_i \tag{6-23b}$$

一片砖墙分配的地震作用标准值：

$$F_{wi} = \frac{\psi_k k_w}{k_i'} F_i \tag{6-23c}$$

式中　k_i'——砖墙开裂后柱列的侧移刚度，即

$$k_i' = \Sigma k_c + \Sigma k_b + \psi_k k_w \tag{6-24}$$

ψ_k——贴砌的砖围护墙侧移刚度折减系数，7、8 和 9 度，分别取 0.6、0.4 和 0.2。

（6）柱间支撑地震作用效应及抗震承载力验算

在进行柱间支撑抗震承载力验算时，可仅验算拉杆的抗震承载力，但应考虑压杆的卸载影响，即应考虑压杆超过临界状态后，其承载力的降低。这时，拉杆的轴向力可按下式确定：

$$N_{Ti} = \frac{l_i}{(1 + \psi_c \varphi_i) L} V_{bi} \tag{6-25}$$

式中　N_{Ti}——支撑第 i 节间斜杆抗拉验算时的轴向拉力设计值；

l_i——第 i 节间斜杆的全长；

φ_i——第 i 节间斜杆轴心受压稳定系数；

ψ_c——压杆卸载系数，压杆长细比 60、100 和 200 时，可分别采用 0.7、0.6 和 0.5；

V_{bi}——第 i 节间支撑承受的地震剪力设计值；

L——支撑所在柱间的净距。

第 i 节间受拉斜杆截面抗震承载力，应按下式验算：

$$\sigma_{ti} = \frac{N_{ti}}{A_n} \leqslant \frac{f}{\gamma_{RE}} \tag{6-26}$$

式中　σ_{ti}——拉杆的压力；

　　　N_{ti}——作用于支撑第 i 节间斜杆拉力设计值；

　　　A_n——第 i 节间斜杆的净截面面积；

　　　f——钢材抗拉强度设计值；

　　　γ_{RE}——承载力抗震调整系数。

2. 修正刚度法

所谓修正刚度法，就是在确定厂房纵向地震作用及地震作用在各柱列之间的分配时，采用屋面刚度无穷大假设，按各柱列抗侧移刚度大小分配地震作用。但对各柱列的抗侧移刚度，要根据围护墙及柱间支撑情况进行修正。

(1) 厂房纵向自振周期

图 6-19　厂房纵向周期计算的单质模型

① 按单质点体系确定。将所有柱列重力荷载代表值按动能等效原则集中到屋盖标高处，并与屋盖重力代表值加在一起。同时，把所有柱列的侧移刚度也加在一起。这样，就形成如图 6-19 所示的单质点弹性体系。但在其基本周期计算公式中，根据考虑屋盖变形的分析结果，引入一个修正系数 ψ_T，以获得较为实际的周期值。等高厂房纵向基本周期的计算为：

$$T_1 = 2\pi\psi_T \sqrt{\frac{\Sigma m_i}{\Sigma k_i}} \approx 2\psi_T \sqrt{\frac{\Sigma G_i}{\Sigma k_i}} \tag{6-27a}$$

式中　G_i——第 i 柱列集中到屋盖标高处的等效重力荷载代表值，其值按式 (6-16a) 计算；

　　　k_i——第 i 柱列纵向侧移刚度；

　　　ψ_T——厂房纵向自振周期修正系数，其值按表 6-6 采用。

钢筋混凝土屋盖厂房的纵向周期修正系数 ψ_T　　　　表 6-6

纵向围护墙 屋盖	无檩屋盖		有檩屋盖	
	边跨无天窗	边跨有天窗	边跨无天窗	边跨有天窗
砖墙	1.45	1.50	1.60	1.65
无墙、石棉瓦、挂板	1.0	1.0	1.0	1.0

② 按经验公式确定。《抗震规范》根据对柱顶标高不大于 15m，且平均跨度不大于 30m 的单跨和多跨等高厂房的纵向基本周期实测结果，经过统计，给出了经验公式：

$$T_1 = \psi_2(0.23 + 0.00025\psi_1 L \sqrt{H^3}) \tag{6-27b}$$

式中　ψ_1——屋盖类型系数，大型屋面板钢筋混凝土屋架，$\psi_1 = 1.0$；钢屋架，$\psi_1 = 0.85$；

　　　L——厂房跨度，多跨厂房时，取各跨的平均跨度；

H——基础顶面至柱顶的高度；

ψ_2——围护墙影响系数，对于砖围护墙厂房，取 $\psi_2=1.0$；对于外墙为敞开、半敞开以及墙板与柱子柔性连接的厂房，取 $\psi_2=2.6-0.002L\sqrt{H^3}$，小于 1.0 时，取 $\psi_2=1.0$。

（2）柱列水平地震作用的计算

由换算到屋盖标高处的等效重力荷载代表值，产生的结构底部剪力：

$$F_{EK}=\alpha_1 G_{eq} \tag{6-28}$$

式中　G_{eq}——厂房单元柱列总等效重力荷载代表值，无吊车厂房按下式计算：

$$G_{eq}=1.0G_{屋盖}+0.5G_{柱}+0.7G_{纵墙}+0.5(G_{山墙}+G_{横墙}) \tag{6-29a}$$

有吊车厂房按下式计算：

$$G_{eq}=1.0G_{屋盖}+0.1G_{柱}+0.7G_{纵墙}+0.5(G_{山墙}+G_{横墙}) \tag{6-29b}$$

对于无吊车厂房，第 i 柱列地震作用标准值：

$$F_i=\frac{k_{ai}}{\sum k_{ai}}F_{EK} \tag{6-30a}$$

$$k_{ai}=\psi_3\psi_4 k'_i \tag{6-30b}$$

式中　F_i——第 i 柱列柱顶标高处的纵向地震作用标准值；

k'_i——第 i 柱列柱顶的总侧移刚度；

k_{ai}——第 i 柱列柱顶的调整侧移刚度；

ψ_3——柱列侧移刚度的围护墙影响系数，可按表 6-7 采用；有纵向围护墙的四跨或五跨厂房，由边柱列数起的第三柱列，可按表内相应数值的 1.15 倍采用；

ψ_4——柱列侧移刚度的柱间支撑影响系数纵向为砖围护墙时，边柱列可采用 1.0，中柱列可按表 6-8 采用。

围护墙影响系数 ψ_3　　　　表 6-7

围护墙类别和烈度		柱列和屋盖类别				
			中柱列			
240 砖墙	370 砖墙	边柱列	无檩屋盖		有檩屋盖	
			边跨无天窗	边跨有天窗	边跨无天窗	边跨有天窗
—	7 度	0.85	1.7	1.8	1.8	1.9
7 度	8 度	0.85	1.5	1.6	1.6	1.7
8 度	9 度	0.85	1.3	1.4	1.4	1.5
9 度		0.85	1.2	1.3	1.3	1.4
无墙、石棉瓦或挂板		0.90	1.1	1.1	1.2	1.2

纵向采用砖围护墙的中柱列柱支撑影响系数 ψ_4　　　　表 6-8

厂房单元内设置下柱支撑的柱间数	中柱列下柱支撑斜杆的长细比					中柱列无支撑
	≤40	41～80	81～120	121～150	>150	
一柱间	0.9	0.95	1.0	1.1	1.25	1.4
二柱间	—	—	0.9	0.95	1.1	—

对于有吊车厂房，第 i 柱列屋盖标高处的地震作用标准值，仍按式（6-30a）计算。第 i 柱列吊车梁顶面标高处的纵向地震作用标准值，按照地震

作用沿厂房高度呈倒三角形分布的假定，按下式计算：

$$F_{ci} = \alpha_1 G_{ci} \frac{H_{ci}}{H_i} \qquad (6\text{-}31a)$$

式中　　F_{ci}——第 i 柱列吊车梁顶标高处的纵向地震作用标准值；

　　　　G_{ci}——集中于第 i 柱列吊车梁顶标高处的等效重力荷载，按下式计算：

$$G_{ci} = 0.4G_{柱} + 1.0G_{吊车梁} + 1.0G_{吊车桥} \qquad (6\text{-}31b)$$

　　　　H_{ci}——第 i 柱列吊车梁顶标高；

　　　　H_i——第 i 柱列柱顶标高。

（3）抗侧力构件水平地震作用的计算

对于无吊车柱列，一根柱子、一片支撑和一片墙在柱顶标高处的水平地震作用标准值分别按式（6-23a）、式（6-23b）和式（6-23c）计算。

对于有吊车柱列，为了简化计算，可粗略地假定柱为剪切直杆，并取整个柱列所有柱的总侧移刚度为该柱列全部柱间支撑总侧移刚度的 10%，即 $\Sigma k_c = 0.1\Sigma k_b$。

第 i 柱列一根柱、一片支撑和一片墙在柱顶标高处所分配的地震作用标准值（图 6-18）仍可按式（6-23a）、式（6-23b）和式（6-23c）计算。而吊车引起的地震作用，由于偏离砖墙较远，仅由柱和柱间支撑承受，一根柱、一片支撑和一片墙所分配的水平地震作用标准值分别为：

$$F'_c = \frac{1}{11n}F_{ci} \qquad (6\text{-}32)$$

$$F'_b = \frac{k_b}{1.1\Sigma k_b}F_{ci} \qquad (6\text{-}33)$$

式中　　n——第 i 柱列柱的总根数；

其余符号意义同前。

3. 空间分析法

空间分析法是将屋盖模型化为有限刚度的水平剪切梁，各质量均堆聚成质点，堆聚的程度视结构的复杂程度以及需要计算的内容而定。一般需用计算机进行数值计算。同一柱列的柱顶纵向水平位移相同，且仅关心纵向水平位移时，则可对每一纵向柱列只取一个自由度，把厂房连续分布的质量分别按周期等效原则（计算自振周期时）和内力等效原则（计算地震作用时）集中至各柱列柱顶处，并考虑柱、柱间支撑、纵墙等抗侧力构件的纵向刚度和屋盖的弹性变形，形成"并联多质点体系"的简化的空间结构计算模型，如图 6-20 所示。

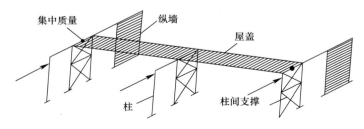

图 6-20　简化的空间结构计算模型

一般的空间结构模型，其结构特性由质量矩阵 $[M]$、代表各自由度处位移的位移向量 $\{X\}$ 和相应的刚度矩阵 $[K]$ 完全表示。可用前面讲过的振型分解法求解其地震作用。结构按某一振型振动时，其振动方程为：

$$-\omega^2[M]\{X\}+[K]\{X\}=0 \tag{6-34}$$

或写成下列形式：

$$[K]^{-1}[M]\{X\}=\lambda\{X\} \tag{6-35}$$

式中　$\{X\}=\{X_1, X_2, \cdots, X_n\}^{\mathrm{T}}$——质点纵向相对位移幅值列向量，

　　　　　　　　　　　　　　n——质点数；

　　　$[M]=\mathrm{diag}[m_1, m_2, \cdots, m_n]$——质量矩阵；

　　　　　　　　　　ω——自由振动圆频率；

　　　　　　$\lambda=1/\omega^2$——矩阵 $[K]^{-1}[M]$ 的特征值；

　　　　　　　　　　$[K]$——刚度矩阵。

刚度矩阵 $[K]$ 可表示为：

$$[K]=[\overline{K}]+[k] \tag{6-36}$$

$$[\overline{K}]=\mathrm{diag}[K_1,K_2,\cdots,K_n] \tag{6-37}$$

$$[k]=\begin{bmatrix} k_1 & -k_1 & & & & 0 \\ -k_1 & k_1+k_2 & -k_2 & & & \\ & \cdots & \cdots & \cdots & & \\ & & -k_{n-2} & k_{n-2}+k_{n-1} & -k_{n-1} \\ 0 & & & -k_{n-1} & k_{n-1} \end{bmatrix} \tag{6-38}$$

式中　K_i——第 i 柱列（与第 i 质点相应的）所有柱的纵向侧移刚度之和；

　　　$[\overline{K}]$——由柱列侧移刚度 K_i 组成的刚度矩阵；

　　　$[k]$——由屋盖纵向水平剪切刚度 k_i 组成的刚度矩阵。

求解式（6-35）即可得自振周期向量 $\{T\}$ 和振型矩阵 $[X]$：

$$\{T\}=2\pi\{\sqrt{\lambda_1},\sqrt{\lambda_2},\cdots,\sqrt{\lambda_n}\} \tag{6-39}$$

$$[X]=[\{X_1\},\{X_2\},\cdots,\{X_n\}]=\begin{bmatrix} X_{11} & X_{21} & \cdots & X_{n1} \\ X_{12} & X_{22} & \cdots & X_{n2} \\ \cdots & \cdots & \cdots & \cdots \\ X_{1n} & X_{2n} & \cdots & X_{nn} \end{bmatrix} \tag{6-40}$$

各阶振型的质点水平地震作用可用一个矩阵 $[F]$ 表示：

$$[F]=g[M][X][\alpha][\gamma] \tag{6-41}$$

式中　g——重力加速度；

　　　α_i——相应于自振周期 T_i 的地震影响系数，$[\alpha]=\mathrm{diag}[\alpha_1, \alpha_2, \cdots, \alpha_s]$；

　　　s——需要组合的振型数；

　　　γ_j——各振型的振型参与系数，$[\gamma]=\mathrm{diag}[\gamma_1, \gamma_2, \cdots, \gamma_s]$；

$$\gamma_j=\frac{\sum_{i=1}^{n}m_iX_{ji}}{\sum_{i=1}^{n}m_iX_{ji}^2} \tag{6-42}$$

在式（6-41）中，$[X]$ 的表达式为：

$$[X] = [\{X_1\}, \{X_2\}, \cdots, \{X_s\}] = \begin{bmatrix} X_{11} & X_{21} & \cdots & X_{s1} \\ X_{12} & X_{22} & \cdots & X_{s2} \\ \cdots & \cdots & \cdots & \cdots \\ X_{1n} & X_{2n} & \cdots & X_{sn} \end{bmatrix} \quad (6\text{-}43)$$

所以，$[F]$ 的第 i 个列向量为第 i 振型各质点的水平地震作用，$i=1, 2, \cdots, s$。

各阶振型的质点侧移显然可表示为：

$$[\Delta] = [K]^{-1}[F] \quad (6\text{-}44)$$

$[\Delta]$ 的第 i 个列向量为第 i 振型各质点的水平侧移，$i=1, 2, \cdots, s$。

各阶振型的质点侧移求出后，由各构件或各部分构件的刚度，就可求出该构件或该部分构件所受的地震力。例如，各柱列中由柱所承受的地震力 $[\overline{F}]$ 为：

$$[\overline{F}] = [\overline{K}][\Delta] \quad (6\text{-}45)$$

其中，$[\overline{F}]$ 的第 i 行第 j 列的元素为第 j 振型第 i 质点柱列中所有柱承受的水平地震作用。

把所考虑的各振型的地震力进行组合（用平方和开方的方法），即得最后所求的柱列柱顶处的纵向水平地震力。对于常见的两跨或三跨对称厂房，可以利用结构的对称性把自由度的数目减至为 2（图 6-21），从而可用手算进行纵向抗震分析。

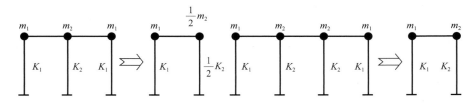

图 6-21　利用对称性减少结构的自由度数目

其他基于振型分解法的方法，与上述基本相似。

4. 天窗的纵向抗震计算

天窗沿横向的破坏很轻，而沿纵向的破坏却很重。天窗纵向破坏情况是，多跨厂房的天窗架外侧竖向支撑的震害重于内侧支撑，并重于单跨厂房的支撑。

天窗架的纵向抗震计算，可采用空间结构分析法，并应考虑屋盖平面弹性变形和纵墙的有效刚度；柱高不超过 15m 的单跨和等高多跨钢筋混凝土无檩屋盖厂房的天窗架纵向地震作用，可采用底部剪力法计算，但天窗架的地震效应应分别乘以下列增大系数：

单跨、边跨屋盖或有纵向内隔墙的中跨屋盖

$$\eta = 1 + 0.5n \quad (6\text{-}46)$$

其他各类中跨屋盖

$$\eta = 0.5n \quad (6\text{-}47)$$

式中　η——效应增大系数；

　　　　n——厂房跨数，超过 4 跨时按 4 跨考虑。

6.4　抗震构造措施

6.4.1　厂房屋盖的连接及支撑布置

1. 有檩屋盖构件的连接及支撑布置，应符合下列要求：

（1）檩条应与屋架（屋面梁）焊牢，并应有足够的支承长度。双脊檩应在跨度 1/3 处相互拉结。压型钢板应与檩条可靠连接，瓦楞铁、石棉瓦等应与檩条拉结。

（2）支撑布置应符合表 6-9 的要求。

有檩屋盖的支撑布置　　　　　　　　　　　表 6-9

支撑名称		烈度		
		6 度和 7 度	8 度	9 度
屋架支撑	上弦横向支撑	单元端开间各设一道	单元端开间及单元长度大于 66m 的柱间支撑开间各设一道，天窗开洞范围的两端各增设局部的支撑一道	单元端开间及厂房单元长度大于 42m 的柱间支撑开间各设一道，天窗开洞范围的两端各增设局部的支撑一道
	下弦横向支撑	同非抗震设计		
	跨中竖向支撑			
	端部竖向支撑	屋架端部高度大于 900mm 时，厂房单元端开间及柱间支撑开间各设一道		
天窗架支撑	上弦横向支撑	单元天窗的端开间各设一道	单元天窗端开间及每隔 30m 各设一道	单元天窗端开间及每隔 18m 各设一道
	两侧竖向支撑	单元天窗端开间及每隔 36m 各设一道		

2. 无檩屋盖构件的连接，应符合下列要求：

（1）大型屋面板应与屋架（屋面梁）焊牢，这是保证屋盖整体性的基本措施。靠柱列的屋面板与屋架（屋面梁）的连接焊缝的长度不小于 80mm。

（2）6 度和 7 度时，有天窗厂房单元的端开间，或 8 度和 9 度时各开间，宜将垂直屋架方向两侧相邻的大型屋面板的顶面彼此焊牢。

（3）为了保证屋面板与屋架的牢固焊接，8 度和 9 度时，大型屋面板端头底面的预埋件宜采用角钢并应与主筋焊牢。

（4）非标准屋面板宜采用装配整体式接头，或将板四角切掉后与屋架（屋面梁）焊牢。

（5）此外，屋架（屋面梁）端部顶面预埋件的锚筋，8 度时不宜小于 4ϕ10，9 度时不宜小于 4ϕ12。

（6）支撑的布置宜符合表 6-10 的要求，有中间井式天窗时宜符合表 6-11 的要求；8 度和 9 度时跨度不大于 15m 的厂房屋盖采用屋面梁时，可仅在厂房单元两端各设竖向支撑一道。

无檩屋盖的支撑布置　　　　　　　　　　　　　　　表 6-10

支撑名称		烈 度			
		6	7	8	9
屋架支撑	上弦横向支撑	屋架跨度小于18m时同非抗震设计，跨度不小于18m时在厂房单元端开间各设一道		单元端开间及柱间支撑开间各设一道，天窗开洞范围的两端各增设局部的支撑一道	
	上弦通长水平系杆	同非抗震设计		沿屋架跨度不大于15m设一道，但装配整体式屋面可仅在天窗开洞范围内设置；围护墙在屋架上弦高度有现浇圈梁时，其端部处可不另设	沿屋架跨度不大于12m设一道，但装配整体式屋面可仅在天窗开洞范围内设置；围护墙在屋架上弦标高有现浇圈梁时，其端部处可不另设
	下弦竖向支撑				
	跨中竖向支撑			同非抗震设计	同上弦横向支撑
	两端竖向支撑　屋架端部高度≤900mm			厂房单元端开间各设一道	单元端开间及每隔48m各设一道
	两端竖向支撑　屋架端部高度>900mm	单元端开间各设一道		单元端开间及柱间支撑开间各设一道	单元端开间、柱间支持开间及每隔30m各设一道
天窗架支撑	天窗两侧竖向支撑	厂房单元天窗端开间及每隔30m各设一道		厂房单元天窗端开间及每隔24m各设一道	厂房单元天窗端开间及每隔18m各设一道
	上弦横向支撑	同非抗震设计		天窗跨度≥9m时，单元开窗端开间及柱间支撑开间各设一道	单元端开间及柱间支撑开间各设一道

中间井式天窗无檩屋盖支撑布置　　　　　　　　　　表 6-11

支撑名称		烈 度			
		6	7	8	9
上弦横向支撑		厂房单元端开间各设一道		厂房单元端开间及柱间支撑各设一道	厂房单元端开间及柱间支撑开间各设一道
下弦横向支撑					
上弦通长水平系杆		天窗范围内屋架跨中上弦节点处设置			
下弦通长水平系杆		天窗两侧及天窗范围内屋架下弦节点处设置			
跨中竖向支撑		有上弦横向支撑开间设置，位置与下弦通长系杆相对应			
两端竖向支撑	屋架端部高度≤900mm	同非抗震设计		同非抗震设计	有上弦横向支撑开间，且间距不大于48m
	屋架端部高度>900mm	厂房单元端开间各设一道		有上弦横向支撑开间，且间距不大于48m	有上弦横向支撑开间，且间距不大于30m

221

3. 钢筋混凝土屋架的截面与配筋，应符合下列要求：

（1）由于屋架端部第一节间上弦杆及梯形屋架竖杆在纵向地震作用下易出现剪切破坏，设计时应将此杆件局部加强，使其具有足够的出平面抗剪能力。无论拱形或梯形钢筋混凝土屋架上弦第一节间及梯形屋架端竖杆的配筋，6度和7度时不宜小于$4\phi12$，8度和9度时不宜小于$4\phi14$。

（2）梯形屋架的端竖杆截面宽度宜与上弦宽度相同。

（3）拱形和折线形屋架上弦端部支承屋面板的小立柱的截面不宜小于$200mm \times 200mm$，高度不宜大于$500mm$，主筋宜采用Ⅱ形，6度和7度时不宜少于$4\phi12$，8度和9度时不宜少于$4\phi14$，箍筋可采用$\phi6$，间距不宜大于$100mm$。

6.4.2　柱与柱列

1. 厂房柱子箍筋的要求

（1）下列范围内柱的箍筋，应予加密：

1）柱头，取柱头以下500mm并不小于柱截面长边尺寸。

2）上柱，取阶形柱自牛腿顶面至吊车梁面以上300mm高度范围内。

3）牛腿（柱肩），取全高。

4）柱根，取下柱柱底至室内地坪以上500mm。

5）柱间支撑与柱连接节点和柱变位受平台等约束的部位，取上、下各300mm。

（2）加密区的箍筋间距不应大于100mm，最小箍筋直径应符合表6-12的规定。

柱加密区箍筋最大肢距和最小箍筋直径　　　　　　　　表6-12

烈度和场地类别		6度和7度Ⅰ、Ⅱ类场地	7度Ⅲ、Ⅳ类场地和8度Ⅰ、Ⅱ类场地	8度Ⅲ、Ⅳ类场地和9度
箍筋最大肢距（mm）		300	250	200
箍筋最小直径	一般柱头和柱根	$\phi6$	$\phi8$	$\phi8$（$\phi10$）
	角柱柱头	$\phi8$	$\phi10$	$\phi10$
	上柱牛腿和有支撑的柱根	$\phi8$	$\phi8$	$\phi10$
	有支撑的柱头和柱变位受约束部位	$\phi8$	$\phi10$	$\phi12$

注：括号内数值用于柱根。

2. 厂房柱间支撑和系杆的设置与构造

（1）一般情况下应在厂房单元中部设置上、下柱间支撑，有吊车或8度和9度时，还应在厂房单元两端增设上柱支撑，以减少中间上柱支撑的负担，将纵向地震作用分散到三道柱间支撑上去（图6-22）。

（2）支撑杆件的长细比，不宜超过表6-13的规定。

（3）下柱支撑的下节点位置和构造措施，应保证将地震作用直接传给基

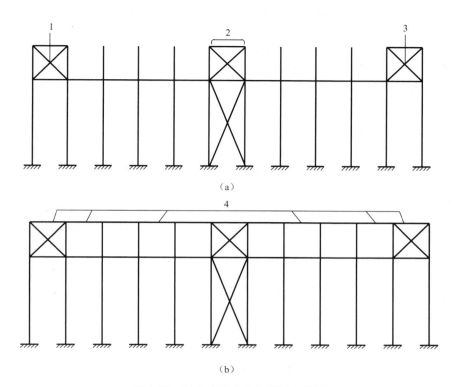

（a）

（b）

图 6-22 厂房柱间支撑和系杆布置图

1、3-有吊车或 8 度时设置；2-任何情况下都需设置；4-水平压杆，8 度且跨度为
18m 以上多跨厂房中柱和 9 度时所有柱通长设置

支撑交叉斜杆的最大长细比　　　　　　　　　　　表 6-13

位置	烈　度			
	6 度和 7 度Ⅰ、Ⅱ类场地	7 度Ⅲ、Ⅳ类场地和 8 度Ⅰ、Ⅱ类场地	8 度Ⅲ、Ⅳ类场地和 9 度Ⅰ、Ⅱ类场地	9 度Ⅲ、Ⅳ类场地
上柱支撑	250	250	200	150
下柱支撑	200	150	120	120

础，但 6 度和 7 度（0.1g）时，若不能直接传给基础，应考虑支撑作用力对柱与基础的不利影响并采取加强措施。

（4）交叉支撑在交叉点应设置节点板，其厚度不应小于 10mm，斜杆与该节点板应焊接，与端节点板宜焊接。

（5）柱列的支撑体系，除柱间支撑外，还有柱顶的纵向水平系杆。《抗震规范》规定，8 度时跨度不小于 18m 的多跨厂房中柱和 9 度时多跨厂房各柱，柱顶宜设置通长水平压杆。在任何情况下，柱间支撑所在开间的柱子顶部均应设置水平压杆（图 6-22）。压杆可与梯形屋架支座处通长水平系杆合并设置，钢筋混凝土系杆端头与屋架间的空隙应用混凝土填实。

3. 构件连接节点的要求

（1）屋架（屋面梁）与柱顶连接，屋架与柱顶有焊接、螺栓和钢板铰三种连接。焊接是一个刚性节点，缺乏延性。螺栓连接的变形能力和耗能能力都很大。钢板铰的耗能能力也较大，特别是转动能力极为突出。因此，屋架（屋面梁）与柱顶的连接，8 度时宜采用螺栓，9 度时宜采用钢板铰，也可采用螺栓。并要求屋架（屋面梁）端部支承垫板的厚度不宜小于 16mm。

（2）柱顶预埋件的锚筋，8 度时宜采用 4φ14，9 度时不宜少于 4φ16；有柱间支承的柱子，柱顶预埋件还应增设抗剪钢板。

（3）山墙抗风柱的柱顶，应设置预埋板，使柱顶与端屋架的上弦或屋面梁的上翼缘可靠连接。

（4）支承低跨屋盖的中柱牛腿（柱肩）的预埋件，应与牛腿（柱肩）中按计算承受水平拉力部分的纵向钢筋焊接，且焊接的钢筋，6 度和 7 度时不应少于 2φ12，8 度时不少于 2φ14，9 度时不少于 2φ16。

（5）柱间支撑与柱连接节点预埋件的锚件，8 度Ⅲ、Ⅳ类场地和 9 度时，宜采用角钢加端钢板，其他情况可采用不低于 HRB335 的热轧钢筋，但锚固长度不应小于 30d（d 为锚固筋直径）。

6.4.3　围护墙

（1）厂房的围护墙宜采用轻质墙板或钢筋混凝土大型墙板，砌体围护墙应采用外贴式并与柱可靠拉结；外侧柱距为 12m 时应采用轻质墙板或钢筋混凝土大型墙板。

（2）砖围护墙的圈梁，应符合下列要求：

1）下列部位应设置现浇钢筋混凝土圈梁：

① 梯形屋架端部上弦和柱顶的标高处各设一道，但屋架端部高度不大于 900mm 时可合并设置。

② 应按上密下稀的原则每隔 4m 左右在窗顶增设圈梁一道，不等高厂房的高低跨封墙和纵墙跨交接处的悬墙，圈梁的竖向间距不应大于 3m。

③ 山墙沿屋面应设钢筋混凝土卧梁，并应与屋架端部上弦标高处的圈梁连接。

2）圈梁的截面宽度宜与墙厚相同，截面高度不应小于 180mm。圈梁的纵筋，6～8 度时不少于 4φ12，9 度时不少于 4φ14。

3）厂房转角处柱顶圈梁在端开间范围内的纵筋，6～8 度时不宜小于 4φ14，9 度时不宜小于 4φ16，转角两侧各 lm 范围内的箍筋直径不宜小于 φ8，间距不宜大于 100mm；各圈梁在转角处应增设不少于 3 根且直径与纵筋相同的水平斜筋。

4）圈梁应与柱或屋架牢固连接，山墙卧梁应与屋面板拉结；顶部圈梁与柱或屋架连接的锚拉钢筋不宜少于 4φ12，且锚固长度不宜少于 35d（d 为钢筋直径）。

（3）8 度Ⅲ、Ⅳ类场地和 9 度时，砖围护墙下的预制基础梁应采用现浇接头；如另设条形基础，则在柱基础顶面标高处应设置连续的现浇钢筋混凝土圈梁，其配筋不少于 4φ12。

（4）墙梁宜采用现浇；当采用预制墙梁时，梁底应与砖墙顶面牢固拉结并应与柱锚拉；厂房转角处相邻墙梁，应相互可靠连接。

6.5 单层厂房抗震设计实例

【例 6-1】 计算两跨不等高排架的横向水平地震作用。

已知两跨不等高钢筋混凝土柱厂房，8 度设防，I_1 类场地，设计地震分组为第二组。其结构布置及基本数据如图 6-23 所示：此厂房低跨设有 5t 中级工作制吊车两台，高跨设有 10t 中级工作制吊车两台，吊车梁高为 600mm。

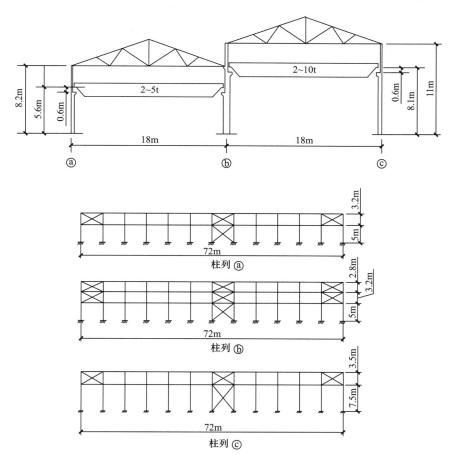

图 6-23 厂房示例

屋盖采用钢筋混凝土大型屋面板及钢筋混凝土折线型屋架，两跨跨度均为 18m。柱距 6m，12 个开间，厂房总长为 72m。厂房柱混凝土强度等级为 C20（$E_c = 25500\text{N/mm}^2$）。截面尺寸：上柱均为矩形，400mm×400mm；柱列 a 下柱为矩形，400mm×600mm；柱列 b 和 c 下柱为工字形，400mm×800mm。

围护结构为 240mm 厚砖墙（含高低跨悬墙），采用 MU7.5 黏土砖和 M2.5 混合砂浆砌筑（$f=1.19\text{N/mm}^2$，$E_w=1547\text{N/mm}^2$），纵墙窗宽 3m，上窗高 1.8m 下窗宽 3.6m。柱间支撑采用 A3 型钢（$E_s=206×10^3\text{N/mm}^2$）。

荷载数据如下：

屋盖重力荷载	2.6kN/m^2
屋架重力荷载	54kN/榀
雪荷载	0.15kN/m^2
吊车梁重力荷载	42kN/根
吊车桥重力荷载	（2~5t）164kN
	（2~10t）180kN

柱、墙重力荷载　　　　　　　　　　表 6-14

分项	柱列	ⓐ	ⓑ	ⓒ
柱重 (kN)	上柱	13	16	14
	下柱	32	48	45
	总重	45	64	59
纵墙重（kN）		184	56（悬墙）	222

【解】

首先计算横向水平地震作用标准值。按平面排架计算，再考虑空间工作等对地震效应的影响，进行修正，取 6m 柱距为一个计算单元，计算简图示于图 6-24。

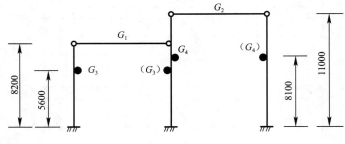

图 6-24　计算简图

1. 屋盖（柱顶）标高处及吊车梁顶面标高处各质点的等效集中重力荷载代表值 G_i：

（1）低跨屋盖标高处 G_1

$$G_1 = 1.0G_{屋盖} + 0.5G_{低跨吊车梁} + 1.0G_{高跨吊车梁(中)} + 0.25G_{a柱}$$
$$+ 0.25G_{b柱} + 0.5G_{b上柱} + 0.25G_{低跨外纵墙} + 0.5G_{高跨悬墙}$$

$$=1.0\times(2.6\times6\times18+54+0.5$$
$$\times0.15\times6\times18)+0.5\times(2\times42)+1.0\times42+0.25\times45$$
$$+0.25\times48+0.5\times16+0.25\times184+0.5\times56\approx533\text{kN}$$

（2）高跨屋盖标高处 G_2

$$G_2=1.0G_{屋盖}+0.5G_{高跨吊车梁(边)}+0.5G_{b上柱}$$
$$+0.25G_{c柱}+0.25G_{高跨外纵墙}+0.5G_{高跨悬梁}$$
$$=1.0\times(2.6\times6\times18+54+0.5\times0.15\times6\times18)+0.5\times42$$
$$+0.5\times16+0.25\times59+0.25\times222+0.5\times56\approx471\text{kN}$$

（3）吊车梁顶面标高处 G_3、G_4（用以计算此处的水平地震作用）

低跨：$\quad\quad G_3=1.0G_{吊车梁}+1.0G_{吊车桥架}=42+164=206\text{kN}$

高跨：$\quad\quad G_4=1.0G_{吊车梁}+1.0G_{吊车桥架}=42+180=222\text{kN}$

2. 排架柔度计算

单柱位移的计算简图如图 6-25 所示。

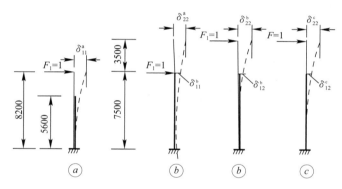

图 6-25 单柱位移计算简图

各柱惯性矩如下：

400mm×400mm 矩形 $\quad\quad I=0.00213\text{m}^4$

400mm×600mm 矩形 $\quad\quad I=0.0072\text{m}^4$

400mm×800mm 工字形 $\quad\quad I=0.0158\text{m}^4$

根据有关排架计算手册，计算各阶形柱的柔度：

$$\delta_{11}^a=\frac{1}{E}\left[\frac{3.2^3}{3\times0.00213}+\frac{8.2^3-3.2^3}{3\times0.0072}\right]=1.14\times10^{-3}\text{m/kN}$$

$$\delta_{12}^b=\delta_{21}^b=\frac{1}{E}\left[\frac{3.5^3-2.83}{3\times0.00213}-\frac{2.8(3.5^2-2.8^2)}{2\times0.00213}\right.$$
$$\left.+\frac{11^3-3.5^3}{3\times0.0158}-\frac{2.8(11^2-3.5^2)}{2\times0.0158}\right]$$
$$=0.703\times10^{-3}\text{m/kN}$$

$$\delta_{11}^b=\frac{1}{E}\left[\frac{0.7^3}{3\times0.00213}+\frac{8.2^3-0.7^3}{3\times0.00158}\right]=0.458\times10^{-3}\text{m/kN}$$

$$\delta_{22}^b = \delta_{22}^c \frac{1}{E} \left[\frac{3.5^3}{3 \times 0.00213} + \frac{11^3 - 3.5^3}{3 \times 0.00158} \right] = 1.33 \times 10^{-3} \text{m/kN}$$

3. 单位力作用下排架位移计算

排架在单位水平力作用下，按图 6-26 进行计算，根据排架计算手册得：

$$k_1 = \frac{\delta_{21}^b}{\delta_{22}^b + \delta_{22}^c} = \frac{0.703 \times 10^{-3}}{2 \times 1.33 \times 10^{-3}} = 0.264$$

$$k_2 = \frac{\delta_{12}^b}{\delta_{11}^a + \delta_{11}^b} = \frac{0.703 \times 10^{-3}}{(1.14 + 0.458) \times 10^{-3}} = 0.440$$

$$x_1^1 = \frac{\delta_{11}^a}{\delta_{11}^a + \delta_{11}^b - \delta_{12}^b k_1}$$

$$= \frac{1.14 \times 10^{-3}}{1.14 \times 10^{-3} + 0.458 \times 10^{-3} - 0.264 \times 0.703 \times 10^{-3}} = 0.806$$

$$x_2^1 = x_1^1 k_1 = 0.806 \times 0.264 = 0.214$$

$$x_2^1 = \frac{\delta_{22}^c}{\delta_{22}^b + \delta_{22}^c - \delta_{12}^b k_2}$$

$$= \frac{1.33 \times 10^{-3}}{1.33 \times 10^{-3} + 1.33 \times 10^{-3} - 0.44 \times 0.703 \times 10^{-3}} = 0.564$$

$$x_2^1 = x_1^1 k_1 = 0.564 \times 0.44 = 0.248$$

$$\delta_{11} = (1 - x_1^1) \delta_{11}^a = (1 - 0.806) \times 1.14 \times 10^{-3} = 0.221 \times 10^{-3} \text{m/kN}$$

$$\delta_{12} = \delta_{21} = x_2^1 \delta_{22}^c = 0.214 \times 1.33 \times 10^{-3} = 0.285 \times 10^{-3} \text{m/kN}$$

$$\delta_{22} = (1 - x_2^1) \delta_{22}^c = (1 - 0.564) \times 1.33 \times 10^{-3} = 0.580 \times 10^{-3} \text{m/kN}$$

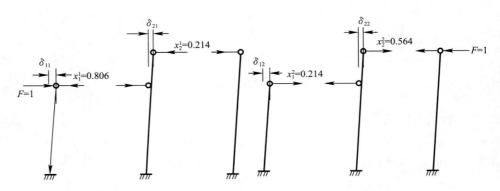

图 6-26 排架位移计算

4. 根据能量法计算排架基本周期

由式（6-6）计算排架横向基本周期。

$$\Delta_1 = G_1 \delta_{11} + G_2 \delta_{12} = (533 \times 0.221 + 471 \times 0.285) \times 10^{-3} = 0.252 \text{m}$$

$$\Delta_2 = G_1 \delta_{21} + G_2 \delta_{22} = (533 \times 0.285 + 471 \times 0.580) \times 10^{-3} = 0.425 \text{m}$$

$$T_1 = 2 \sqrt{\frac{\Sigma G_i \Delta_i^2}{\Sigma G_i \Delta_i}} = 2 \sqrt{\frac{533 \times 0.252^2 + 471 \times 0.425^2}{533 \times 0.252 + 471 \times 0.425}} = 1.19 \text{s}$$

此厂房设有纵墙，取修正系数 $\psi_T = 0.8$，则排架基本周期为：

$$T_1 = 0.8 \times 1.19 = 0.952s$$

5. 计算排架横向总水平地震作用标准值

由《抗震规范》查得：$T_g = 0.3s$，$\alpha_{\max} = 0.16$。由反应谱曲线，地震影响系数为：

$$\alpha_1 = \left(\frac{T_g}{T_1}\right)^{0.9} \eta_2 \alpha_{\max} = \left(\frac{0.3}{0.952}\right)^{0.9} \times 0.16 = 0.057$$

等效重力荷载代表值为：

$$\begin{aligned}
G_{eq} &= 0.85(G_1 + G_2 + 0.5G_{吊车桥架}) \\
&= 0.85 \times (533 + 471 + 0.5 \times 164 + 0.5 \times 180) \\
&= 999.6 \text{kN}
\end{aligned}$$

总地震作用标准值为：

$$F_{Ek} = \alpha_1 G_{eq} = 0.057 \times 999.6 = 57 \text{kN}$$

6. 由底部剪力法计算排架低跨、高跨屋盖标高处及吊车梁顶面标高处的水平地震作用标准值

$$\begin{aligned}
F_i &= \frac{G_i H_i F_{Ek}}{(G_1 - 0.5G_{低跨吊车梁} - 1.0G_{高跨吊车梁}) \times H_1 + (G_2 - 0.5G_{高跨吊车梁}) \times H_2 + G_3 H_3 + G_4 H_4} \\
&= \frac{G_i H_i \times 57}{(533 - 0.5 \times 2 \times 42 - 1.0 \times 42) \times 8.2 + (471 - 0.5 \times 42) \times 11 + 206 \times 5.6 + 222 \times 8.1} \\
&= G_i H_i \times \frac{57}{3681.8 + 4950 + 1153.6 + 1798.2} = G_i H_i \times 0.00492
\end{aligned}$$

$$\begin{aligned}
F_1 &= (G_1 - 0.5G_{低跨吊车梁} - 1.0G_{高跨吊车梁}) \\
&\quad \times H_1 \times 0.00492 = 3681.8 \times 0.00492 = 18.1 \text{kN}
\end{aligned}$$

$$F_2 = (G_2 - 0.5G_{高跨吊车梁}) \times H_2 \times 0.00492 = 24.4 \text{kN}$$

$$F_3 = G_3 H_3 \times 0.00492 = 5.7 \text{kN}$$

$$F_4 = G_4 H_4 \times 0.00492 = 8.8 \text{kN}$$

排架的横向水平地震作用如图 6-27 所示。

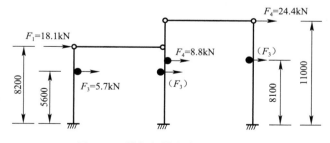

图 6-27 排架的横向水平地震作用

7. 排架的内力分析

（1）屋盖标高处地震作用引起的柱子内力标准值

1）横梁的内力：

根据内力迭加原理，可求得地震作用 F_1 和 F_2 在排架横梁内所引起的内力：

$$X_1 = F_1 X_1^1 + F_2 X_1^2 = 18.1 \times (-0.806) + 24.4 \times 0.21 = -8.56\text{kN}$$

$$X_2 = F_1 X_2^1 + F_2 X_2^2 = 18.1 \times (-0.214) + 24.4 \times 0.564 = 9.89\text{kN}$$

2）柱内力调整系数的确定：

由表 6-2 查得，$\zeta_1 = 0.9$；由表 6-3 查得 $\zeta_2 = 1.0$，于是内力增大系数：

$$\eta = \zeta_2 \left(1 + 1.7 \frac{n_h G_{El}}{n_0 G_{Eh}} \right) = 1.0 \left(1 + 1.7 \times \frac{1}{2} \times \frac{533}{471} \right) = 1.96$$

3）柱的弯矩和剪力计算：

柱的弯矩 M 和剪力 V 的计算见表 6-15。

弯矩和剪力计算　　　　　　　　　　表 6-15

柱列		ⓐ			ⓑ			ⓒ		
截面		上柱底	下柱底		上柱底	下柱底		上柱底	下柱底	
	内力分类	M (kN·m)	M (kN·m)	V (kN)	M (kN·m)	M (kN·m)	V (kN)	M (kN·m)	M (kN·m)	V (kN)
内力	按平面排架 计算结果	30.53	78.23	9.54	27.69	178.98	19.45	42.08	159.61	14.51
	考虑空间作用 计算结果	27.48	70.41	8.59	54.28*	161.08	17.51	37.87	143.65	13.06

注：$9.89 \times (11-8.2) \times 1.96 = 54.28\text{kN·m}$；其余第二行数字系由第一行数字乘以 $\zeta = 0.9$ 得到。

（2）吊车桥地震作用引起柱的内力标准值

由吊车桥架引起的水平地震作用 F_3、F_4 具有与吊车横向刹车力 $T_{\max}$ 对排架相同性质的作用，因此由 F_3、F_4 产生的排架内力可按静力计算中，吊车横向水平力所引起的柱子内力乘以相应比值求得。

求得此内力后，还要对吊车梁顶标高处的上柱截面乘以桥架引起的地震剪力和弯矩增大系数，由表 6-4 查得。

小结及学习指导

本章主要讲述单层钢筋混凝土厂房的抗震设计方法，在学习中应把握以下内容：

（1）对屋盖系统、柱及墙体的震害现象进行分析，理解震害现象产生的机理，体会抗震设计的原则。

（2）从抗震概念设计的层面上，掌握单层工业厂房抗震设计的一般规定。

（3）横向计算时单层厂房的质量集中，针对不同情况要选取不同的质量集中系数，采用平面排架法计算地震作用要注意进行空间作用的调整。

（4）纵向计算要针对不同的单层厂房形式分别选择柱列法、修正刚度法和空间分析法。

思考题与习题

6-1 单层厂房的震害主要表现在哪些方面？

6-2 单层厂房在平面布置上有何要求？为什么？

6-3 单层厂房横向抗震计算有哪些基本假定？怎样进行横向抗震计算？

6-4 简要说明单层厂房纵向计算的柱列法和修正刚度法的原理。

6-5 简述厂房屋盖的连接及支撑布置和柱间支撑、系杆的设置及构造要求。

第7章
多高层建筑钢结构抗震设计

本章知识点

【知识点】多高层钢结构建筑震害现象的分析，多高层钢结构建筑抗震设计的一般规定、抗震计算方法及抗震构造措施。

【重　点】掌握多高层钢结构建筑抗震设计的一般规定，能够参照《抗震规范》初步掌握多高层钢结构建筑的抗震设计。

【难　点】多高层钢结构建筑抗震设计基本原则，钢结构抗震计算模型和计算方法。

7.1 震害现象

　　钢结构是世界高层建筑中较早采用的一种结构类型，也是今后最有发展前景的结构类型之一。与混凝土结构相比，钢结构不仅具有强度高、自重轻、抗震性能好、整体刚性好、变形能力强、占用空间小等一系列优点，而且是绿色环保和符合可持续发展理论的，对于建筑业发展较为有利。根据调查，在同量级地震作用下，钢结构建筑的破坏情况要比钢筋混凝土结构的破坏情况小得多，表 7-1 所示为 1985 年墨西哥城地震中钢结构和钢筋混凝土结构的破坏情况对比，表 7-2 所示为 2008 年汶川地震建筑震害情况统计。虽然相对于混凝土结构来说，钢结构房屋具有较大的优势，但是在工程实践中钢结构容易发生锈蚀，焊接处多发生集中应力破坏、脆性破坏等，同时造价要比混凝土结构更高，所以它的诸多优点受到了限制，其优良的材性在实际工程中往往得不到广泛应用。

1985 年墨西哥城地震中钢结构和钢筋混凝土结构的破坏情况对比　表 7-1

建造年份	钢结构		钢筋混凝土结构	
	倒塌	严重破坏	倒塌	严重破坏
1957 年以前	7	1	27	16
1957～1976 年	3	1	51	23
1976 年以后	0	0	4	6

2008 年汶川地震建筑震害情况统计　表 7-2

	可以使用	加固后使用	停止使用	立即拆除
砌体-木架屋顶结构	0	2	0	1
砌体结构	36	59	27	40

	可以使用	加固后使用	停止使用	立即拆除
砌体-框架结构	17	5	4	2
框架结构	63	34	8	0
框架-剪力墙（核心筒）结构	5	1	1	0
轻钢结构（屋面）/钢桁架拱	3	3	0	0

一般强震作用下，钢结构房屋的强度方面是可靠的，很少整体倒塌，但常发生局部构件、节点破坏。通常来说，多高层钢结构在地震中的破坏形式有三种：节点连接破坏、构件破坏及结构倒塌。

7.1.1 节点连接破坏

节点连接破坏主要有两种，一种是支撑连接破坏（图 7-1），另一种是梁柱连接破坏（图 7-2）。历次地震震害情况均表明，支撑连接往往更易遭受地震破坏，典型情况如 1978 年日木宫城县远海地震（里氏 7.4 级）所造成的钢结构建筑破坏（表 7-3）。当地震发生时，支撑作为框架-支撑结构中最主要的抗侧力部分将首先承受水平地震作用，一旦某层的支撑连接发生破坏，将使该层成为薄弱楼层，造成严重后果。

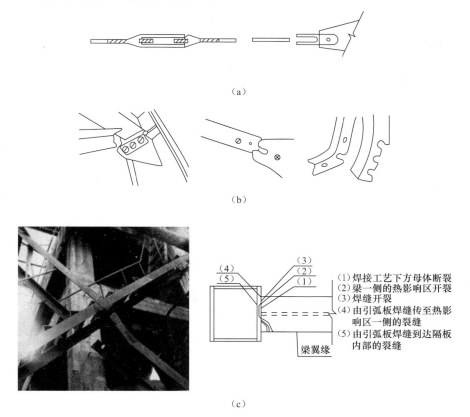

（a）

（b）

(1) 焊接工艺下方母体断裂
(2) 梁一侧的热影响区开裂
(3) 焊缝开裂
(4) 由引弧板焊缝传至热影响区一侧的裂缝
(5) 由引弧板焊缝到达隔板内部的裂缝

梁翼缘

（c）

图 7-1　支撑连接破坏

（a）圆钢支撑连接的破坏；（b）角钢支撑连接的破坏；（c）汶川地震的支撑连接破坏

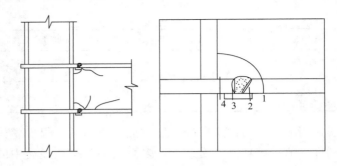

图 7-2　美国 Northridge 地震梁柱刚性连接的典型震害现象

1978 年日本宫城县远海地震钢结构建筑破坏类型统计　　表 7-3

结构数量破坏模型		破坏等级				统计	
		V	IV	III	II	总数	百分比（%）
过度弯曲	柱	—	2	—	2	11	7.4
	梁	—	—	—	1		
	梁、柱局部屈曲	2	1	1	2		
连接破坏	支撑连接	6	13	25	63	119	80.4
	梁柱连接	—	—	2	1		
	柱脚连接	—	4	2	1		
	其他连接	—	1	—	1		
基础失效	不均匀沉降	—	2	4	12	18	12.2
总计		8	23	34	83	146	100

注：II 级——支撑、连接等出现裂纹，但没有不可恢复的屈曲变形；
　　III 级——出现小于 1/30 层高的永久层间变形；
　　IV 级——出现大于 1/30 层高的永久层间变形；
　　V 级——倒塌或无法继续使用。

梁柱发生刚性连接破坏的模式主要包括：翼缘断裂、热影响区断裂和横隔板断裂。1994 年美国 Northridge 地震和 1995 年日本阪神地震中很多钢结构建筑发生了梁柱刚性连接破坏。通过震害研究发现，在梁柱连接部分下翼缘处的破坏情况比上翼缘严重得多。通过震后的调查分析，在地震作用下，破坏多发生在刚性连接下翼缘处的原因可能是楼板与梁共同变形导致下翼缘应力增大，而且下翼缘在腹板位置焊接的中断是一个显著的焊缝缺陷的来源，容易诱发裂缝。图 7-3 给出了震后观察到的在梁柱焊接连接处的失效模式。

梁柱刚性连接裂缝或断裂破坏的原因有：

（1）焊缝缺陷，如根部收缩、咬边、裂纹、欠焊、夹渣和气孔等。这些缺陷将成为裂缝开展直至断裂的起源。焊接存在缺陷的钢结构力学性能会受到影响，使顶端部位应力过于集中，焊接接头的致密性和强度使焊接接头的承载力不断下降，大大缩短了构件的使用寿命；在焊接过程中，出现的电弧擦伤、焊缝夹渣等降低了钢材的耐腐蚀性能，反过来又诱发了裂缝的发生。

（2）三轴应力影响。钢材的三轴应力值大小对其发生宏观脆断和延性破坏有着重要的影响。分析表明，梁柱连接的焊缝变形由于受到梁和柱约束，施焊后焊缝残存三轴拉应力，使材料变脆。

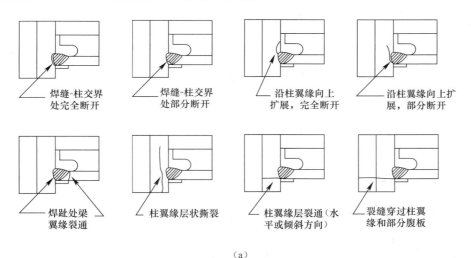

焊缝-柱交界处完全断开 　焊缝-柱交界处部分断开 　沿柱翼缘向上扩展，完全断开 　沿柱翼缘向上扩展，部分断开

焊趾处梁翼缘裂通 　柱翼缘层状撕裂 　柱翼缘层裂通（水平或倾斜方向） 　裂缝穿过柱翼缘和部分腹板

（a）

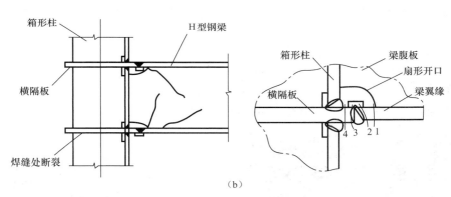

（b）

图 7-3　梁柱焊接连接处的失效模式
（a）美国 Northridge 地震；（b）日本阪神地震
1—翼缘断裂；2，3—热影响区断裂；4—横隔板断裂

（3）构造缺陷。钢材是一种性质较均匀的材料，但其本身和焊缝内部总是存在着不同类型和不同程度的缺陷。例如，垫条与柱翼缘之间存在一条"人工"裂缝（图 7-4）。这条裂缝的形成是出于焊接工艺的要求，在梁翼缘与柱连接处通常设有垫条，但是垫条在焊接后往往就留在结构上，最终成了连接裂缝发展的起源。

（4）焊缝金属冲击韧性低。由于人工操作不熟练，电焊机及焊材质量差等原因，焊缝质量的冲击韧性无法得到保证。美国北岭地震前，焊缝采用 E70T-4 或 E70T-7 自屏蔽药芯焊条，这种焊条对冲击韧性无规定。在北岭地震后进行的大型验证性试验中，排除了焊接操作产生的影响，焊缝统一采用了低韧性焊条，尽管焊接操作的质量很高，连接还是出现了早期破坏，从而证明了焊接缝金属冲击韧性低，是焊接破坏的因素之一。焊缝的低冲击韧性使得连接很易产生脆性破坏，成为引发节点破坏的重要因素。

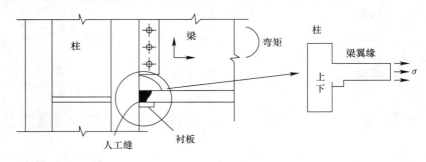

图 7-4　"人工"裂缝

7.1.2　构件破坏

多高层建筑钢结构构件破坏的主要形式有：

（1）支撑压屈。支撑在地震中所受的压力超过其屈曲临界力时，即发生压屈破坏（图 7-5）。普通支撑-钢框架在水平地震荷载作用下，支撑构件易受压屈曲。特别在强震作用下，屈曲后的支撑构件不仅刚度和承载力大大地降低，而且延性和耗能能力也变得较差。

（2）梁柱局部失稳。梁或柱在地震作用下反复受弯，在弯矩最大截面处附近由于过度弯曲可能发生翼缘局部失稳破坏（图 7-6）。在一般设计中，钢结构构件的整体稳定性比较受重视，局部失稳问题容易被忽略，但构件的关键局部屈曲会引起局部变形过大而导致整体结构的破坏。

图 7-5　1995 年阪神地震
某工厂支撑的压屈

图 7-6　2011 日本 3·11 地震某住宅
柱的局部失稳

（3）柱水平裂缝或断裂破坏。1995 年日本阪神地震中，位于阪神地震区芦屋浜的 52 栋高层钢结构住宅，有 57 根钢柱发生水平裂缝破坏。经研究人员分析，主要原因为：①拼接焊缝附近是焊接缺陷构成的薄弱部位；②地震发生在寒冷的冬季，钢柱暴露于室外，钢材温度低于 0℃；③箱形截面柱的壁厚达 50mm，厚板焊接时过热，使焊缝附近钢材延展性降低；④竖向地震及倾覆力矩在柱中产生较大的拉力。

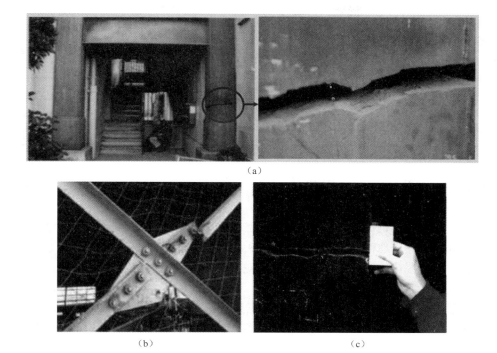

（a）

（b）   （c）

图 7-7　钢柱的断裂

（a）日本阪神地震滨海镇某小区母材断裂；（b）2011 年日本 3·11 地震某工厂支撑处断裂；
（c）柱水平裂缝

7.1.3　结构倒塌

地震造成的人员伤亡和财产损失，主要来自建筑物的倒塌。因此，提高建筑物抗地震倒塌能力对增强建筑物的整体抗震能力有重要的意义。在历次地震中，钢结构建筑表现出了相对较强的抗倒塌能力。尽管如此，在地震中还是发生了钢结构倒塌的事例（图 7-8）。1985 年墨西哥大地震和 1995 年的日本阪神地震中发生了钢结构房屋倒塌的事例（表 7-1 和表 7-4）。

钢结构房屋在地震中严重破坏或倒塌与结构抗震设计水平关系很大。1995 年 1 月 17 日，日本阪神发生的 7.2 级大地震中，钢结构建筑中震害严重和数量较多的主要是年久失修的简易型低层钢结构，但也有建于 20 世纪 70 年代后期的钢结构建筑遭受破坏，而在 1981 年新的日本抗震规范颁布后按新规范设计的建筑很少破坏，抗震设计水平的提高对钢结构房屋的

图 7-8　Pino Suarez building
in Mexico City 结构倒塌

237

整体稳定性有了较大提高。总的来说，钢结构建筑在强震作用下，很少发生整体倒塌，具有良好的抗震性能。

1985 年日本阪神地震中 Chou Ward 地区钢结构房屋震害情况　　表 7-4

建造年份	严重破坏或倒塌	中等破坏	轻微破坏	完好
1971 年以前	5	0	2	0
1971～1982 年	0	0	3	5
1982 年以后	0	0	1	7

7.2　抗震设计的一般规定

　　概念设计、抗震计算与构造措施是完整的建筑结构抗震设计不可分割的三部分，缺少或忽略任一部分都可能导致抗震设计的失败。概念设计主要是在总体上把握抗震设计的主要原则，以弥补由于地震作用及结构地震反应的复杂性而造成抗震计算不准确的不足。对于多高层钢结构，抗震设计在总体上需把握的主要原则有：保证结构的完整性，提高结构延性，设置多道结构防线。下面从结构的选型、布置以及一般连接要求几方面进行介绍。

7.2.1　结构选型

　　在结构选型上，多层和高层钢结构无严格界限，要求优先选用延性好的结构方案。为区分结构的重要性对结构抗震构造措施的要求不同，2010 年颁布的《建筑抗震设计规范》GB 50011—2010 以 50m 高度为界，根据设防分类、烈度和房屋高度采用不同的抗震等级，并应符合相应的计算和构造措施要求。一般丙类钢结构建筑的抗震等级应按表 7-5 确定；其他设防类别的建筑，则应按相应规定调整后再按表 7-5 划分抗震等级。

钢结构房屋的抗震等级　　表 7-5

房屋高度	烈度			
	6	7	8	9
≤50m		四	三	二
>50m	四	三	二	一

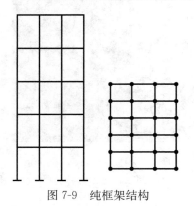

图 7-9　纯框架结构

　　常用的多高层钢结构建筑结构体系有：纯框架结构体系（图 7-9）、框架-中心支撑结构体系（图 7-10）、框架-偏心支撑结构体系（图 7-11）、框筒结构体系（图 7-12）和巨型框架结构体系（图 7-13）。刚接框架、偏心支撑框架和框筒结构是延性较好的结构形式，在地震区应优先采用。一般框架结构梁与柱的连接宜采用柱贯通型，且最好使用刚接节点。对于多层钢结构，可采用部分刚接及全刚接框架结构，但是禁止使用全铰接的框架结构。如果选用的是部分刚接框架，则结构外围周边框架需采用刚接框架。对于高层钢结构，应采用全刚接框架结构，如果结构刚度不够，可增加中心支撑，或者采用钢框架-混凝土芯筒或钢框筒结构形式；但在抗震等级为一、二级的地区，宜采用偏心支撑框架和钢框筒结构。

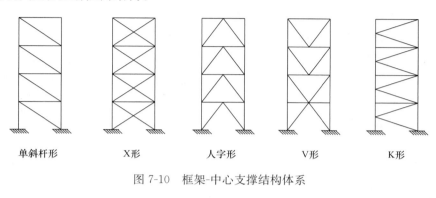

图 7-10 框架-中心支撑结构体系

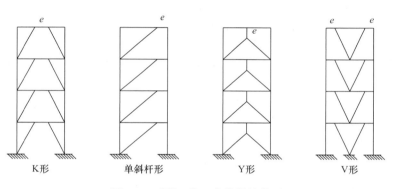

图 7-11 框架-偏心支撑结构体系

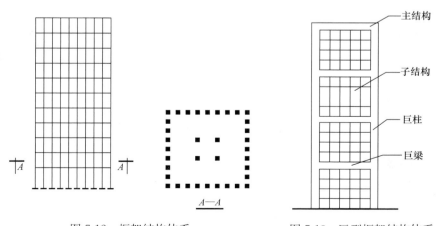

图 7-12 框架结构体系　　　　图 7-13 巨型框架结构体系

239

各种结构体系都有相应的优缺点，如：纯框架结构简单，抗侧力刚度小，结构延性好，但 P-Δ 效应比较显著，地震时侧向位移大，容易引起非结构构

240

件的破坏，甚至是结构的破坏。中心支撑框架通过支撑提高框架的刚度，支撑为抗弯弱构件，受压会先出现屈曲，支撑屈曲将导致原结构承载力降低，相比纯框架结构，中心支撑框架的抗侧刚度大，可以有效地抵抗侧向荷载，在相同侧移限值标准的情况下，中心支撑框架体系可以用于比框架体系更高的建筑结构。

偏心支撑框架主要特点是每一根支撑斜杆的两端，至少有一端与梁不在柱节点处相连，这种支撑斜杆和柱之间，或斜杆和斜杆之间就构成了一个耗能梁段，其通过设置偏心梁段，一方面增加耗能，另一方面使偏心梁段的剪切屈服在先，保护或限制支撑受压屈曲，从而有效保证结构具有稳定的承载能力和良好的耗能性能，偏心支撑框架在弹性阶段有不低于中心支撑框架的侧向刚度，在弹塑性阶段有良好的耗能能力，可避免中心支撑屈曲和刚度过大带来的不利影响。

框筒体系是由密集排列的矩形网格的梁和柱刚性连接在一起组成的，在建筑外围由密柱深梁组成的封闭式筒体通过悬臂作用来抵抗侧向作用，内部柱子或核心假定只承受重力荷载，故框筒可看成密柱框架结构，由于梁跨小刚度大，使周圈柱近似构成一个整体受弯的薄壁筒体，具有较大的抗侧刚度和承载力，但其在侧向荷载作用下，框架筒中柱的内力分布会不均匀，这是由于存在框架横梁的剪切变形，使框架柱的实际受力呈非线性分布的这种现象称为剪力滞后效应，此外，结构平面形状对筒体的空间刚度影响很大，正方形、圆形、正三角形等结构平面布置方式使得筒体的空间作用较充分地得到发挥，框筒结构多用于高层建筑。巨型框架结构是以巨型框架（主框架）为结构主体，并在其间设置普通的小型框架（次框架）所组成的结构体系，其最显著的优点是可以满足大开洞的建筑功能要求，在巨型框架的下部若干层高度范围内，可以按需要设置大空间的无柱中庭、展览厅和多功能厅等。各种钢结构体系建筑的高宽比不宜大于表 7-6 中数值，最大高度不宜超过表 7-7 给出的数值。

适用的钢结构房屋最大高宽比　　　　　　表 7-6

烈度	6、7	8	9
最大高宽比	6.5	6.0	5.5

适用的钢结构房屋最大高度（m）　　　　　表 7-7

结构类型	6、7 度 (0.1g)	7 度 (0.15g)	8 度 (0.20g)	(0.30g)	9 度 (0.40g)
框架	110	90	90	70	50
框架-中心支撑	220	200	180	150	120
框架-偏心支撑（延性墙架）	240	220	200	180	160
筒体（框筒、筒中筒、束筒）和巨型框架	300	280	260	240	180

7.2.2 结构布置

从整体来说，结构布置需要考虑平面、竖向和支撑等多个方面。按照概念设计要求，满足较优抗震性能的结构布置详述如下。

1. 结构平面布置

从抗震的角度看，平面布置最主要是使结构平面的质心和刚度中心相重合或者尽量靠近，以减少结构的扭转不规则效应。遵循建筑平面布置的一般规则，多高层钢结构的平面布置应尽量满足下列要求：

（1）建筑平面宜简单规则（图 7-14），其抗侧力构件的平面布置宜规则对称。

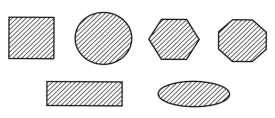

7-14　简单规则的建筑平面

（2）建筑的开间、进深宜统一，其常用平面的尺寸关系应符合表 7-8 和图 7-15 的要求。

L、l、l'、B' 的限值　表 7-8

L/B	L/B_{max}	l/b	l'/B_{max}	B'/B_{max}
<5	<4	<1.5	>1	<0.5

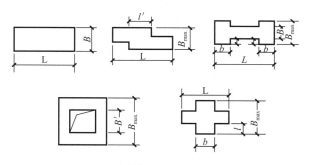

图 7-15　各种结构不规则的平面示意图

（3）一般情况下，高层建筑钢结构不宜设置防震缝，但薄弱部位应注意采取措施提高抗震能力。如必须设置伸缩缝，则应同时满足防震缝的要求。当结构特别不规则（当存在多项不规则或某项不规则超过规定的参考指标较多）时需设置防震缝，防震缝的位置宜使结构形成多个较规则的抗侧力结构单元。严重不规则的建筑不应采用。

（4）结构平面应尽量避免表 1-4 所列的不规则性。对于符合表 1-4 中任何一类平面不规则的建筑，在结构分析计算时，需符合特殊要求。

2. 结构竖向布置

多高层建筑结构竖向布置时，其侧向刚度沿竖向宜均匀变化、竖向抗侧力构件的截面尺寸和材料强度宜自下而上逐渐减小、避免侧向刚度和承载力突变。遵循建筑竖向布置的一般规则，多高层钢结构的竖向布置应尽量满足下列要求：

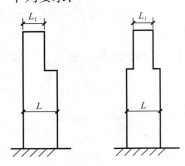

图 7-16　立面收进

（1）相邻楼层质量之比不超过 1.5（屋顶层除外）。

（2）立面收进尺寸的比例 $L_1/L > 0.75$（图 7-16）。

（3）框架-支撑结构中，支撑（或剪力墙板）宜竖向连续布置，除底部楼层和外伸刚臂所在楼层外，支撑的形式和布置在竖向宜一致。

（4）结构平面应尽量避免表 1-5 所列的不规则性。对于符合表 1-5 中任何一类平面不规则的建筑，在结构分析计算时，需符合特殊要求。

3. 支撑布置要求

多高层钢结构的支撑抗侧力构件的布置应满足下列要求：

（1）支撑框架在两个方向的布置均宜基本对称，支撑框架之间楼盖的长宽比不宜大于 3。

（2）抗震等级为一、二级的钢结构建筑，宜设置偏心支撑、带竖缝钢筋混凝土抗震墙板、内藏钢支撑钢筋混凝土墙板、屈曲约束支撑等消能支撑或筒体。抗震等级为三、四级且高度不大于 50m 的钢结构，宜采用中心支撑，也可采用偏心支撑、屈曲约束支撑等消能支撑。

（3）采用偏心支撑框架时，顶层可为中心支撑。

（4）中心支撑框架宜采用交叉支撑，也可采用人字支撑或单斜杆支撑，不宜采用 K 形支撑；支撑的轴线宜交汇于梁柱构件轴线的交点，偏离交点时的偏心距不应超过支撑杆件宽度，并应计入由此产生的附加弯矩。当中心支撑采用只能受拉的单斜杆体系时，应同时设置不同倾斜方向的两组斜杆，且每组中不同方向单斜杆的截面面积在水平方向的投影面积之差不应大于 10%。

（5）采用屈曲约束支撑时，宜采用人字支撑、成对布置的单斜杆支撑等形式，不应采用 K 形或 X 形，支撑与柱的夹角宜在 35°～55° 之间。屈曲约束支撑受压时，其设计参数、性能检验和作为两种消能部件的计算方法可按相关要求设计。

（6）为减小剪力滞后效应，框筒结构的柱距一般取 1.5～3.0m，且不宜大于层高。

4. 其他结构布置要求

（1）钢框架-筒体结构，必要时可设置由筒体外伸臂或外伸臂和周边桁架组成的加强层。

（2）钢结构建筑的楼盖宜采用压型钢板现浇钢筋混凝土组合楼板或钢筋混凝土楼板，并应与钢梁有可靠连接，如楼板与钢梁采用栓钉连接（图7-17）。当楼盖有转换层或楼板有大洞口等情况，必要时可增设水平钢支撑以加强楼板的水平刚度。

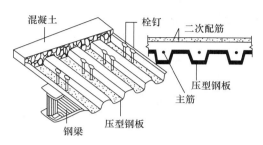

图 7-17　压型钢板与钢梁连接

（3）对 6、7 度时不超过 50m 的钢结构，可采用装配整体式钢筋混凝土楼板，也可采用装配式楼板或其他轻型楼盖；但应将楼板预埋件与钢梁焊接，或采取其他保证楼盖整体性的措施。

（4）超过 50m 的钢结构房屋应设置地下室。设置地下室时，在框架-支撑（剪力墙板）体系中，竖向连续布置的支撑（剪力墙板）应延伸至基础；钢框架柱应至少延伸至地下一层，其竖向荷载应直接传至基础。

7.2.3　抗震的一般要求

为了充分发挥结构的抗震性能，做到"小震不坏，中震可修，大震不倒"的抗震设防目标，在结构设计中，往往希望地震发生时，结构不会因为局部破坏（如节点破坏或支撑屈曲）而使得整个结构不能工作或者性能急剧变化，据此，《抗震规范》对多高层钢结构的抗震设计节点及支撑的一般要求如下。

1. 强节点弱构件要求

在多高层钢结构建筑抗震设计中，节点的设计是一个非常重要的组成部分。连接节点是保证梁与柱协同工作、形成结构整体的关键部件，直接影响地震作用下结构的完整性。《抗震规范》要求在抗震设计时，应按结构进入弹塑性阶段设计，节点连接承载力应高于截面承载力，这是为了保证节点不先于构件破坏，防止构件不能充分发挥作用。为此，对于多高层钢结构的所有节点连接，除应按地震组合内力进行弹性设计验算外。还应进行"强节点弱构件"原则下的极限承载力验算。《抗震规范》验算下列内容：

（1）梁与柱的连接的极限受弯、受剪承载力，应符合下列要求：

$$M_u^j \geqslant \eta_j M_p \tag{7-1}$$

$$V_u^j \geqslant 1.2(2M_p/l_n) + V_{GB} \tag{7-2}$$

（2）支撑与框架的连接及支撑拼接的极限承载力，应符合下式要求：

$$N_{ubr}^j \geqslant \eta_j A_{br} f_v \tag{7-3}$$

（3）梁、柱构件的拼接要求：

梁的拼接 $$M_{ub,sp}^j \geqslant \eta_j M_p \tag{7-4}$$

柱的拼接　　　　　　　$M_{uc,sp}^{j} \geqslant \eta_{j} M_{pc}$　　　　　　　　　(7-5)

式中　N_{ubr}^{j}、$M_{ub,sp}^{j}$、$M_{uc,sp}^{j}$——分别为支撑连接和拼接、梁、柱拼接的极限受压（拉）、受弯承载力；

M_{u}^{j}、V_{u}^{j}——分别为连接的极限受弯、受剪承载力；

M_{p}、M_{pc}——分别为梁的塑性受弯承载力和考虑轴力影响时柱的塑性受弯承载力；

V_{GB}——梁在重力荷载代表值（9 度时高层建筑尚应包括竖向地震作用标准值）作用下，按简支梁分析的梁端截面剪力设计值；

l_{n}——梁的净跨（梁贯通时取该楼层柱的净高）；

A_{br}——支撑杆件的截面面积；

f_{v}——钢材的抗剪强度设计值。

η_{j}——连接系数，可按表 7-9 采用。

钢结构抗震设计的连接系数　　　　　　　表 7-9

母材牌号	梁柱连接		支撑连接，构件拼接		柱　脚	
	焊接	螺栓连接	焊接	螺栓连接		
Q235	1.40	1.45	1.25	1.30	埋入式	1.2
Q345	1.30	1.35	1.20	1.25	外包式	1.2
Q345GJ	1.25	1.30	1.15	1.20	外露式	1.1

注：1. 屈服强度高于 Q345 的钢材，按 Q345 的规定采用；
　　2. 屈服强度高于 Q345GJ 的钢材，按 Q345GJ 的规定采用；
　　3. 翼缘焊接腹板栓接时，连接系数分别按表中连接形式取用。

2. 强柱弱梁要求

"强柱弱梁"的要求同样是为了保证整体不先于局部破坏。"强梁弱柱"型结构完全屈服时的塑性铰一般集中于某一特定楼层的柱端上下，破坏模式为坍塌；而"强柱弱梁"型结构塑性铰分布于整个建筑的梁端或底层柱端，破坏时塑性铰一般较多，能达到较好的耗能减震效果，最后的破坏模式为倒塌。一般在结构顶点位移相同的情况下，"强柱弱梁"型框架的最大层间变形比"强梁弱柱"型框架小，因此"强柱弱梁"型框架的抗震性能较"强梁弱柱"型框架优越。为保证钢框架为"强柱弱梁"型，框架的任一梁柱节点处需满足下列要求：

等截面梁

$$\Sigma W_{pc}(f_{yc} - N/A_{c}) \geqslant \eta \Sigma W_{pb} f_{yb}$$　　　(7-6)

端部翼缘变截面的梁

$$\Sigma W_{pc}(f_{yc} - N/A_{c}) \geqslant \Sigma(\eta W_{pb1} f_{yb} + V_{pb}s)$$　　　(7-7)

式中　W_{pc}、W_{pb}——分别为交汇于节点的柱和梁的塑性截面模量；

W_{pb1}——梁塑性铰所在截面的梁塑性截面模量；

f_{yc}、f_{yb}——分别为柱和梁的钢材屈服强度；

N——地震组合的柱轴力；

A_c——框架柱的截面面积；

V_{pb}——梁塑性铰剪力；

s——塑性铰至柱面的距离，塑性铰可取梁端部变截面翼缘的最小处；

η——强柱系数，一级取 1.15，二级取 1.10，三级取 1.05。

当柱为下列三种情况之一时，无需满足式（7-6）或式（7-7）的强柱弱梁要求：

（1）柱所在楼层的受剪承载力比上一层的受剪承载力高出 25%；

（2）柱轴压比不超过 0.4，或 $N_2 \leqslant \varphi A_c f$（$N_2$ 为 2 倍地震作用下的组合轴力设计值）；

（3）与支撑斜杆相连的节点。

3. 偏心支撑框架弱消能梁段要求

偏心支撑充分利用支撑与柱、支撑与支撑之间的梁段形成耗能梁段，具有极好的耗能能力以抵抗大震的影响，还可保护支撑斜杆免遭过早屈曲，从而防止结构整体倒塌。其设计应该遵循强柱、强支撑和弱消能梁段的原则。《抗震规范》中采用如下措施来保证偏心支撑优越的工作性能。

与偏心支撑消能梁段相连构件的内力设计值应按如下要求调整：

（1）支撑斜杆的轴力设计值，应取与支撑斜杆相连接的消能梁段达到受剪承载力时支撑斜杆轴力与增大系数的乘积；其增大系数，一级不应小于 1.4，二级不应小于 1.3，三级不应小于 1.2。

（2）位于消能梁段同一跨的框架梁内力设计值，应取消能梁段达到受剪承载力时框架梁内力与增大系数的乘积；其增大系数，一级不应小于 1.3，二级不应小于 1.2，三级不应小于 1.1。

（3）框架柱的内力设计值，应取消能梁段达到受剪承载力时柱内力与增大系数的乘积；其增大系数，一级不应小于 1.3，二级不应小于 1.2，三级不应小于 1.1。

偏心支撑框架消能梁段的受剪承载力可按下列公式计算：

当 $N \leqslant 0.15Af$ 时

$$V \leqslant \varphi V_l / \gamma_{RE} \tag{7-8}$$

$V_l = 0.58 A_w f_y$ 或 $V_l = 2M_{lp}/a$，取较小值。

$$A_w = (h - 2t_f) t_w \tag{7-9}$$

$$M_{tp} = W_p f \tag{7-10}$$

当 $N > 0.15Af$ 时

$$V \leqslant \varphi V_{lc} / \gamma_{RE} \tag{7-11}$$

$$V_{lc} = 0.58 A_w f_y \sqrt{1 - [N/(Af)]^2} \tag{7-12}$$

或 $$V_{lc} = 2.4 M_{lp} [1 - N/(Af)]/a \tag{7-13}$$

V_{lc} 取式（7-12）、式（7-13）计算所得的较小值。

式中 a、h、t_w、t_f——分别为消能梁段的长度、截面高度、腹板厚度和翼缘厚度；

V、N——分别为消能梁段的剪力设计值和轴力设计值；

φ——系数，可取 0.9；

V_l、V_{lc}——分别为消能梁段的受剪承载力和计入轴力影响的受剪承载力；

M_{lp}——消能梁段的全塑性受弯承载力；

A、A_w——分别为消能梁段的截面面积和腹板截面面积；

W_p——消能梁段的塑性截面模量；

f、f_y——分别为消能梁段钢材的抗拉强度设计值和屈服强度；

γ_{RE}——消能梁段承载力抗震调整系数，取 0.75。

4. 其他抗震特殊要求

(1) 节点域的屈服承载力要求

节点域是指当框架梁与柱刚性连接时，柱翼缘与横向加劲肋包围的柱腹板范围，如图 7-18 (a) 所示。一般在地震作用下，节点域屈服耗能是有助于结构抗震的，图 7-18 (b) 与图 7-18 (c) 是钢框架梁柱节点域的抗震性能试验，由图可知钢结构的节点域具有很好的滞回耗能性能。但研究表明，节点域既不能太厚，也不能太薄，太厚了使节点域不能发挥其耗能作用，太薄了将使框架侧向位移太大，《抗震规范》使用折减系数 φ 来设计。节点域满足弹性内力设计外，尚应按下式验算其屈服承载力：

$$\varphi(M_{pb1} + M_{pb2})/V_p \leqslant (4/3)f_v \tag{7-14}$$

式中 M_{pb1}、M_{pb2}——分别为节点域两侧梁的全塑性受弯承载力；

V_p——节点域体积；

f_v——钢材的抗剪强度设计值；

φ——折减系数，三、四级取 0.6，一、二级取 0.7。

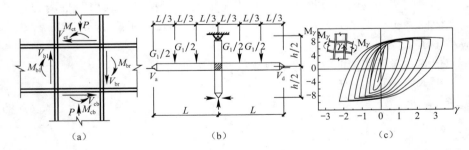

图 7-18 钢框架节点域试验

(a) 节点域示意图；(b) 试件；(c) 滞回曲线

对于工字形截面柱和箱形截面柱的节点域应按下列公式验算：

$$t_w \geqslant (h_b + h_c)/90 \tag{7-15}$$

$$(M_{b1} + M_{b2})/V_p \leqslant (4/3)f_v/\gamma_{RE} \tag{7-16}$$

式中 h_b、h_c——分别为梁腹板高度和柱腹板高度；

t_w——柱在节点域的腹板厚度；

M_{b1}、M_{b2}——分别为节点域两侧梁的弯矩设计值；

V_p——节点域的体积；

γ_{RE}——节点域承载力抗震调整系数，可采用 0.75。

（2）普通支撑斜杆的抗震承载力

一般支撑在地震作用下为反复受力构件，即支撑既受拉又受压。对轴心受力钢构件，由于存在受压屈曲，故一般受压承载力要小于相应的受拉承载力，抗震设计时由受拉控制。对典型中心支撑构件抗震性能试验，得到图 7-19 的滞回曲线，由图示滞回曲线可知：

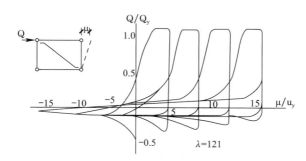

图 7-19 普通支撑试验滞回曲线

1）普通支撑在反复荷载作用下，其受拉承载力几乎无变化，而其受压承载力则逐渐下降，最终趋于稳定，值得注意的是支撑第二次受压屈曲荷载相比首次屈曲有明显下降；

2）支撑受压屈曲后受压承载力的下降幅度受支撑长细比控制，长细比越大，则下降幅度越大；长细比越小，下降幅度越小。

考虑支撑在地震循环荷载作用下的强度降低，《抗震规范》对中心支撑框架支撑斜杆的抗震承载力要求按下式进行验算：

$$N/(\phi A_{tw}) \leqslant \varphi f/\gamma_{RE} \tag{7-17}$$

其中 $\qquad \varphi = 1/(1+0.35\lambda_0), \lambda_0 = (\lambda/\pi)\sqrt{f_y/E}$

式中 N——支撑斜杆的轴向力设计值；

A_{tw}——支撑斜杆的截面面积；

φ——轴心受压构件的稳定系数；

ϕ——受循环荷载时的强度降低系数；

λ_0——支撑斜杆的正则化长细比；

E——支撑斜杆材料的弹性模量；

f_y——钢材屈服强度；

γ_{RE}——支撑稳定破坏承载力抗震调整系数。

（3）人字形和 V 形支撑框架设计要求

采用人字形和 V 形支撑的框架，当人字支撑的腹杆在大震下受压屈曲后，其承载力将下降，导致横梁在支撑处出现向下的不平衡集中力，可能引起横梁破坏和楼板下陷，并在横梁两端出现塑性铰；V 形支撑情况类似，只是当斜杆屈曲失稳时，楼板不是下陷而是向上隆起，不平衡力与人字形情况相反。为防止这种情况的出现,人字支撑和 V 形支撑的框架梁在支撑连接处应保持连续,并按不计入支撑支点作用的梁验算重力荷载和支撑屈曲时不平衡力作用下的承载力;不平衡力应按受拉支撑的最小屈服承载力和受压支撑最大屈曲承载力的 0.3 倍计算。必要时,人字形和 V 形支撑可沿竖向交替设置或采用拉链柱,如图 7-20 所示。

　　(4) 屈曲约束支撑设计要求

　　在中震与大震下,中心支撑的受压屈服承载力远远小于受拉屈服承载力,支撑长度越长两者的差距越大,由于支撑屈曲后其耗能能力大大降低,所以为了保证中心支撑会受压不发生屈曲,往往将其截面加大许多以符合设计需求,但仍不能保证强震下的屈曲。为此研究出了屈曲约束支撑。屈曲约束支撑是由芯材、约束芯材屈曲的套管和位于芯材

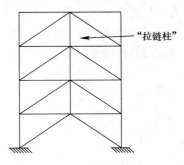

7-20　拉链柱示意图

和套管之间的无粘结材料及填充材料组成的一种支撑构件 (图 7-21)。所受的荷载全部由芯板承担,外套筒和填充材料仅约束芯板受压屈曲,使芯板在受拉和受压下均能进入屈服,因而,屈曲约束支撑的滞回性能优良。屈曲约束支撑一方面可以避免普通支撑拉压承载力差异显著的缺陷,另一方面具有金属阻尼器的耗能能力,可以在结构中充当"保险丝",使得主体结构基本处于弹性范围内。因此,屈曲约束支撑的应用,可以全面提高传统的支撑框架在中震和大震下的抗震性能。

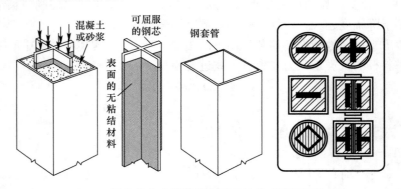

7-21　屈曲约束支撑的基本原理及典型截面形状

7.3　抗震计算

7.3.1　计算模型

　　(1) 楼板的假定

　　1) 多高层钢结构在进行地震作用分析时,对整体性较差、有较长外伸段或开孔面积大的楼板宜按平面内楼板的实际刚度进行分析;除此之外,一般可认为楼板在自身平面内为绝对刚性体。

2）进行多高层钢结构多遇地震作用下的反应分析时，可考虑现浇混凝土楼板与钢梁的共同作用。在设计中应保证楼板与钢梁间有可靠的连接措施。此时楼板可作为梁翼缘的一部分计算梁的弹性截面特性，楼板的有效宽度按下式计算（图 7-22）。当进行罕遇地震分析时，不应考虑楼板与梁的共同作用。

$$b_e = b_0 + b_1 + b_2 \qquad (7-18)$$

式中 b_0——钢梁上翼缘宽度；

b_1、b_2——梁外侧的内测的翼缘计算宽度，各取梁跨度 l 的 1/6 和翼缘板厚度 t 的 6 倍中的较小值。此外，b_1 不应超过翼板实际外伸宽度 s_1；b_2 不应超过相邻梁板托间净距 s_0 的 1/2。

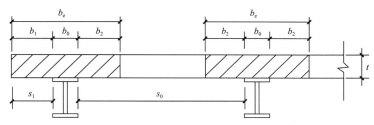

图 7-22 楼板的有效宽度

（2）一般可采用平面抗侧力结构的空间协同计算模型来进行多高层钢结构的抗震计算。当结构布置规则、刚度和质量沿高度均匀分布且不考虑扭转作用时，也可按平面结构进行简化计算；当结构体型复杂、布置不规则或为无法划分平面抗侧力单元的结构及筒体结构时，应采用空间结构计算模型。在进行地震作用下的内力和位移计算时，一般应考虑柱的轴向变形而可不计入梁的轴向变形，但当梁同时作为腰桁架或桁架弦杆时，则应考虑轴力影响。

（3）偏心支撑中的耗能梁段应取单独单元，柱间支撑两端应刚性连接，但可按两端铰接计算。应计入梁柱节点域剪切变形对钢结构位移的影响，可取梁柱节点域为一个单独的单元进行结构分析或按下式进行简化计算：

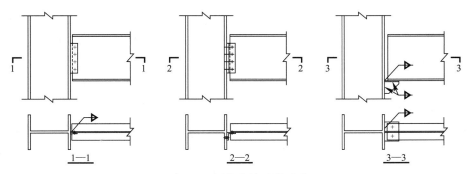

图 7-23 梁柱铰接连接形式

1）对于箱形截面柱框架，可将节点域当作刚域，刚域的尺寸取节点域尺寸的一半。

2）对于工字形截面柱框架，可按结构轴线尺寸进行分析。若结构参数满

足 $\eta>5$ 时，可按下式修正结构楼层处的水平位移：

$$u_i' = \left(1 + \frac{\eta}{100 - 0.5\eta}\right)u_i \tag{7-19}$$

其中　　　　$\eta = \left[17.5\frac{EI_{bm}}{K_m h_{bm}} - 1.8\left(\frac{EI_{bm}}{K_m h_{bm}}\right)^2 - 10.7\right]\sqrt[4]{\frac{I_{cm}h_{bm}}{I_{bm}h_{cm}}} \tag{7-20}$

式中　I_{cm}、I_{bm}——分别为结构全部柱和梁截面惯性矩的平均值；

　　　　u_i'——修正后的第 i 层楼层的水平位移；

　　　　u_i——不考虑节点域剪切变形并按结构轴线尺寸计算所得第 i 层楼层的水平位移；

　　h_{cm}，h_{bm}——分别为结构全部柱和梁腹板截面高度的平均值；

　　　　K_m——节点域剪切刚度的平均值，即

$$K_m = h_{cm}h_{bm}t_m G \tag{7-21}$$

　　　　t_m——节点域腹板厚度平均值；

　　　　E——钢材的弹性模量；

　　　　G——钢材的剪变模量。

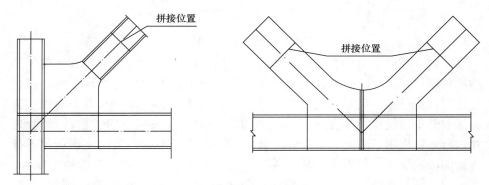

图 7-24　支撑端部钢结构构造示意图

7.3.2　地震影响

多层钢结构地震作用的计算，可按照第 3 章的振型分解反应谱方法或底部剪力法进行，但是需要考虑阻尼比的影响。钢结构抗震计算的阻尼比宜符合下列规定：

（1）多遇地震下的计算，高度不大于 50m 时可取 0.04；高度大于 50m 且小于 200m 时，可取 0.03；高度不小于 200m 时，宜取 0.02。

（2）当偏心支撑框架部分承担的地震倾覆力矩大于结构总地震倾覆力矩的 50% 时，其阻尼比可比上款相应增加 0.005。

（3）在罕遇地震下的弹塑性分析，阻尼比可取 0.05。

7.3.3　中心支撑框架构件的抗震承载力验算

（1）支撑斜杆的受压承载力应按下式验算：

$$N/(\varphi A_{br}) \leqslant \psi f/\gamma_{RE} \tag{7-22}$$

$$\psi = 1/(1+0.35\lambda_n) \tag{7-23}$$

$$\lambda_n = (\lambda/\pi)\sqrt{f_{ay}/E} \tag{7-24}$$

式中 N——支撑斜杆的轴向力设计值；

A_{br}——支撑斜杆的截面面积；

φ——轴心受压构件的稳定系数；

ψ——受循环荷载时的强度降低系数；

λ、λ_n——支撑斜杆的长细比和正则化长细比；

E——支撑斜杆钢材的弹性模量；

f、f_{ay}——分别为钢材强度设计值和屈服强度；

γ_{RE}——支撑稳定破坏承载力抗震调整系数。

（2）人字支撑和V形支撑的框架梁在支撑连接处应保持连续，并按不计入支撑支点作用的梁验算重力荷载和支撑屈曲时不平衡力作用下的承载力；不平衡力应按受拉支撑的最小屈服承载力和受压支撑最大屈曲承载力的0.3倍计算。必要时，人字支撑和V形支撑可沿竖向交替设置或采用拉链柱。

7.3.4 偏心支撑框架构件的抗震承载力验算

消能梁段的受剪承载力应符合下列要求：

当 $N \leqslant 0.15Af$ 时

$$V \leqslant \varphi V_l/\gamma_{RE} \tag{7-25}$$

$V_l = 0.58A_w f_{ay}$ 或 $V_l = 2M_{lp}/a$，取较小值。

$$A = (h - 2t_f)t_w \tag{7-26}$$

$$M_{lp} = fW_p \tag{7-27}$$

当 $N > 0.15Af$ 时

$$V \leqslant \varphi V_{lc}/\gamma_{RE} \tag{7-28}$$

$V_{lc} = 0.58A_w f_{ay}\sqrt{1-[N/(Af)]^2}$ 或 $V_{lc} = 2.4M_{lp}[1-N/(Af)]/a$，取较小值。

式中 N、V——分别为消能梁段的轴力设计值和剪力设计值；

V_l、V_{lc}——分别为消能梁段受剪承载力和计入轴力影响的受剪承载力；

M_{lp}——消能梁段的全塑性受弯承载力；

A、A_w——分别为消能梁段的截面面积和腹板的截面面积；

W_p——消能梁段的塑性截面模量；

a、h——分别为消能梁段的净长和截面高度；

t_w、t_f——分别为消能梁段的腹板厚度和翼缘厚度；

f、f_{ay}——消能梁段钢材的抗压强度设计值和屈服强度；

φ——系数，可取0.9；

γ_{RE}——消能梁段承载力抗震调整系数，可取0.75。

支撑斜杆与消能梁段连接的承载力不得小于支撑的承载力。若支撑需抵抗弯矩，支撑与梁的连接应按压弯连接设计。

7.3.5　钢结构抗侧力构件的连接计算

钢结构抗侧力构件连接的极限承载力应大于相连构件的屈服承载力，高强度螺栓连接不得产生滑移。

梁与柱刚性连接的极限承载力，应按下列公式验算：

$$M_u^j \geqslant \eta_j M_p \tag{7-29}$$

$$V_u^j \geqslant 1.2(2M_p/l_n) + V_{Gb} \tag{7-30}$$

支撑与框架连接和梁、柱、支撑的拼接极限承载力，应按下列公式验算：
支撑连接和拼接

$$N_{ubr}^j \geqslant \eta_j A_{br} f_v \tag{7-31}$$

梁的拼接

$$M_{ub,sp}^j \geqslant \eta_j M_p \tag{7-32}$$

柱的拼接

$$M_{uc,sp}^j \geqslant \eta_j M_{pc} \tag{7-33}$$

柱脚与基础的连接极限承载力，应按下列公式验算：

$$M_{u,base}^j \geqslant \eta_j M_{pc} \tag{7-34}$$

式中　　M_p、M_{pc}——分别为梁的塑性受弯承载力和考虑轴力影响时柱的塑性受弯承载力；

V_{Gb}——梁在重力荷载代表值（9 度时高层建筑尚应包括竖向地震作用标准值）作用下按简支梁分析的梁端截面剪力设计值；

l_n——梁的净跨；

A_{br}——支撑杆件的截面面积；

M_u^j、V_u^j——分别为连接的极限受弯、受剪承载力；

M_{ubr}^j、$M_{ub,sp}^j$、$M_{uc,sp}^j$——分别为支撑连接和拼接、梁、柱拼接的极限受压（拉）、受弯承载力；

$M_{u,base}^j$——柱脚的极限受弯承载力；

η_j——连接系数，可按表 7-10 采用。

钢结构抗震设计的连接系数　　　　　　　　　表 7-10

母材牌号	梁柱连接		支撑连接、构件连接		柱　脚	
	焊接	螺栓连接	焊接	螺栓连接		
Q235	1.40	1.45	1.25	1.30	埋入式	1.2
Q345	1.30	1.35	1.20	1.25	外包式	1.2
Q345GJ	1.25	1.30	1.15	1.20	外露式	1.1

7.4　抗震构造要求

7.4.1　钢框架结构的抗震构造措施

（1）框架柱的长细比。

框架柱的长细比，一级不应大于 $60\sqrt{235f_{ay}}$，二级不应大于 $80\sqrt{235f_{ay}}$，三级不应大于 $100\sqrt{235f_{ay}}$，四级时不应大于 $120\sqrt{235f_{ay}}$。

（2）框架梁、柱板件宽厚比，应符合表 7-11 的规定。

框架梁、柱板件宽厚比限值　　　　　　　　表 7-11

	板件名称	一级	二级	三级	四级
柱	工字形截面翼缘外伸部分	10	11	12	13
	工字形截面腹板	43	45	48	52
	箱形截面壁板	33	36	38	40
梁	工字形截面和箱形截面翼缘外伸部分	9	9	10	11
	箱形截面翼缘在两腹板之间部分	30	30	32	36
	工字形截面和箱形截面腹板	$72\text{-}120N_b/(Af)<60$	$72\text{-}100N_b/(Af)<65$	$80\text{-}110N_b/(Af)<70$	$85\text{-}120N_b/(Af)<75$

（3）梁柱构件的侧向支撑应符合下列要求：

1）梁柱构件受压翼缘应根据需要设置侧向支撑。

2）梁柱构件在出现塑性铰的截面，上下翼缘均应设置侧向支撑。

3）相邻两侧支撑点间的构件长细比，应符合现行国家标准《钢结构设计规范》的有关规定。

（4）梁与柱的连接构造应符合下列要求：

1）梁与柱的连接宜采用柱贯通型。

2）柱在两个互相垂直的方向都与梁刚接时宜采用箱形截面，并在梁翼缘连接处设置隔板；隔板采用电渣焊时，柱壁板厚度不宜小于 16mm，小于 16mm 时可改用工字形柱或采用贯通式隔板。当柱仅在一个方向与梁刚接时，宜采用工字形截面，并将柱腹板置于刚接框架平面内。

3）工字形柱（绕强轴）和箱形柱与梁刚接时，应符合下列要求：

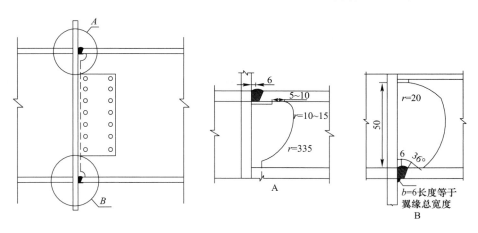

图 7-25　框架梁与柱的现场连接

① 梁翼缘与柱翼缘间应采用全熔通坡口焊缝；一、二级时，应检验焊缝的 V 形切口冲击韧性，其夏比冲击韧性在 -20℃时不低于 27J；

② 柱在梁翼缘对应位置应设置横向加劲肋（隔板），加劲肋（隔板）厚度不应小于梁翼缘厚度，强度与梁翼缘相同；

③ 梁腹板宜采用摩擦型高强度螺栓与柱连接板连接；腹板角部应设置焊接孔，孔形应使其端部与梁翼缘和柱翼缘间的全熔透坡口焊缝完全隔开；

④ 腹板连接板与柱的焊接，当板厚不大于 16mm 时应用双面角焊缝，焊缝有效厚度应满足等强度要求，且不小于 5mm；板厚大于 16mm 时采用 K 形坡口对接焊缝。该焊缝宜采用气体保护焊，且板端应绕焊；

⑤ 一级和二级时，宜采用能将塑性铰自梁端外移的端部扩大形连接、梁端加盖板或骨形连接。

4）框架梁采用悬臂梁段与柱刚性连接时，悬臂梁段与柱应采用全焊接连接，此时上下翼缘焊接孔的形式宜相同；梁的现场拼接可采用翼缘焊接腹板螺栓连接或全部螺栓连接。

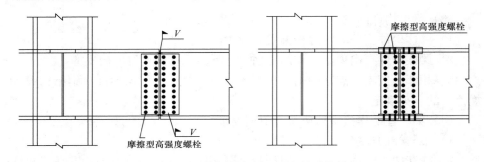

图 7-26　框架柱与梁悬臂段的连接

5）箱形柱在与梁翼缘对应位置设置的隔板，应采用全熔透对接焊缝与壁板相连。工字形柱的横向加劲肋与柱翼缘，应采用全熔透对接焊缝连接，与腹板可采用角焊缝连接。

（5）梁与柱刚性连接时，柱在梁翼缘上下各 500mm 的范围内，柱翼缘与柱腹板间或箱形柱壁板间的连接焊缝应采用全熔透坡口焊缝。

（6）框架柱的接头距框架梁上方的距离，可取 1.3m 和柱净高一半二者的较小值。上下柱的对接接头应采用全熔透焊缝，柱拼接接头上下各 100mm 范围内，工字形翼缘与腹板间及箱型柱角壁板间的焊缝，应采用全熔透焊缝。

（7）钢结构的刚接柱脚宜采用埋入式，也可采用外包式；6、7 度且高度不超过 50m 时，也可采用外露式。

7.4.2　钢框架-中心支撑结构的抗震构造措施

（1）中心支撑的杆件长细比和板件宽厚比限值应符合下列规定：

1）支撑杆件的长细比，按压杆设计时，不应大于 $120\sqrt{235f_{ay}}$；一、二、三级中心支撑不得采用拉杆设计，四级采用拉杆设计时，其长细比不应大于 180。

2）支撑杆件的板件宽厚比，不应大于表 7-12 规定的限值。采用节点板连接时，应注意节点板的强度和稳定。

（2）中心支撑节点的构造应符合下列要求：

1）一、二、三级，支撑宜采用 H 形钢制作，两端与框架可采用刚接构造，梁柱与支撑连接处应设置加劲肋；一级和二级采用焊接工字形截面的支撑时，其翼缘与腹板的连接宜采用全熔透连续焊缝。

钢结构中心支撑板件宽厚比限值   表 7-12

板件名称	一级	二级	三级	四级
工字形截面翼缘外伸部分	8	9	10	13
工字形截面腹板	25	26	27	33
箱形截面壁板	18	20	25	30
圆管外径与壁厚比	38	40	40	42

2）支撑与框架连接处，支撑杆端宜做成圆弧。

3）梁在其与 V 形支撑或人字支撑相交处，应设置侧向支撑；改支撑点与梁端支撑点间的侧向长细比以及支撑力应符合现行国家标准《钢结构设计规范》关于塑性设计的规定。

4）若支撑和框架采用节点板连接，应符合现行国家标准《钢结构设计规范》关于节点板在连接杆件每侧有不小于 30℃ 夹角的规定；一、二级时，支撑端部至节点板最近固结点在沿支撑杆件轴线方向的距离，不应小于节点板厚度的 2 倍。

5）支撑与节点板嵌固点保留一个小距离，可使节点板在大震时产生平面外屈曲，从而减轻对支撑的破坏，如图 7-27 所示。

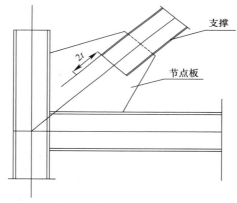

图 7-27 支撑端部节点板的构造示意图

（3）框架-中心支撑结构的框架部分，当房屋高度不高于 100m 且框架部分按计算分配的地震剪力不大于结构底部总地震剪力的 25% 时，一、二、三级的抗震构造措施可按框架结构降低一级的相应要求采用。

7.4.3 钢框架-偏心支撑结构的抗震构造措施

（1）偏心支撑框架消能梁段的钢材屈服强度不应大于 345MPa。消能梁段及与消能梁段同一跨内的非消能梁段，其板件的宽厚比不应大于表 7-13 规定的限值。

偏心支撑框架梁的宽厚比限值   表 7-13

板件名称		宽厚比限值
翼缘外伸部分		8
腹板	当 $N/Af \leqslant 0.14$ 时	$90[1-1.65N/(Af)]$
	当 $N/Af > 0.14$ 时	$33[2.3-N/(Af)]$

（2）偏心支撑框架的支撑杆件长细比不应大于 $120\sqrt{235f_{ay}}$，支撑杆件的板件宽厚比不应超过现行国家标准《钢结构设计规范》规定的轴心受压构件在弹性设计时的宽度比限值。

（3）消能梁段的构造应符合下列要求。

1）当 $N>0.16Af$ 时，消能梁段的长度应符合下列规定：

当 $\rho(A_w/A)<0.3$ 时

$$a\leqslant 1.6M_{lp}/V_l \tag{7-35}$$

当 $\rho(A_w/A)\geqslant 0.3$ 时

$$a\leqslant[1.15-0.5\rho(A_w/A)]1.6M_{lp}/V_l \tag{7-36}$$

$$p=N/V \tag{7-37}$$

式中　a——消能梁段的长度；

ρ——消能梁段轴向力设计值与剪力设计值之比。

2）消能梁段的腹板不得贴焊补强板，也不得开洞。

3）消能梁段与支撑连接处，应在其腹板两侧配置加劲肋，加劲肋的高度应为梁腹板高度，一侧的加劲肋宽度不应小于 $(b_f/2-t_w)$，厚度不应小于 $0.75t_w$ 和 10mm 的较大值。

4）消能梁段应按下列要求在其腹板上设置中间加劲肋：

① 当 $a\leqslant 1.6M_{lp}/V_l$ 时，加劲肋间距不大于 $(30t_w-h/5)$；

② 当 $2.6M_{lp}/V_l<a\leqslant 5M_{lp}/V_l$ 时，应在距消能梁段端部 $1.5b_f$ 处配置中间加劲肋，且中间加劲肋间距不应大于 $(52t_w-h/5)$；

③ 当 $1.6M_{lp}/V_l<a\leqslant 2.6M_{lp}/V_l$ 时，中间加劲肋的间距宜在上述二者间线性插入；

④ 当 $a>5M_{lp}/V_l$ 时，可不配置中间加劲肋；

⑤ 中间加劲肋应与消能梁段的腹板等高，当消能梁段截面高度不大于 640mm 时，可配置单侧加劲肋，消能梁段截面高度大于 640mm 时，应在两侧配置加劲肋，一侧加劲肋的宽度不应小于 $(b_f/2-t_w)$，厚度不应小于 t_w 和 10mm。

（4）消能梁段与柱的连接应符合下列要求：

1）消能梁段翼缘与柱翼缘之间应采用坡口全熔透对接焊缝连接，消能梁段腹板与柱之间应采用角焊缝连接；角焊缝的承载力不得小于消能梁段腹板的轴向承载力、受剪承载力和受弯承载力。

2）消能梁段翼缘与柱翼缘之间应采用坡口全熔透对接焊缝连接，消能梁段腹板与柱之间采用角焊缝连接，角焊缝的承载力不得小于消能梁段腹板的轴力、剪力和弯矩共同作用时的承载力。

3）消能梁段与柱腹板连接时，消能梁段翼缘与横向加劲肋间应采用坡口全熔透焊缝，其腹板与柱连接板间应采用角焊缝连接；角焊缝的承载力不得小于消能梁段腹板的轴力、剪力和弯矩共同作用时的承载力。

（5）消能梁段两端上下翼缘应设置侧向支撑，支撑的轴力设计值不得小于消能梁段翼缘轴向承载力设计值的 6%，即 $0.06b_ft_ff$。

（6）偏心支撑框架梁的非消能梁段上下翼缘，应设置侧向支撑，支撑的轴力设计值不得小于梁翼缘轴向承载力设计值的 2%，即 $0.02b_t t_f f$。

（7）框架-偏心支撑结构的框架部分，当房屋高度不高于 $100m$ 且框架部分按计算分配的地震作用不大于结构底部总地震剪力的 25% 时，一、二、三级的抗震构造措施可按框架结构降低一级的相应要求采用，如图 7-28 所示。

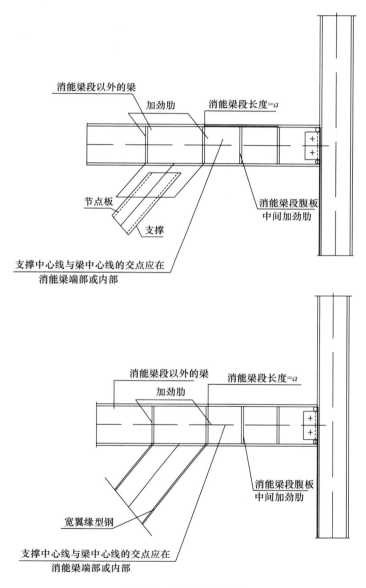

图 7-28　偏心支撑构造

小结及学习指导

本章主要讲述钢结构的抗震设计方法，学习中应把握以下内容：

（1）分析钢结构的典型震害现象及其产生机理，体会钢结构的抗震设计原则。

（2）从抗震概念设计的层面上，掌握钢结构抗震设计的一般规定。

（3）钢结构地震作用的计算，可按照振型分解反应谱方法或底部剪力法进行，但是应考虑阻尼比的影响。

（4）由于钢结构构件截面小、刚度小、侧移大，需要设置支撑系统。支撑系统可分为中心支撑和偏心支撑，支撑对于保证钢结构的抗震性能起着非常重要的作用，因此支撑的抗震计算方法和构造措施是本章需要重点掌握的内容。

思考题与习题

7-1 多高层钢结构的主要震害特征是什么？

7-2 请简述几种主要的多高层钢结构的结构布置和形式。

7-3 请区别陈述钢结构中心支撑和偏心支撑以及耗能机制。

7-4 钢结构抗震计算模型的基本假定有哪些？

7-5 钢结构中心支撑和偏心支撑的主要抗震构造要点包括哪些？

第8章
结构减震控制技术

本章知识点

【知识点】结构振动控制的分类；各种结构被动控制体系的构造及其减振机理，包括基础隔震、吸振减振、耗能减振；主动控制系统的构成；半主动控制系统的类型；土木工程中几种常见的智能控制系统，包括磁流变阻尼器控制系统、压电摩擦阻尼器控制系统及形状记忆合金阻尼器控制系统。

【重　点】了解结构振动控制的概念及分类；掌握基础隔震结构的设计方法及构造措施；理解各种控制装置的减振机理。

【难　点】基础隔震结构的设计方法及构造措施。

8.1　概述

　　传统的结构抗震设计往往是通过硬"抗"，即通过增强结构本身的强度与刚度来抵抗外荷载作用。但是这种体系存在着安全性难以保证、适应性有限制、经济性差等缺陷。20世纪70年代初，学者们开始研究在建筑结构上设置控制装置的方法，以减小结构的振动反应。可以说，结构振动控制为工程结构的抗震研究与设计开辟了一个新的途径。以华裔美国学者 J. T. P Yao. 于1972年提出的土木工程结构振动控制的概念为标志，结构振动控制的研究历史已有40余年。经过各国研究者的理论与试验研究，结构控制技术取得了长足的进步。结构控制就是通过调整结构的动力特性（诸如质量、阻尼和刚度等参数）或者提供外力抵抗风和地震的作用，削弱结构的动力反应，使之满足正常使用的要求。通常对结构实施振动控制需要设置一个提供控制力的辅助系统，补充的控制力既可以是被动控制力，也可以是主动施加的控制力。结构振动控制根据是否需要外部能量输入通常可以分为四类：被动控制、主动控制、半主动控制和混合控制。

　　结构被动控制是控制装置不需要外部能源输入的控制方式。被动控制采用隔震、吸振和耗能等技术来消耗结构的振动能量，达到减小结构振动反应的目的。其控制力是控制装置随结构一起振动，因控制装置自身的运动而被动产生的。被动控制装置相对来说是一种经济、较易实现的方法，因其造价低廉、可靠性高、简便易行的特点使其得到广泛应用。

结构主动控制是由外部能源向结构直接提供主动控制力，达到减小结构振动反应的控制方式。结构主动控制可以根据需要调节结构振动反应的控制效果，从理论上讲，是最为有效的结构控制方法。

结构半主动控制是一种主动改变结构参数，仅需部分能源实现其控制装置工作状态的变换，使控制系统的参数能随着结构的反应和外荷载的变化而变化，从而减小结构动力反应的结构控制方式。

结构混合控制系统通常由两种以上不同类型的控制系统组成，以期达到更好的控制性能。由于主动控制系统控制效果显著，但控制技术要求高、造价高，特别是需要较大的主动控制力时，很难在实际工程中实现。被动控制系统可靠性高、造价低、易于实现，但控制效果有一定的局限。混合控制系统能够减少单独使用被动或主动控制系统的局限性，并充分利用两种系统各自的优点，拓宽了控制系统的应用范围。

结构的智能控制是近些年发展起来的一种控制技术，它一方面是指将模糊逻辑控制、神经网络控制和遗传算法等智能控制算法应用于结构的主动控制，另一方面也是指利用智能材料研制的智能减振控制装置。目前，适合于土木工程振动控制的智能材料包括磁流变液体、压电材料和形状记忆合金。

8.2　被动控制

8.2.1　基础隔震体系

基础隔震是在结构物地面以上部分的底部设置隔震层，使之与固结于地基中的基础顶面分开，限制地震动向结构物的传递。目前采用的基底隔震主要用于隔离水平地震作用，隔离层的水平刚度应显著低于上部结构的侧向刚度，这样可延长结构的地震周期，使结构的加速度大大减小。同时，结构在地震反应过程中大变形主要集中在基底隔震层处，而结构本身的变形很小，此时可近似认为上部结构是一个刚体，从而为建筑物的地震防护提供良好的安全保障。与传统的抗震结构相比，基础隔震结构具有以下优点：

（1）提高了地震时结构的安全性及舒适感。根据基底隔震结构在地震中的强震记录和振动台模拟地震试验可知，这种隔震结构的加速度反应是传统的抗震结构的 $1/12 \sim 1/4$。

（2）防止了非结构构件破坏和建筑物内物品的振动、移动和翻倒（图 8-1），在中小地震作用下，隔震结构基本未发生破坏，仍处在弹性阶段；在罕遇大地震作用下，隔震结构仅发生部分破坏或非结构构件破坏，而不致倒塌。上部结构近似于刚体振动。

（3）降低了房屋结构造价。虽然隔震装置需要增加约 5% 的造价，但由于地震时上部结构的地震作用大大降低，使上部结构的构件截面、配筋等减少，构造措施和施工简单，隔震结构总造价仍可降低。统计表明：7 度区可节省

1%~3%；8度区可节省10%~20%。

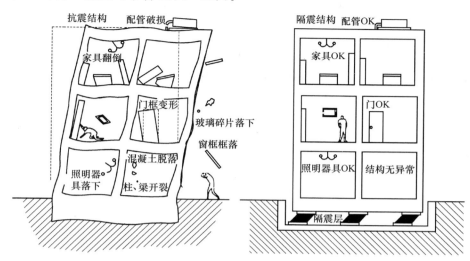

图 8-1　隔震与非隔震结构地震反应的对比

（4）结构平立面设计较为灵活。由于上部结构地震作用减少很多，使得对建筑和结构设计时的严格限制大大放宽。

（5）可以保持仪器和设备的正常使用功能。

最常用的隔震方式为橡胶支座隔震。用作隔震装置的橡胶支座，可用天然橡胶，也可用人工合成橡胶。为提高支座的竖向承载力和竖向刚度，橡胶支座一般由橡胶片与薄钢板叠合成，并将钢板边缩入橡胶内，以防止钢板锈蚀，如图 8-2 所示。当沿竖向压缩橡胶支座时，橡胶的剪切刚度限制钢板间的橡胶片外流。橡胶层的总厚度越小，橡胶支座能承受的竖向荷载越大，它的竖向和侧向刚度也越大。

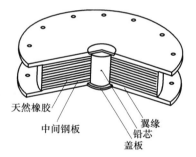

图 8-2　橡胶支座隔震装置

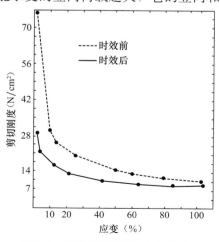

图 8-3　橡胶剪切刚度-应变关系

橡胶支座的水平刚度一般为竖向刚度的 1% 左右，且具有显著的非线性特性（图 8-3）。小变形时，由于刚度较大，对抗风性能非常有利，可以保证建筑物的正常使用功能；大变形时，橡胶的剪切刚度下降很多，只有初始刚度的 1/6~1/4，可以大大降低结构的振动频率，减小振动反应。通常情况下，隔震体系的刚度每降低 25%，建筑物的加速度平均减小 10%。当橡胶支座的剪应变超过 50% 后，刚度又逐渐回溯，这又起到了安全阀的作用，对防止建筑物的过量位移有好处。

8.2.1.1 隔震体系分析模型及动力方程

1. 刚体模型

基底隔震多用于高宽比较小的中低层房屋。如果上部结构的刚度较大，则由于隔震层的水平刚度相对小得多，上部结构可简化成刚体，如图8-4所示。这是一个具有三个自由度体系的模型，即一个水平方向位移 x_b、一个竖直方向位移 x_v 和一个绕刚体质心的转角 θ。当仅考虑水平地震加速度 $\ddot{x}_g$ 输入时，体系的振动方程为：

$$[M]\{\ddot{U}\} + [C]\{\dot{U}\} + [K]\{U\} = -[M]\{I\}\ddot{x}_g \qquad (8-1)$$

式中　$[M]$、$[C]$、$[K]$——体系的质量矩阵、阻尼矩阵、刚度矩阵，具有形式如下：

$$[M] = \text{diag}[m, m, J], [C] = \begin{bmatrix} C_{11} & 0 & 0 \\ 0 & C_{22} & C_{23} \\ 0 & C_{32} & C_{33} \end{bmatrix}, [K] = \begin{bmatrix} K_{11} & 0 & 0 \\ 0 & K_{22} & K_{23} \\ 0 & K_{32} & K_{33} \end{bmatrix}$$

$\{U\}$——体系的位移向量，$\{U\} = \{x_h, x_v, \theta\}$。

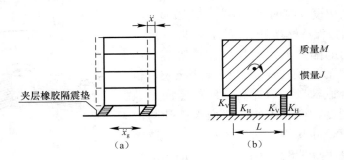

图8-4　隔震结构的刚体模型

2. 多质点体系平动分析模型

当上部结构相对较柔、层间变形较大时（如多层框架结构），隔震房屋可简化成多质点体系，如图8-5所示。通常由于橡胶支座的竖向刚度远大于其水平刚度，故在进行地震反应分析时可以近似认为结构只有平动，而忽略隔震层的竖向变形引起的摆动。根据 D'Alembert 原理，可导出隔震体系的振动方程为

$$[M]\{\ddot{X}\} + [C]\{\dot{X}\} + [K]\{X\} = [M]\{I\}\ddot{x}_g \qquad (8-2)$$

3. 多质点体系平动-摇摆分析模型

当上部结构层间刚度相对较小、垂直荷载较大，而采用的多层橡胶总厚度较大时，可能产生明显的竖向变形。在这种情况下，不仅要考虑结构的水平振动，而且还要考虑结构的摇摆振动，它的分析模型如图8-6所示。在实际工程中，这种情况并不多见。根据 D'Alembert 原理，可导出隔震体系的振动方程为：

$$[M]\{\ddot{X}\}+[C]\{\dot{X}\}+[K]\{X\}=-[M](\{I\}\ddot{x}_g+[H]\{I\}\ddot{\theta}_b) \qquad (8\text{-}3)$$

式中 $\ddot{\theta}_b$ ——结构底板的摇摆角加速度；

$[H]$ ——体系质点的位置矩阵，由下式给出：

$$[H]=\mathrm{diag}[H_1,H_2,\cdots H_n] \qquad (8\text{-}4)$$

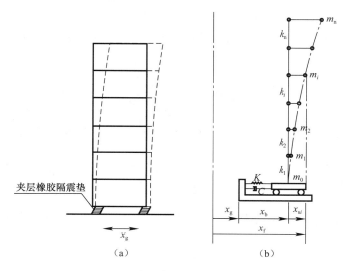

图 8-5 多质点平动体系的分析模型

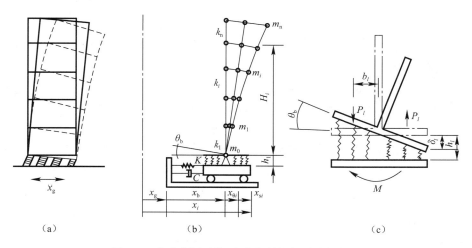

图 8-6 多质点隔震体系平动-摇摆振动分析模型

8.2.1.2 隔震结构设计的一般原则

（1）当设计基底隔震建筑时，设计地震动参数，如反应谱、地震记录等应选择与建筑所在场地相适应的地震动参数。

（2）叠层橡胶支座隔震结构在竖向地震动作用下的设计方法与传统的基底抗震结构相同。

（3）在满足必要的竖向承载力的同时，隔震装置的水平刚度应尽可能小，以降低隔震结构的自振频率，使其远低于地震动的卓越频率范围，从而保证地震反应有较大的衰减。同时，隔震层的最大位移应控制在允许的范围内。

（4）在风荷载作用下，隔震结构不能有太大的水平位移。因此，结构基底隔震系统常需安放风稳定装置，使之在小于设计风荷载的风力作用下，隔震层几乎不发生变形；而在超过设计风荷载的地震作用下，风稳定装置配合隔震装置一起用于隔震结构。

（5）在采用橡胶支座隔震措施的各类房屋中，其建筑总高度和层数宜符合表 8-1 的要求。

隔震建筑总高度和层数限制　　　　　　　　　　　表 8-1

结 构 类 型	高 度	层 数
砌体结构	按传统的砌体抗震结构采用	
钢筋混凝土结构	30	10
钢筋混凝土框架-剪力墙、抗震墙结构	40	12

（6）隔震结构中的叠层橡胶垫不宜出现受拉状态，因此房屋最大高宽比不应超过表 8-2 限值。

隔震房屋最大高宽比　　　　　　　　　　　表 8-2

烈　　　度	6	7	8	9
最大高宽比	2.5	2.5	2.5	2.0

（7）橡胶垫隔震支座和隔震层的其他部件，尚应根据隔震层所在位置的耐火等级采取相应的防火措施。

8.2.1.3　隔震结构的计算要点

隔震结构的设计步骤可按图 8-7 的流程进行。

1. 隔震支座

隔震层的各橡胶支座在永久荷载和可变荷载作用下组合的竖向平均压应力设计值，不应超过表 8-3 中的数值；在强震作用下，橡胶支座不宜出现拉应力。

橡胶支座所受平均压应力限值　　　　　　　　　表 8-3

建筑类别	甲类建筑	乙类建筑	丙、丁类建筑
平均压应力（MPa）	10	12	15

注：表中建筑类别按《抗震规范》中的规定采用。

2. 隔震结构体系

当采用橡胶垫隔震支座时，体系的地震反应可采用逐步积分法计算；体系的计算模型可采用如下几种形式：

（1）刚体模型。当上部结构的刚度较大（如砌体结构与其基本周期相当

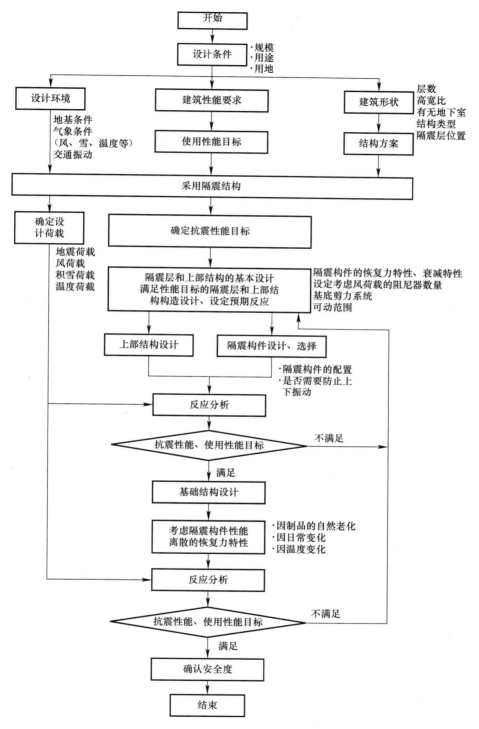

图 8-7 隔震结构的设计步骤

的结构）时，可将体系简化为刚体模型，由此可计算地震动作用下的隔震层
反应。这时，体系基本周期可按下式计算：

8.2 被 动 控 制

$$T_n = 2\pi\sqrt{\frac{W}{K_h g}}$$ (8-5)

式中 T_n——体系的基本周期；

    W——上部结构的总重量；

    K_h——隔震层相应于隔震后体系基本周期的水平刚度；

    g——重力加速度。

（2）多质点体系模型。当上部结构相对比较柔、层间相对变形较大时，体系可简化为多质点体系模型。这时，将隔震层作为第一层，上部结构各层质点化。

（3）当上部结构明显不对称时，可把结构各层假定成刚性楼板，考虑两个水平方向的位移 u、ν 和角位移 θ，据此可计算出隔震层及上部结构的地震反应。

8.2.1.4 隔震体系的构造措施

1. 结构部分的构造措施

隔震层以上结构应采取不阻碍隔震层在罕遇地震下发生大变形的措施：

（1）上部结构的周边应设置防震缝，缝宽不宜小于各隔震支座在罕遇地震下的最大水平位移值的 1.2 倍。

（2）上部结构（包括与其相连的任何构件）与地面（包括地下室和与其相连的任何构件）之间，宜设置明确的水平隔离缝；当设置水平隔离缝有困难时，应设置可靠的水平滑移垫层。

（3）在走廊、楼梯、电梯等部位，应无任何障碍。

2. 隔震层与上部结构的连接

隔震层与上部结构的连接，应符合下列规定：

（1）隔震层顶部应设置梁板式楼盖（现浇或装配整体式混凝土板），隔震支座上方的纵、横梁应采用现浇钢筋混凝土结构；隔震层顶部梁板的刚度和承载力，宜大于一般楼面梁板的刚度和承载力；隔震支座附近的梁、柱应计算冲切和局部承压，加密箍筋并根据需要配制网状钢筋。

（2）隔震支座和阻尼器应安装在便于维护人员接近的部位；隔震支座与上部结构、基础结构之间的连接件，应能传递罕遇地震下支座的最大水平剪力；抗震墙下隔震支座的间距不宜大于 2.0m；外露的预埋件应有可靠的防锈措施；预埋件的锚固钢筋应与钢板牢固连接。

8.2.2 吸振减震结构体系

吸振减震是通过附加子结构，使结构的振动能量在原结构与子结构之间重新分配，从而达到减小结构振动的目的。常见的吸振减震装置有调谐质量阻尼器（Tuned Mass Damper，简称 TMD）、调液（柱）阻尼器（Tuned Liquid Damper，简称 TLD；Tuned Liquid Column Damper，简称 TLCD）和悬吊质量摆阻尼器（Suspended Mass Pendulous Damper，简称 SMPD）。

吸振减震结构体系的基本原理是：当结构在外激励作用下产生振动时，带动子结构系统一起振动，子结构系统相对运动产生的惯性力反作用到结构上，调谐这个惯性力，使其对结构的振动产生控制作用，从而可以减小结构的地震反应。

吸振减震结构体系的优点有：（1）附加子结构的质量与主体结构的质量相比很小，因此对结构功能的影响小；（2）附加子结构是一个独立的系统，它通过弹簧、阻尼器等连接部件与主体结构相联系，安装简单、方便，减震装置的维修、更换也比较容易；（3）与传统的结构抗震相比，采用吸振减震体系可以减少工程建设的造价；（4）在结构上安装吸振减震装置，可以不更改主体结构的原设计方案，因此既适用于新建建筑的减震设计，也适用于旧有建筑的改造加固。

1. 调谐质量阻尼器

调谐质量阻尼器（Tuned Mass Damper，简称 TMD）是高层建筑与高耸结构振动控制中应用最早的结构被动控制装置之一。TMD 系统是一个由弹簧、阻尼器和质量块组成的振动控制系统，一般支撑或悬挂在结构上。经过学者们大量的研究，结果表明，调谐 TMD 系统的自振频率与结构某一振型自振频率一致时，TMD 系统对此振型的振动反应控制效果最佳。

为减小建筑物的风振反应，20 世纪 70 年代，美国纽约世界贸易中心大楼在顶部安装了360t 的 TMD；美国波士顿的 Lohn Hancock 大楼在顶部安装了两个 300t 的 TMD；澳大利亚悉尼电视塔在顶部和中部安装了两个 TMD 装置。日本从 1986 年到 1993 年，有 6 座百米以上的建筑物安装了 TMD 系统，用来减小结构的风振和地震反应。

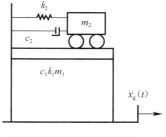

图 8-8　TMD-结构系统
计算模型

2. 调谐液体阻尼

调谐液体阻尼器（Tuned Liquid Damper，简称 TLD）是一种结构被动控制装置，它是装有液体并固定在结构上的刚性容器。TLD 作为控制装置早期被利用在航天和航海的技术中，如火箭燃料箱中液体燃料的波动对火箭的影响、轮船的减摇水舱等。在土木工程中，美国的 Vandiver 等人（1979）首先利用固定式海洋平台上的储液罐作为 TLD，进行了 TLD-结构在波浪荷载作用下的动力反应分析，初步验证 TLD 对海洋平台的振动控制作用。Kareem 等人（1987）将地面运动模拟成平稳和非平稳随机过程，进行了 TLD-结构体系的随机地震反应分析。Toshiyuki 等人（1988）和 Wakahara 等人（1992）计算了 TLD-结构体系在风荷载和谐波荷载作用下的动力反应，并进行了模型实验，探讨了 TLD 的减振作用。20 世纪 90 年代，李宏男等人（1999，2000）和贾影等人（1999）开始了地震作用下 TLD 对高层建筑及高耸结构的振动控制研究，同时进行了模型实验，取得了有意义的研究成果。在日本，已有一些 TLD 成功地应用于实际结构的振动控制中。

267

研究证明，TLD 的减振作用与容器液体的质量、频率、黏滞性及容器的尺寸等多种因素有关。TLD 对结构的控制力由两部分组成，一部分是液体随结构一起运动所产生的惯性力，另一部分是液体运动时产生的黏滞力。

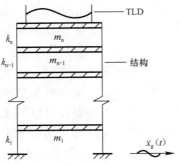

图 8-9 TLD 系统的力学模型

当 TLD 中的液体使用水时，由于水是低阻尼的液体，运动时产生的黏滞力可忽略不计。此时，水运动产生的惯性力构成了对结构的控制力。调节水的惯性力，从而达到结构减振的目的是 TLD 设计的准则。图 8-9 给出了结构利用 TLD 减振的力学模型。根据结构的自振频率，适当地调节容器中液体的质量及自振频率，可以找到一个最适宜的 TLD 尺寸，使得此时 TLD 中液体的惯性力最大，即 TLD 对结构的控制力最大。TLD 中液体的惯性力等于液体振荡时产生的动水压力。

3. 悬吊质量摆减振体系

悬吊质量摆减振体系是将摆悬吊在结构上，当体系在地震动作用下产生水平方向振动时，带动摆一起振动，而摆振动产生的惯性力反作用于结构本身，当这种惯性力与结构本身的运动相反时，就产生了制振效果（图 8-10）。

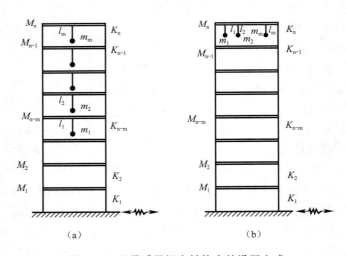

（a） （b）

图 8-10 悬吊质量摆在结构中的设置方式

8.2.3 耗能减震结构体系

耗能阻尼器减震是通过采用附加子结构或一定的措施，以消耗地震传递给结构的能量为目的的减震手段。从能量观点看，地震输入结构的能量是一定的，通过耗能装置消耗掉一部分能量，则结构本身需消耗的能量减小，以致于结构的反应减小。从动力学观点看，耗能装置的作用相当于增大结构的阻尼，从而使结构反应减小。

耗能减震技术因其减震效果好、构造简单、造价低廉、适用范围广、维护方便等特点，越来越受到国内外研究者和工程师的重视。耗能装置可以是安放在结构物能产生相对位移处的阻尼器，也可以是由结构物的某些非承重构件（如支墙、剪力墙等）设计成的耗能构件。这些耗能装置在风荷载或小震作用下应具有较大的刚度。但强烈地震发生时，耗能装置应首先进入非弹性状态，产生较大的阻尼，大量消耗输入结构的地震能量。试验表明，耗能装置甚至可以消耗地震总输入能量的90%以上。本章介绍目前工程中常用的几类耗能阻尼器。

1. 摩擦阻尼器

摩擦阻尼器是应用较早和广泛采用的阻尼器之一，它利用两块固体之间相对滑动产生的摩擦来耗散能量。这种阻尼器已较早地应用在其他工业领域，如汽车的刹车装置。1981年，Pall 和 Marsh（1981）根据这种原理发展了一种用来耗散地震能量的被动摩擦阻尼器（图 8-11），它的目的是减缓建筑物的运动。在此基础上，Pall 和 Marsh（1982）又提出了一种在框架结构斜支撑处设置的 X 形摩擦阻尼器（图 8-12）。它的改进形式（图 8-13）已成功地应用于 13 幢新建筑、6 幢修复建筑和 7 个新的设备中。

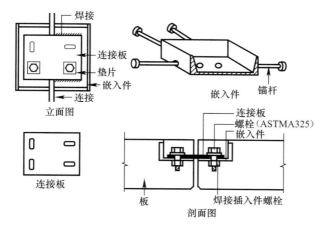

图 8-11　限位钢板摩擦阻尼器

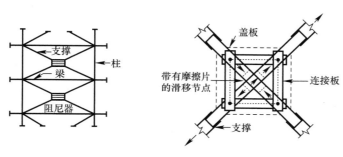

图 8-12　X 形摩擦阻尼器

269

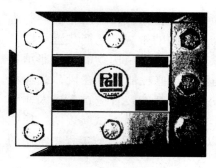

图 8-13　Pall 摩擦阻尼器

另一种与之相似的摩擦阻尼器是单轴摩擦阻尼筒，称为 Sumitomo 摩擦阻尼器，如图 8-14 所示。钢合金摩擦片被贴在圆筒内表面，通过弹簧来提供摩擦力所需的正压力，这种单轴摩擦阻尼筒已在日本得到应用。

2. 黏弹性阻尼器

黏弹性阻尼器（Viscoelastic Damper，简称 VED）最早是应用于航空航天工业中来控制由振动产生的疲劳破坏，用于土木工程的减振控制是近 30 年的事。据报道，世界上第一个应用黏弹性阻尼器来减小土木工程结构风制振动的是美国的世界贸易中心双塔楼高层建筑，每个塔楼大约安装了 10000 个阻尼器。

随后，1982 年和 1988 年在美国的西雅图又先后建成了安装有 260 个和 16 个大型的 VED 的 Columbia Center 大楼和 Two Square 大楼，这些 VED 都被用来进行风振控制。

20 世纪 90 年代，VED 开始用来减小结构地震反应的控制应用。美国旧金山地区是地震高烈度区，为了增加 1976 年建的 13 层 Santa Clara County 钢框架大楼的地震安

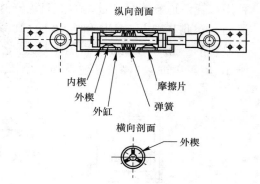

图 8-14　摩擦阻尼筒

全性，在建筑中各立面的每一层都安装了两个 VED。经测试，安装 VED 前建筑基本振型的阻尼比不到 1%，而安装 VED 后基本振型的阻尼比达到了 17%。第一个安装 VED 的钢筋混凝土建筑是位于美国圣地亚哥的三层海军设备供应大楼，经安装 64 个 VED 后的地震反应分析，效果很好。

黏弹性阻尼器是由黏弹性材料和约束钢板构成。典型的 VED 如图 8-15

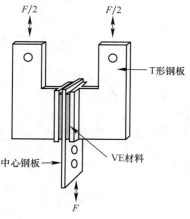

图 8-15　黏弹性阻尼器示意图

所示，它是由两块 T 形钢板和一块矩形钢板中心加有黏弹性材料所组成的，钢板和黏弹性材料是通过硫化过程结合成为整体。在反复力作用下，钢板产生相对位移，使得黏弹性材料产生往复的剪切变形，从而耗散能量。常用的黏弹性材料为高分子聚合物，它既有黏性，又具有很好的弹性，可以起到稳定结构的作用，并耗散结构外部输入能量。

3. 黏滞液体阻尼器

黏滞液体阻尼器（Viscous Fluid Damper，简称 VFD）是利用液体的黏性提供阻尼来耗散振动能量。它很早就在航天、机械、军

事等领域得到应用。最早在土木工程中应用的是 1974 年意大利的一个桥梁上，后来在房屋的基底隔震、管网、地震修复、房屋的抗风和抗震的设计中得到应用。

VFD 的种类很多，归纳起来可以分两类：

第一类是黏滞液体在封闭的容器中产生一定的流速来进行耗能的阻尼器，如图 8-16 所示。在这类阻尼器中，活塞要迫使黏滞液体在很短的时间内通过小孔洞，这时将产生很大的压力，因此，对这类阻尼器内部工艺设计要求较高。

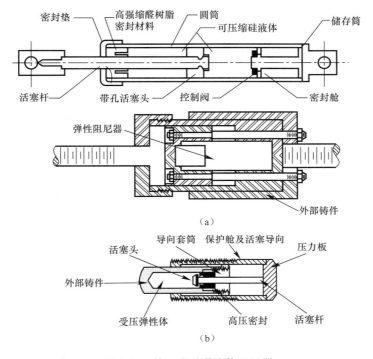

图 8-16　第一类黏滞液体阻尼器

第二类是黏滞液体在敞开的容器中产生一定的位移来进行耗能的阻尼器，如图 8-17 所示。在这类阻尼器中，要求液体尽量黏稠以获得最大限度的阻尼，因此，设计中液体材料的选择就成为问题的关键。

在第一类 VFD 中，图 8-16（a）是典型 Taylor 液体阻尼器，这种圆筒形容器内装有可压缩的硅油，在带有青铜合金头的不锈钢活塞作用下迫使硅油流过合金头上的流体控制孔。为了调节硅油的温度，合金头上带有一个由两种金属制成的温度调节器，用以补偿温度变化。另外，在筒的一端设有缓冲器来补偿由于活塞位置变化引起的体积改变。这种阻尼器需要高质量的密封材料和工艺。它在结构的基底隔震、抗震和抗风设计中都得到了应用。

图 8-16（b）所示的是另一种第一类 VFD，也是利用液体在外力作用下流过小孔洞来进行耗能。这种装置是通过基于预加有压力的可压缩硅酮的合成胶来提供附加的结构刚度和阻尼。模型试验表明，它适合结构的抗震设计应用。

在第二类 VFD 中，图 8-17（a）是一种圆缸式液体阻尼器。它是利用活塞在高黏稠的液体里移动，使机械能转换成热能来进行耗能。图中可以看到，轴对称结构可以提供 6 个自由度的耗能作用。

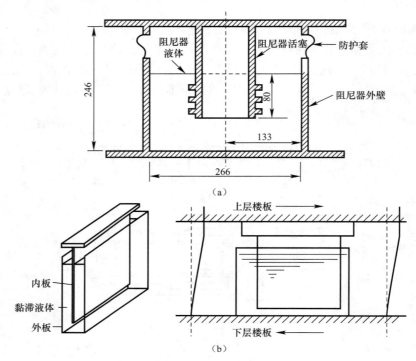

图 8-17　第二类黏滞液体阻尼器

黏滞阻尼墙（Viscous Damping Wall，简称 VDW）是以上概念的进一步发展（图 8-17b）。由日本 Sumitomo 建筑公司设计制造的 VDW，是在较窄的立方体钢容器中填充黏滞液体，活塞是以仅能在它本身平面内运动的钢板所代替。较典型的 VDW 是安装在框架柱间墙的位置，活塞钢板与上层楼板连接，立方体容器固定在下层楼面上。楼层间的相对位移使得黏滞液体受剪，进而产生了能量耗散。如果在结构中安装足够的 VDW，就会使结构的阻尼大大增加，可以更好地改善结构的抗震和抗风性能。

4. 软钢阻尼器

软钢阻尼器是利用低碳钢具有优良的塑性变形性能，可以在超过屈服应变几十倍的塑性应变下往复变形数百次而不断裂的优点，可根据需要将软钢板（棒）弯成各种形状的阻尼器，如图 8-18 所示；以及做成不同受力形式的软钢阻尼器，如图 8-19 所示。

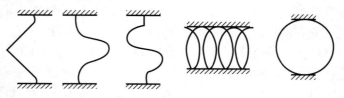

图 8-18　各种形式的阻尼器

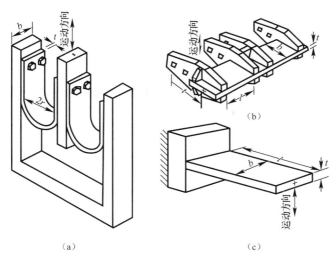

图 8-19　各种受力形式的软钢阻尼器
(a) 拉伸型；(b) 扭转型；(c) 弯曲型

　　李钢和李宏男（2006）提出了一种新型软钢阻尼器，即利用阻尼器钢片平面内提供一定的刚度，以达到在建筑物中小震作用下作为支撑构件提供刚度，大震作用作为供耗能构件的目的。图 8-20～图 8-23 给出了两种耗能效果很好的阻尼器平面示意图及它们的滞回曲线。

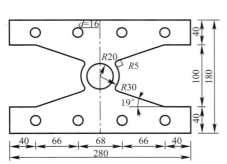

图 8-20　圆孔形阻尼器平面示意图

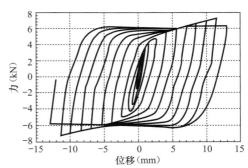

图 8-21　圆孔形阻尼器的滞回曲线图

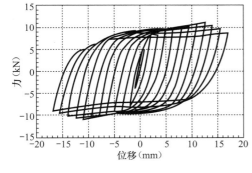

图 8-22　双 X 形阻尼器平面示意图

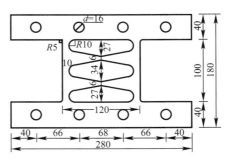

图 8-23　双 X 形阻尼器的滞回曲线图

8.3 主动控制

结构主动控制是由外部能源向结构直接提供主动控制力，达到减小结构振动反应的控制方式。结构主动控制可以根据需要调节结构振动反应的控制效果，从理论上讲，是最为有效的结构控制方法。土木工程中常见的主动控制系统为主动质量阻尼器（Active Mass Damper，AMD）。

主动控制系统主要是由信息采集（传感器）、计算机控制系统（控制器）与主动驱动系统（作动器）三大部分组成，如图 8-24 所示。

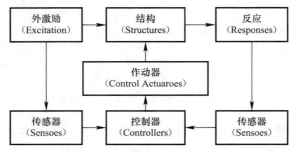

图 8-24 主动控制系统的组成

主动控制系统按照控制器的工作方式可分为开环控制、闭环控制和开闭环控制三种。开环控制，控制器通过传感器测得输入结构的外部激励，据此来调整作动器施加给结构的控制力，而不反映系统输出的结构反应信息，如图 8-25（a）所示。闭环控制，控制器通过传感器测得结构反应，据此来调整作动器施加给结构的控制力，而不反映输入结构的外部激励信息，如图 8-25（b）所示。

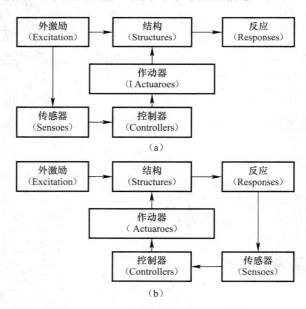

图 8-25 开环控制系统和闭环控制系统
(a) 开环控制系统；(b) 闭环控制系统

开闭环控制，控制系统通过传感器同时测得输入结构的外部激励和系统输出的结构反应，据此综合信息来调整作动器施加给结构的控制力，如图 8-24 所示。

由于闭环控制系统可以实时跟踪结构的动力反应，故结构的主动控制一般均采用闭环控制方法，有时也采用开闭环控制系统。闭环控制系统的工作原理为：由装在结构上的传感器测得的结构反应，控制器所采用的某种控制律计算出所需的控制力，该控制力通过作动器施加给结构，而达到减小或抑制结构动力反应的目的。

对于不同的控制措施，控制系统的结构有所区别，但其基本原理和构成大致相同。以主动质量阻尼器（AMD）为例，除了被控制结构外，其主动控制系统主要由三部分组成：

（1）质量阻尼刚度装置，包括质量块、弹簧和阻尼器。

（2）驱动装置和液压源，包括伺服阀、驱动器、反馈传感器液压源及管路。

（3）计算机及控制系统，这是整个主动控制系统的核心部分，包括：数据采集系统（即装设在结构和地面上的传感器）、滤波调节器（用于对采集的信号进行滤波、放大、调节）和模拟微分器（用于振动反应信号，如位移、速度、加速度等，进行微分变换）。

以一个高层建筑结构安装有 AMD 主动质量阻尼控制系统的结构体系为例，来阐述结构主动控制的机理，如图 8-26 所示。

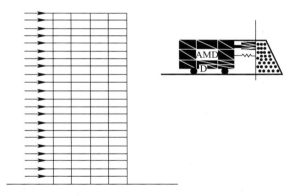

图 8-26　安装 AMD 系统的高层建筑

AMD 控制系统的工作流程如下：

（1）数据采集（即通过传感器进行在线测量地面和结构在地震激励下，结构在位移、速度、加速度等发生时的振动反应）；

（2）数据处理和传输（即传感器测得的振动反应的信号，经滤波、放大、调节、模拟微分处理等，传输至计算机系统的 A/D 转换器）；

（3）A/D 转换（即把电压模拟信号转换为电压数字信号）；

（4）控制计算（即计算机把电压数字信号经过标量变换，转换为结构的位移、速度，按预设的控制算法，把结构控制增益矩阵与结构状态向量相乘，计算出控制力）；

（5）D/A 转换（即把控制力的电压数字信号转换为电压模拟信号，并作为指令信号传输至伺服控制器）；

（6）伺服控制（伺服控制器与驱动器的反馈传感器相联，伺服传感器把计算机传来的控制力的指令信号与反馈传感器传来的驱动器的驱动力信号进行比较（负反馈），其差值传至电液伺服阀，伺服阀控制高压油从液压源输送至伺服驱动器的油缸，油缸的活塞随信号偏差而移动，直至信号等于零为止。这样，通过负反馈，驱动器就按指令信号向结构施加设定的控制力，从而衰减和控制结构的振动反应）。

重复步骤（1）至（6），直至结构的振动反应被减小或抑制到最小值。

8.4 混合控制、半主动控制及智能控制

8.4.1 混合控制

混合控制是将主动控制与被动控制同时施加在同一结构上的结构振动控制方式。主动控制虽然效果好，但造价高、技术要求高，而被动控制可靠性好、造价低、易于工程实现。两者结合，可以取长补短。目前通常有两种混合形式。一种是主从混合方式，即以被动控制为主，主动控制为辅的形式；另一种是并列混合方式，即主动控制和被动控制独立工作，对结构实施校正作用。目前较为经典的几种混合装置为：AMD 和 TMD 相结合、主动控制与基础隔震相结合、主动控制与耗能减震相结合、液压阻尼系统与主动调谐质量系统相结合等形式。

8.4.2 半主动控制

由于主动控制系统需要很大的外部能量供给，这在一定程度上限制了主动控制系统在土木工程结构中的广泛使用。而结构半主动控制是一种主动改变结构参数，仅需部分能源实现其控制装置工作状态的变换，使控制系统的参数能随着结构的反应和外荷载的变化而变化，从而减小结构动力反应的结构控制方式。由于半主动控制方式所需的外部能源量很小，而控制效果又和主动控制系统的效果接近，因此受到了广泛关注。常见的半主动控制系统为半主动变刚度系统和半主动变阻尼系统。

1. 半主动变刚度系统

可变刚度系统由附加刚度部件、机械装置和控制器三部分组成，如图 8-27 所示。一般情况下，附加刚度部件一端与结构固接，另一端或与结

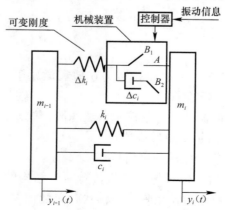

图 8-27 可变刚度系统示意图

构连接或与附加阻尼器连接。

当附加刚度部件 Δk_i 的另一端 A 点与结构在 B_1 点连接时，Δk_i 成为结构的一个刚度部件。此时，称可变刚度系统处于 ON 状态。当附加刚度部件 Δk_i 的另一端 A 与机械装置附加阻尼 Δc_i 在 B_2 点连接时，由于 Δk_i 的变形将导致附加阻尼 Δc_i 的运动。此时，称可变刚度系统处于 OFF 状态。

半主动变刚度振动控制就是通过控制器接收由传感器测得的结构和（或）外载的振动信息，根据事先设计的控制律进行运算，输出控制命令（即让可变刚度系统处于 ON 或 OFF 状态）给机械装置，实现对结构振动的有效控制。

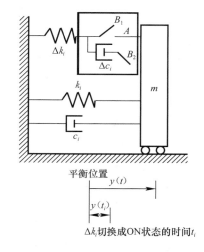

图 8-28 单自由度体系-可变刚度系统示意图

2. 半主动变阻尼控制系统

半主动变阻尼控制系统通常由液压缸、旁通管路和电液比例伺服阀等组成，如图 8-29 所示。应用时，分别将变阻尼控制器的活塞杆和缸体支座连接在结构的两个不同构件上，在地震和风等外界荷载作用下结构产生振动，变阻尼控制器中的活塞和缸体就会在结构的带动下产生相对运动。

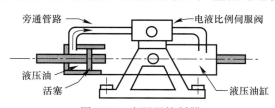

图 8-29 变阻尼控制器

当变阻尼控制器中的活塞和缸体发生相对运动时，液压油在活塞的作用下，由变阻尼控制器液压缸的一腔通过旁通管路和电液比例伺服阀流入另一腔，由于液压油在流经旁通管路和电液比例伺服阀时有压力损失，因而在活塞两侧产生压力差，此压力差即为变阻尼控制器对结构施加的控制力，也就是变阻尼控制器的油液在管路中流动时的阻尼力，该阻尼力的大小主要取决于电液比例伺服阀处节流口开口的大小。

半主动变阻尼控制就是通过控制器接收由传感器测得的结构和（或）外载的振动信息，根据事先设计好的控制律进行运算，输出控制命令给电液比例伺服阀，进而控制变阻尼控制器的阻尼力大小，实现对结构振动的有效控制。

8.4.3 智能控制

1. 磁流变阻尼器控制系统

磁流变液体（Magnetorheological Fluid，MRF）是一种由非导磁性载体液、高导率和低磁滞性的磁性介质微粒、表面活性剂组成的混合流体。在无

277

磁场作用时，MRF 是一种黏度较低的牛顿体，可以随意流动，磁性颗粒自由排列（图 8-30a）；在强磁场作用下，磁性颗粒被磁化而相互作用，沿磁场方向相互吸引，在垂直磁场方向上相互排斥，形成沿磁场方向相对比较规则的类似纤维的链状结构，进而转化成宏观的柱状结构，横架于极板之间（图 8-30b），此时 MRF 的表观黏度可以增加两个数量级之上，并呈现类似固体的力学性质，其强度由剪切屈服应力表示；随着磁场强度的增加，剪切屈服应力相应的增大，当外加磁场撤掉后，MRF 又变成流动性良好的液体。MRF 的这个特性称之为磁流变效应。

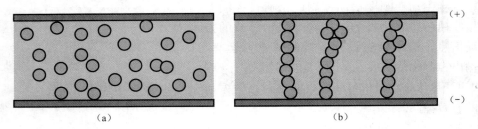

图 8-30　磁流变效应示意图
(a) 未加磁场；(b) 加磁场

总的来说，磁流变液体具有如下特点：

（1）连续性：MRF 的屈服应力可随磁场强度的变化而连续变化。

（2）可逆性：MRF 可随磁场强度增加而"变硬"，也可随磁场强度减小而"变软"。

（3）频响时间短：MRF 屈服剪应力随场强正逆向变化所需时间仅在 10^{-3} s 数量级内。

（4）能耗小：一般只需要数十瓦功率的直流电源就能满足工程应用的需要。

磁流变阻尼器（Magnetorheological Damper，MRD）是利用 MRF 的磁流变效应而制成的可调阻尼元件，可用作优良的被动耗能阻尼器和理想的半主动控制作动器。MRD 按其受力模式可分为流动模式、剪切模式和挤压模式以及这三种基本模式的任意组合，如图 8-31 所示。流动模式 MRD（图 8-31a）上下极板固定不动，MRF 在压差作用下 MRF 流动，由磁场强度来控制流动阻力。这种工作模式适于流体控制、伺服控制阀、阻尼器和减振器等；剪切模式 MRD（图 8-31b）两极板间有相对移动，产生剪切阻力，磁场的改变可

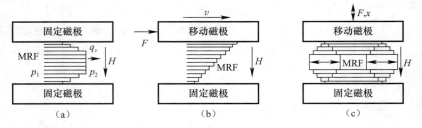

图 8-31　磁流变阻尼器的工作模式
(a) 流动模式；(b) 剪切模式；(c) 挤压模式

使 MRF 的剪切性质发生变化。此模式可用于制作制动器、离合器、锁紧装置和阻尼器等；挤压模式 MRD（图 8-31c）两极板在与磁场几乎平行的方向上移动，使 MRF 处于交替拉伸、压缩状态，并发生剪切，该类 MRD 磁路设计较为复杂，适用于需要小位移大阻尼力的器件。

MRD 常见结构形式如图 8-32 所示。图 8-32（a）是一种内置旁路阀控式 MRD，调节参数的磁流变阀是活塞与缸体间的窄缝，称为运动磁流变阀阻尼器，其工作模式是流动与剪切组合模式；图 8-32（b）是一种外接旁路阀控式磁流变阻尼器，调节参数的磁流变阀是外接旁路，称为固定磁流变阀阻尼器，其工作模式是流动式。当活塞与缸体发生相对运动时，缸体中的 MRF 受到挤压，通过磁流变阀流向活塞另一侧。磁流变阀中加上由线圈产生的磁场后，缸体中的 MRF 由牛顿流体变为宾汉姆黏塑性体，阻止活塞运动（或 MRF 流动）而使阻尼力增大。因此，只要通过调节线圈中电流强度来调整磁流变阀中的磁场（沿半径径向作用于磁流变阀中的 MRF）强度，改变 MRF 的屈服剪切应力，从而调节阻尼力的大小。

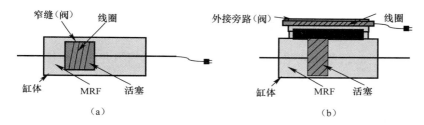

图 8-32　磁流变阻尼器的常见结构形式
（a）运动磁流变阀；（b）固定磁硫变阀

2. 压电摩擦阻尼器控制系统

压电材料在一定温度环境中被电场极化后，材料中的晶体以电场极化方向的晶粒为主，但部分晶粒仍然偏离电场极化方向，从而存在剩余极化强度，并以偶极矩的形式表现出来。当对压电材料施加机械变形时，剩余极化强度将因材料的变形而发生变化，引起材料内部正负电荷中心发生相对移动产生电极化，从而导致材料两个表面上出现符号相反的束缚电荷，电荷密度与外力成正比，这种现象称为正压电效应（图 8-33）。正压电效应反映了压电材料

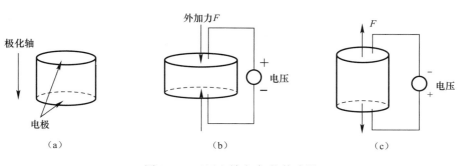

图 8-33　正压电效应-智能传感器

具有将机械能转变为电能的能力。检测出压电元件上电荷的变化，即可得知压电元件处的变形量，利用压电材料的正压电效应，可将其制成结构振动控制或结构健康监测中的智能传感器。与此相反，当在压电材料两表面上通以电压，所有晶粒极化方向趋于电场方向，造成压电元件内部正负电荷中心的相对位移，导致压电材料的变形，这种现象称为逆压电效应（图 8-34）。逆压电效应反映了压电材料具有将电能转变为机械能的能力。利用压电材料的逆压电效应，可将其制成结构振动控制中的智能驱动器。

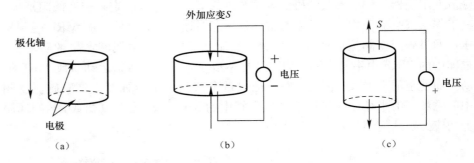

图 8-34 逆压电效应-智能驱动器

叠堆式管状压电陶瓷驱动器与被动摩擦阻尼器相结合的压电摩擦阻尼器，主要由管状压电陶瓷驱动器、力传感器、上钢板、滑动板、摩擦片、下钢板、紧固螺栓和弹簧垫圈组成，具体构造如图 8-35 所示，其中的紧固螺栓穿过压电陶瓷驱动器的内孔，并通过紧固螺栓对驱动器施加预压力，约束其变形，

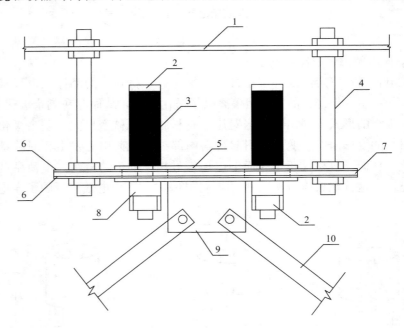

图 8-35 压电摩擦阻尼器构造示意图

1—结构的梁或楼板；2—预紧螺栓；3—压电陶瓷驱动器；4—高强度螺栓
5—上钢板；6—摩擦片；7—滑动钢板；8—力传感器；9—下钢板；10—连接支撑

使驱动器能够提供可调节的正压力。可见,该阻尼器的螺栓紧固力由预紧固力和可调紧固力两部分组成,其中预紧固力是压电陶瓷驱动器在零电场时的紧固力,它的大小可根据结构和设防标准的需要来确定,并由预紧力提供,可调紧固力则可以通过对压电陶瓷驱动器施加可变的电场来调节。

3. 形状记忆合金阻尼器控制系统

一般金属材料受到外力作用后,首先发生弹性变形,然后达到屈服点,开始产生塑性变形,应力消除后会留下永久变形。但有些材料,发生塑性变形后,经过合适的热过程,能够恢复到变形前的形状,这种现象叫做形状记忆效应。具有形状记忆效应的金属一般是两种以上金属元素组成的合金,称为形状记忆合金(Shape Memory Alloy,简称 SMA)。

通常情况下,认为 SMA 中存在两种不同的结构状态。SMA 在高温态时叫做奥氏体相或母相,是一种立方晶体结构;低温态时叫做马氏体相,是一种低对称的单斜晶体结构。其中,马氏体根据马氏体变体在生成时的取向可能,又分为孪晶马氏体(twinned martensite)和去孪晶马氏体(detwinned martensite)。从奥氏体到马氏体的相变叫做马氏体正相变或马氏体相变,从马氏体到奥氏体的相变叫做马氏体逆相变或奥氏体相变。

在无应力状态下,通常认为 SMA 材料有四个相变温度:M_s、M_f、A_s、A_f 它们分别表示马氏体相变开始温度和结束温度以及奥氏体相变开始温度和结束温度。SMA 材料的形状记忆功能来源于材料的热弹性马氏体相变,只要温度下降到 M_s,SMA 材料内部就开始发生马氏体相变,生成马氏体晶核,并且急速长到能观察到一定大小;随着温度的进一步下降,已生成的马氏体会继续长大,同时还可有新的马氏体成核并长大;温度下降到 M_f,马氏体长到最终大小,再继续冷却,马氏体不再长大。反之,当试样处于完全马氏体相状态时,对其进行加热,温度上升到 A_s 时,马氏体开始收缩,温度继续上升到 A_f,马氏体就会完全消失。图 8-36 给出了马氏体体积百分含量和温度的关系曲线。在马氏体随着温度的变化而发生马氏体大小和量的变化时,宏观上则表现为 SMA 的形状变化。

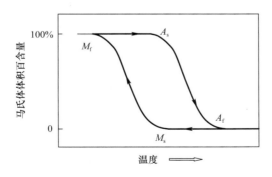

图 8-36 马氏体体积百分含量与温度的关系示意图

SMA 材料在外部应力作用下也会产生相变,这种由外部应力诱发产生的马氏体相变叫做应力诱发马氏体相变（Stress-induced martensitic transformation）。当 SMA 材料受到的剪切应力大于滑移变形或孪生变形的临界应力时，即使温度在 M_s 之上也会发生应力诱发马氏体相变。当 SMA 的温度在 A_f 以上时，产生的应力诱发马氏体会随着应力的消失而消失，即使不加热也会产生马氏体逆相变而恢复到原来的母相状态，应力作用下产生的宏观变形也将随着逆相变的进行而完全消失，这种特性在工程领域被称为 SMA 的超弹性。

利用 SMA 的超弹性和高阻尼特性开发的被动耗能阻尼器具有以下功能：（1）能量耗散功能，可以降低结构在地震作用下的反应；（2）自复位功能，地震结束后可以回到初始位置；（3）较大初始刚度，可以限制结构在小震或中震作用下的位移；（4）大位移时刚度硬化，可以限制结构在特大地震作用下的位移；（5）良好的抗疲劳和抗腐蚀能力。国内外学者采用 SMA 研究和开发了多种形式的阻尼器，并已经用于一些实际工程。

一种筒式拉伸型 SMA 阻尼器，模型如图 8-37 所示，由外筒、内筒、左右拉板、奥氏体 SMA 丝、固定板、预应力调节板、调节螺钉、夹具、固定螺钉、推拉杆、前后盖和连接件组成。阻尼器导向内筒的两端分别设置了左拉板、右拉板和固定板，左拉板的外侧设置了预应力调节板；四组 SMA 丝穿过预应力调节板、左拉板、固定板和右拉板，两端分别用夹具拉紧固定；四个调节螺钉通过改变预应力调节板和左拉板之间的距离，以此来调节 SMA 丝的初始应变；固定板和内筒焊接，然后通过固定螺钉和外筒连接；前盖、后盖和连接件通过螺栓或者焊接方式和外筒连接在一起。组装前，可以根据实际建筑结构要求通过调节螺钉来调节 SMA 丝的初始应变。

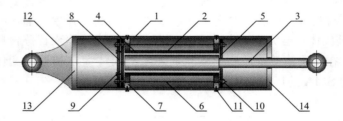

图 8-37　SMA 阻尼器模型结构图

1—外筒；2—内筒；3—推拉杆；4—左拉板；5—右拉板；6—奥氏体 SMA 丝；
7—固定板；8—预应变调节板；9—调节螺钉；10—夹具；11—固定螺钉；
12—连接件；13—前盖；14—后盖

筒式拉伸型 SMA 阻尼器的工作原理为：推拉杆与阻尼器所处结构层上部的梁或板等结构构件连接，连接件与阻尼器所处结构层下部的支撑或梁柱节点连接。当结构上下层间有相对位移时，推拉杆因外力作用带动拉板运动，而另一端拉板被内筒端部阻挡，从而使 SMA 丝拉伸；外力除去后，由于 SMA 丝的超弹恢复力，从而带动拉板回复。形状记忆合金丝在往复的拉伸和恢复过程中消耗了能量，实现对结构的减振目的。

小结及学习指导

本章主要讲述结构抗震的前沿领域——结构减震控制技术。对于基础隔震体系，由于理论和技术都已经比较成熟，而且已经有许多工程应用实例，是学习中需要重点掌握的内容。对于吸振减震和耗能减震技术，近年来逐步在工程得到应用，学习中主要体会这些控制装置和控制方法的减震机理。对于主动控制、混合控制、半主动及智能控制，目前还是研究的前沿领域，在学习中仅要求作一般了解就可以。

思考题与习题

8-1 结构振动控制可以分为几类？

8-2 什么是智能控制？

8-3 结构被动控制系统包括哪些类型？

8-4 基础隔震设计时，构造上应注意哪些问题？

8-5 常见的结构智能控制系统包括哪些类型？

附 录

我国主要城镇抗震设防烈度、设计基本地震加速度和设计地震分组

本附录仅提供我国抗震设防区各县级及县级以上城镇的中心地区建筑工程抗震设计时所采用的抗震设防烈度、设计基本地震加速度值和所属的设计地震分组。

注：本附录一般把"设计地震第一、二、三组"简称为"第一组、第二组、第三组"。

A.0.1 首都和直辖市

1 抗震设防烈度为8度，设计基本地震加速度值为0.20g：

第一组：北京（东城、西城、朝阳、丰台、石景山、海淀、房山、通州、顺义、大兴、平谷），延庆，天津（汉沽）、宁河。

2 抗震设防烈度为7度，设计基本地震加速度值为0.15g：

第二组：北京（昌平、门头沟、怀柔），密云；天津（和平、河东、河西、南开、河北、红桥、塘沽、东丽、西青、津南、北辰、武清、宝坻），蓟县，静海。

3 抗震设防烈度为7度，设计基本地震加速度值为0.10g：

第一组：上海（黄浦、卢湾、徐汇、长宁、静安、普陀、闸北、虹口、杨浦、闵行、宝山、嘉定、浦东、松江、青浦、南汇、奉贤）；

第二组：天津（大港）。

4 抗震设防烈度为6度，设计基本地震加速度值为0.05g：

第一组：上海（金山），崇明；重庆（渝中、大渡口、江北、沙坪坝、九龙坡、南岸、北碚、万盛、双桥、渝北、巴南、万州、涪陵、黔江、长寿、江津、合川、永川、南川），巫山，奉节，云阳，忠县，丰都，壁山，铜梁，大足，荣昌，綦江，石柱，巫溪*。

注：上标*指该城镇的中心位于本设防区和较低设防区的分界线，下同。

A.0.2 河北省

1 抗震设防烈度为8度，设计基本地震加速度值为0.20g：

第一组：唐山（路北、路南、古冶、开平、丰润、丰南），三河，大厂，香河，怀来，涿鹿；

第二组：廊坊（广阳、安次）。

2 抗震设防烈度为7度，设计基本地震加速度值为0.15g：

第一组：邯郸（丛台、邯山、复兴、峰峰矿区），任丘，河间，大城，滦县，蔚县，磁县，宣化县，张家口（下花园、宣化区），宁晋*；

第二组：涿州，高碑店，涞水，固安，永清，文安，玉田，迁安，卢龙，滦南，唐海，乐亭，阳原，邯郸县，大名，临漳，成安。

3 抗震设防烈度为7度，设计基本地震加速度值为0.10g：

第一组：张家口（桥西、桥东），万全，怀安，安平，饶阳，晋州，深州，辛集，赵县，隆尧，任县，南和，新河，肃宁，柏乡；

第二组：石家庄（长安、桥东、桥西、新华、裕华、井陉矿区），保定（新市、北市、南市），沧州（运河、新华），邢台（桥东、桥西），衡水，霸州，雄县，易县，沧县，张北，兴隆，迁西，抚宁，昌黎，青县，献县，广宗，平乡，鸡泽，曲周，肥乡，馆陶，广平，高邑，内丘，邢台县，武安，涉县，赤城，走兴，容城，徐水，安新，高阳，博野，蠡县，深泽，魏县，藁城，栾城，武强，冀州，巨鹿，沙河，临城，泊头，永年，崇礼，南宫*；

第三组：秦皇岛（海港、北戴河），清苑，遵化，安国，涞源，承德（鹰手营子*）。

4 抗震设防烈度为6度，设计基本地震加速度值为0.05g：

第一组：围场，沽源；

第二组：正定，尚义，无极，平山，鹿泉，井陉县，元氏，南皮，吴桥，景县，东光；

第三组：承德（双桥、双滦），秦皇岛（山海关），承德县，隆化，宽城，青龙，阜平，满城，顺平，唐县，望都，曲阳，定州，行唐，赞皇，黄骅，海兴，孟村，盐山，阜城，故城，清河，新乐，武邑，枣强，威县，丰宁，滦平，平泉，临西，灵寿，邱县。

A.0.3 山西省

1 抗震设防烈度为8度，设计基本地震加速度值为0.20g：

第一组：太原（杏花岭、小店、迎泽、尖草坪、万柏林、晋源），晋中，清徐，阳曲，忻州，定襄，原平，介休，灵石，汾西，代县，霍州，古县，洪洞，临汾，襄汾，浮山，永济；

第二组：祁县，平遥，太谷。

2 抗震设防烈度为7度，设计基本地震加速度值为0.15g：

第一组：大同（城区、矿区、南郊），大同县，怀仁，应县，繁峙，五台，广灵，灵丘，芮城，翼城；

第二组：朔州（朔城区），浑源，山阴，古交，交城，文水，汾阳，孝
　　　　义，曲沃，侯马，新绛，稷山，绛县，河津，万荣，闻喜，临
　　　　猗，夏县，运城，乎陆，沁源*，宁武*。

3　抗震设防烈度为 7 度，设计基本地震加速度值为 0.10g：

第一组：阳高，天镇；

第二组：大同（新荣），长治（城区、郊区）. 阳泉（城区、矿区、郊
　　　　区），长治县，左云，右玉，神池，寿阳，昔阳，安泽，平定，
　　　　和顺，乡宁，垣曲，黎城，潞城，壶关；

第三组：平顺，榆社，武乡，娄烦，交口，隰县，蒲县，吉县，静乐，
　　　　陵川，盂县，沁水，沁县，朔州（平鲁）。

4　抗震设防烈度为 6 度，设计基本地震加速度值为 0.05g：

第三组：偏关，河曲，保德，兴县，临县，方山，柳林，五寨，岢岚，
　　　　岚县，中阳，石楼，永和，大宁，晋城，吕梁，左权，襄垣，
　　　　屯留，长子，高平，阳城，泽州。

A.0.4　内蒙古自治区

1　抗震设防烈度为 8 度，设计基本地震加速度值为 0.30g：

第一组：土墨特右旗，达拉特旗*。

2　抗震设防烈度为 8 度，设计基本地震加速度值为 0.20g：

第一组：呼和浩特（新城、回民、玉泉、赛罕），包头（昆都仑、东河、
　　　　青山、九原），乌海（海勃湾、海南、乌达），土墨特左旗，杭
　　　　锦后旗，磴口，宁城；

第二组：包头（石拐），托克托*。

3　抗震设防烈度为 7 度，设计基本地震加速度值为 0.15g：

第一组：赤峰（红山*，元宝山区），喀喇沁旗，巴彦卓尔，五原，乌拉
　　　　特前旗，凉城；

第二组：固阳，武川，和林格尔；

第三组：阿拉善左旗。

4　抗震设防烈度为 7 度，设计基本地震加速度值为 0.10g：

第一组：赤峰（松山区），察右前旗，开鲁，傲汉旗，扎兰屯，通辽*；

第二组：清水河，乌兰察布，卓资，丰镇，乌特拉后旗，乌特拉中旗；

第三组：鄂尔多斯，准格尔旗。

5　抗震设防烈度为 6 度，设计基本地震加速度值为 0.05g：

第一组：满洲里，新巴尔虎右旗，莫力达瓦旗，阿荣旗，扎赉特旗，翁
　　　　牛特旗，商都，乌审旗，科左中旗，科左后旗，奈曼旗，库伦
　　　　旗，苏尼特右旗；

第二组：兴和，察右后旗；

第三组：达尔军茂明安联合旗，阿拉善右旗，鄂托克旗，鄂托克前旗，包

头（白云矿区），伊金霍洛旗，杭锦旗，四王子旗，察右中旗。

A.0.5 辽宁省

1 抗震设防烈度为8度，设计基本地震加速度值为0.20g：

第一组：普兰店，东港。

2 抗震设防烈度为7度，设计基本地震加速度值为0.15g：

第一组：营口（站前、西市、鲅鱼圈、老边），丹东（振兴、元宝、振安），海城，大石桥，瓦房店，盖州，大连（金州）。

3 抗震设防烈度为7度，设计基本地震加速度值为0.10g：

第一组：沈阳（沈河、和平、大东、皇姑、铁西、苏家屯、东陵、沈北、于洪），鞍山（铁东、铁西、立山、千山），朝阳（双塔、龙城），辽阳（白塔、文圣、宏伟、弓长岭、太子河），抚顺（新抚、东洲、望花），铁岭（银州、清河），盘锦（兴隆台、双台子），盘山，朝阳县，辽阳县，铁岭县，北票，建平，开原，抚顺县[*]，灯塔，台安，辽中，大洼；

第二组：大连（西岗、中山、沙河口、甘井子、旅顺），岫岩，凌源。

4 抗震设防烈度为6度，设计基本地震加速度值为0.05g：

第一组：本溪（平山、溪湖、明山、南芬），阜新（细河、海州、新邱、太平、清河门），葫芦岛（龙港、连山），昌图，西丰，法库，彰武，调兵山，阜新县，康平，新民，黑山，北宁，义县，宽甸，庄河，长海，抚顺（顺城）；

第二组：锦州（太和、古塔、凌河），凌海，凤城，喀喇沁左翼；

第三组：兴城，绥中，建昌，葫芦岛（南票）。

A.0.6 吉林省

1 抗震设防烈度为8度，设计基本地震加速度值为0.20g：

前郭尔罗斯，松原。

2 抗震设防烈度为7度，设计基本地震加速度值为0.15g：

大安[*]。

3 抗震设防烈度为7度，设计基本地震加速度值为0.10g：

长春（难关、朝阳、宽城、二道、绿园、双阳），吉林（船营、龙潭、昌邑、丰满），白城，乾安，舒兰，九台，永吉[*]。

4 抗震设防烈度为6度，设计基本地震加速度值为0.05g：

四平（铁西、铁东），辽源（龙山、西安），镇赉，洮南，延吉，汪清，图们，珲春，龙井，和龙，安图，蛟河，桦甸，梨树，磐石，东丰，辉南，梅河口，东辽，榆树，靖宇，抚松，长岭，德惠，农安，伊通，公主岭，扶余，通榆[*]。

注：全省县级及县级以上设防城镇，设计地震分组均为第一组。

287

A.0.7　黑龙江省

1　抗震设防烈度为 7 度，设计基本地震加速度值为 0.10g：

绥化，萝北，泰来。

2　抗震设防烈度为 6 度，设计基本地震加速度值为 0.05g：

哈尔滨（松北、道里、南岗、道外、香坊、平房、呼兰、阿城），齐齐哈尔（建华、龙沙、铁锋、昂昂溪、富拉尔基、碾子山、梅里斯），大庆（萨尔图、龙凤、让胡路、大同、红岗），鹤岗（向阳、兴山、工农、南山、兴安、东山），牡丹江（东安、爱民、阳明、西安），鸡西（鸡冠、恒山、滴道、梨树、城子河、麻山），佳木斯（前进、向阳、东风、郊区），七台河（桃山、新兴、茄子河），伊春（伊春区、乌马、友好），鸡东，望奎，穆棱，绥芬河，东宁，宁安，五大连池，嘉荫，汤原，桦南，桦川，依兰，勃利，通河，方正，木兰，巴彦，延寿，尚志，宾县，安达，明水，绥棱，庆安，兰西，肇东，肇州，双城，五常，讷河，北安，甘南，富裕，尤江，黑河，肇源，青冈*，海林*。

注：全省县级及县级以上设防城镇，设计地震分组均为第一组。

A.0.8　江苏省

1　抗震设防烈度为 8 度，设计基本地震加速度值为 0.30g：

第一组：宿迁（宿城、宿豫*）。

2　抗震设防烈度为 8 度，设计基本地震加速度值为 0.20g：

第一组：新沂，邳州，睢宁。

3　抗震设防烈度为 7 度，设计基本地震加速度值为 0.15g：

第一组：扬州（维扬、广陵、邗江），镇江（京口、润州），泗洪，江都；

第二组：东海，沭阳，大丰。

4　抗震设防烈度为 7 度，设计基本地震加速度值为 0.10g：

第一组：南京（玄武、白下、秦淮、建邺、鼓楼、下关、浦口、六合、栖霞、雨花台、江宁），常州（新北、钟楼、天宁、戚墅堰、武进），泰州（海陵、高港），江浦，东台，海安，姜堰，如皋，扬中，仪征，兴化，高邮，六合，句容，丹阳，金坛，镇江（丹徒），溧阳，溧水，昆山，太仓；

第二组：徐州（云龙、鼓楼、九里、贾汪、泉山），铜山，沛县，淮安（清河、青浦、淮阴），盐城（亭湖、盐都），泗阳，盱眙，射阳，赣榆，如东；

第三组：连云港（新浦、连云、海州），灌云。

5　抗震设防烈度为 6 度，设计基本地震加速度值为 0.05g：

第一组：无锡（崇安、南长、北塘、滨湖、惠山），苏州（金阊、沧浪、平江、虎丘、吴中、相成），宜兴，常熟，吴江，泰兴，高淳；

第二组：南通（崇川、港闸），海门，启东，通州，张家港，靖江，江阴，无锡（锡山），建湖，洪泽，丰县；

第三组：响水，滨海，阜宁，宝应，金湖，灌南，涟水，楚州。

A.0.9　浙江省

1　抗震设防烈度为7度，设计基本地震加速度值为0.10g：

第一组：岱山，嵊泗，舟山（定海、普陀），宁波（北仑、镇海）。

2　抗震设防烈度为6度，设计基本地震加速度值为0.05g：

第一组：杭州（拱墅、上城、下城、江干、西湖、滨江、余杭、萧山），宁波（海曙、江东、江北、鄞州），湖州（吴兴、南浔），嘉兴（南湖、秀洲），温州（鹿城、龙湾、瓯海），绍兴，绍兴县，长兴，安吉，临安，奉化，象山，德清，嘉善，平湖，海盐，桐乡，海宁，上虞，慈溪，余姚，富阳，平阳，苍南，乐清，永嘉，泰顺，景宁，云和，洞头；

第二组：庆元，瑞安。

A.0.10　安徽省

1　抗震设防烈度为7度，设计基本地震加速度值为0.15g：

第一组：五河，泗县。

2　抗震设防烈度为7度，设计基本地震加速度值为0.10g：

第一组：合肥（蜀山、庐阳、瑶海、包河），蚌埠（蚌山、龙子湖、禹会、淮山），阜阳（颍州、颍东、颍泉），淮南（田家庵、大通），枞阳，怀远，长丰，六安（金安、裕安），固镇，凤阳，明光，定远，肥东，肥西，舒城，庐江，桐城，霍山，涡阳，安庆（大观、迎江、宜秀），铜陵县*；

第二组：灵璧。

3　抗震设防烈度为6度，设计基本地震加速度值为0.05g：

第一组：铜陵（铜官山、狮子山、郊区），淮南（谢家集、八公山、潘集），芜湖（镜湖、戈江、三江、鸠江），马鞍山（花山、雨山、金家庄），芜湖县，界首，太和，临泉，阜南，利辛，凤台，寿县，颍上，霍邱，金寨，含山，和县，当涂，无为，繁昌，池州，岳西，潜山，太湖，怀宁，望江，东至，宿松，南陵，宣城，郎溪，广德，泾县，青阳，石台；

第二组：滁州（琅琊、南谯），来安，全椒，砀山，萧县，蒙城，亳州，巢湖，天长；

第三组：濉溪，淮北，宿州。

A.0.11　福建省

1　抗震设防烈度为8度，设计基本地震加速度值为0.20g：

第二组：金门*。

2　抗震设防烈度为 7 度，设计基本地震加速度值为 0.15g：

第一组：漳州（芗城、龙文），东山，诏安，龙海；

第二组：厦门（思明、海沧、湖里、集美、同安、翔安），晋江，石狮，
　　　　长泰，漳浦；

第三组：泉州（丰泽、鲤城、洛江、泉港）。

3　抗震设防烈度为 7 度，设计基本地震加速度值为 0.10g：

第二组：福州（鼓楼、台江、仓山、晋安），华安，南靖，平和，云霄；

第三组：莆田（城厢、涵江、荔城、秀屿），长乐，福清，平潭，惠安，
　　　　南安，安溪，福州（马尾）。

4　抗震设防烈度为 6 度，设计基本地震加速度值为 0.05g：

第一组：三明（梅列、三元），屏南，霞浦，福鼎，福安，柘荣，寿宁，
　　　　周宁，松溪，宁德，古田，罗源，沙县，尤溪，闽清，闽侯，
　　　　南平，大田，漳平，龙岩，泰宁，宁化，长汀，武平，建守，
　　　　将乐，明溪，清流，连城，上杭，永安，建瓯；

第二组：政和，永定；

第三组：连江，永泰，德化，永春，仙游，马祖。

A. 0. 12　江西省

1　抗震设防烈度为 7 度，设计基本地震加速度值为 0.10g：

寻乌，会昌。

2　抗震设防烈度为 6 度，设计基本地震加速度值为 0.05g：

南昌（东湖、西湖、青云谱、湾里、青山湖），南昌县，九江（浔阳、庐
山），九江县，进贤，余干，彭泽，湖口，星子，瑞昌，德安，都昌，武
宁，修水，靖安，铜鼓，宜丰，宁都，石城，瑞金，安远，定南，龙南，
全南，大余。

注：全省县级及县级以上设防城镇，设计地震分组均为第一组。

A. 0. 13　山东省

1　抗震设防烈度为 8 度，设计基本地震加速度值为 0.20g：

第一组：郯城，临沭，莒南，莒县，沂永，安丘，阳谷，临沂（河东）。

2　抗震设防烈度为 7 度，设计基本地震加速度值为 0.15g：

第一组：临沂（兰山、罗庄），青州，临朐，菏泽，东明，聊城，莘县，
　　　　鄄城；

第二组：潍坊（奎文、潍城、寒亭、坊子），苍山，沂南，昌邑，昌乐，诸
　　　　城，五莲，长岛，蓬莱，龙口，枣庄（台儿庄），淄博（临淄*），
　　　　寿光*。

3　抗震设防烈度为 7 度，设计基本地震加速度值为 0.10g：

第一组：烟台（莱山、芝罘、牟平），威海，文登，高唐，荏平，定陶，成武；

第二组：烟台（福山），枣庄（薛城、市中、峄城、山亭*），淄博（张店、淄川、周村），平原，东阿，平阴，梁山，郓城，巨野，曹县，广饶，博兴，高青，桓台，蒙阴，费县，微山，禹城，冠县，单县*，夏津*，莱芜（莱城*、钢城）；

第三组：东营（东营、河口），日照（东港、岚山），沂源，招远，新泰，栖霞，莱州，平度，高密，垦利，淄博（博山），滨州*，平邑*。

4　抗震设防烈度为6度，设计基本地震加速度值为0.05g：

第一组：荣成；

第二组：德州，宁阳，曲阜，邹城，鱼台，乳山，兖州；

第三组：济南（市中、历下、槐荫、天桥、历城、长清），青岛（市南、市北、四方、黄岛、崂山、城阳、李沧），泰安（泰山、岱岳），济宁（市中、任城），乐陵，庆云，无棣，阳信，宁津，沾化，利津，武城，惠民，商河，临邑，济阳，齐河，章丘，泗水，莱阳，海阳，金乡，滕州，莱西，即墨，胶南，胶州，东平，汶上，嘉祥，临清，肥城，陵县，邹平。

A.0.14　河南省

1　抗震设防烈度为8度，设计基本地震加速度值为0.20g：

第一组：新乡（丑滨、红旗、凤泉、牧野），新乡县，安阳（北关、文峰、殷都、龙安），安阳县，淇县，卫辉，辉县，原阳，延津，获嘉，范县；

第二组：鹤壁（淇滨、山城*、鹤山*），汤阴。

2　抗震设防烈度为7度，设计基本地震加速度值为0.15g：

第一组：台前，南乐，陕县，武陟；

第二组：郑州（中原、二七、管城、金水、惠济），濮阳，濮阳县，长桓，封丘，修武，内黄，浚县，滑县，清丰，灵宝，三门峡，焦作（马村*），林州*。

3　抗震设防烈度为7度，设计基本地震加速度值为0.10g：

第一组：南阳（卧龙、宛城），新密，长葛，许昌*，许昌县*；

第二组：郑州（上街），新郑，洛阳（西工、老城、渡河、涧西、吉利、洛龙*），焦作（解放、山阳、中站），开封（鼓楼、龙亭、顺河、禹王台、金明），开封县，民权，兰考，孟州，孟津，巩义，偃师，沁阳，博爱，济源，荥阳，温县，中牟，杞县*。

4　抗震设防烈度为6度，设计基本地震加速度值为0.05g：

第一组：信阳（浉河、平桥），漯河（郾城、源汇、召陵），平顶山（新华、卫东、湛河、石龙），汝阳，禹州，宝丰，鄢陵，扶沟，太康，鹿邑，郸城，沈丘，项城，淮阳，周口，商水，上蔡，临颖，西华，西平，栾川，内乡，镇平，唐河，邓州，新野，社旗，平舆，新县，驻马店，泌阳，汝南，桐柏，淮滨，息县，正阳，遂平，光山，罗山，潢川，商城，固始，南召，叶县*，舞阳*；

第二组：商丘（梁园、睢阳），义马，新安，襄城，郏县，嵩县，宜阳，伊川，登封，柘城，尉氏，通许，虞城，夏邑，宁陵；

第三组：汝州，睢县，永城，卢氏，洛宁，渑池。

A.0.15　湖北省

1　抗震设防烈度为 7 度，设计基本地震加速度值为 0.10g：

竹溪，竹山，房县。

2　抗震设防烈度为 6 度，设计基本地震加速度值为 0.05g：

武汉（江岸、江汉、硚口、汉阳、武昌、青山、洪山、东西湖、汉南、蔡甸、江厦、黄陂、新洲），荆州（沙市、荆州），荆门（东宝、掇刀），襄樊（襄城、樊城、襄阳），十堰（茅箭、张湾），宜昌（西陵、伍家岗、点军、猇亭、夷陵），黄石（下陆、黄石港、西塞山、铁山），恩施，咸宁，麻城，团风，罗田，英山，黄冈，鄂州，浠水，蕲春，黄梅，武穴，郧西，郧县，丹江口，谷城，老河口，宜城，南漳，保康，神农架，钟祥，沙洋，远安，兴山，巴东，秭归，当阳，建始，利川，公安，宣恩，咸丰，长阳，嘉鱼，大冶，宜都，枝江，松滋，江陵，石首，监利，洪湖，孝感，应城，云梦，天门，仙桃，红安，安陆，潜江，通山，赤壁，崇阳，通城，五峰*，京山*。

注：全省县级及县级以上设防城镇，设计地震分组均为第一组。

A.0.16　湖南省

1　抗震设防烈度为 7 度，设计基本地震加速度值为 0.15g：

常德（武陵、鼎城）。

2　抗震设防烈度为 7 度，设计基本地震加速度值为 0.10g：

岳阳（岳阳楼、君山*），岳阳县，汨罗，湘阴，临澧，澧县，津市，桃源，安乡，汉寿。

3　抗震设防烈度为 6 度，设计基本地震加速度值为 0.05g：

长沙（岳麓、芙蓉、天心、开福、雨花），长沙县，岳阳（云溪），益阳（赫山、资阳），张家界（永定、武陵源），郴州（北湖、苏仙），邵阳（大祥、双清、北塔），邵阳县，泸溪，沅陵，娄底，宜章，资兴，平江，宁乡，新化，冷水江，涟源，双峰，新邵，邵东，隆回，石门，慈利，华容，南县，临湘，沅江，桃江，望城，溆浦，会同，靖州，韶山，江华，宁远，道县，临武，湘乡*，安化*，中方*，洪江*。

注：全省县级及县级以上设防城镇，设计地震分组均为第一组。

A.0.17　广东省

1　抗震设防烈度为8度，设计基本地震加速度值为0.20g：

汕头（金平、濠江、龙湖、澄海），潮安，南澳，徐闻，潮州。

2　抗震设防烈度为7度，设计基本地震加速度值为0.15g：

揭阳，揭东，汕头（潮阳、潮南），饶平。

3　抗震设防烈度为7度，设计基本地震加速度值为0.10g：

广州（越秀、荔湾、海珠、天河、白云、黄埔、番禹、南沙、萝岗），深圳（福田、罗湖、南山、宝安、盐田），湛江（赤坎、霞山、坡头、麻章），汕尾，海丰，普宁，惠来，阳江，阳东，阳西，茂名（茂南、茂港），化州，廉江，遂溪，吴川，丰顺，中山，珠海（香洲、斗门、金湾），电白，雷州，佛山（顺德、南海、禅城*），江门（蓬江、江海、新会）*，陆丰*。

4　抗震设防烈度为6度，设计基本地震加速度值为0.05g：

韶关（浈江、武江、曲江），肇庆（端州、鼎湖），广州（花都），深圳（尤岗），河源，揭西，东源，梅州，东莞，清远，清新，南雄，仁化，始兴，乳源，英德，佛冈，龙门，龙川，平远，从化，梅县，兴宁，五华，紫金，陆河，增城，博罗，惠州（惠城、惠阳），惠东，四会，云浮，云安，高要，佛山（三水、高明），鹤山，封开，郁南，罗定，信宜，新兴，开平，恩平，台山，阳春，高州，翁源，连平，和平，蕉岭，大埔，新丰*。

注：全省县级及县级以上设防城镇，除大埔为设计地震第二组外，均为第一组。

A.0.18　广西壮族自治区

1　设防烈度为7度，设计基本地震加速度值为0.15g：

灵山，田东。

2　设防烈度为7度，设计基本地震加速度值为0.10g：

玉林，兴业，横县，北流，百色，田阳，平果，隆安，浦北，博白，乐业*。

3　设防烈度为6度，设计基本地震加速度值为0.05g：

南宁（青秀、兴宁、江南、西乡塘、良庆、邕宁），桂林（象山、叠彩、秀峰、七星、雁山），柳州（柳北、城中、鱼峰、柳南），梧州（长洲、万秀、蝶山），钦州（钦南、钦北），贵港（港北、港南），防城港（港口、防城），北海（海城、银海），兴安，灵川，临桂，永福，鹿寨，天峨，东兰，巴马，都安，大化，马山，融安，象州，武宣，桂平，平南，上林，宾阳，武鸣，大新，扶绥，东兴，合浦，钟山，贺州，藤县，苍梧，容县，岑溪，陆川，凤山，凌云，田林，隆林，西林，德保，靖西，那坡，天等，崇左，上思，龙州，宁明，融水，凭祥，全州。

注：全自治区县级及县级以上设防城镇，设计地震分组均为第一组。

A.0.19 海南省

1 抗震设防烈度为 8 度，设计基本地震加速度值为 0.30g：

海口（龙华、秀英、琼山、美兰）。

2 抗震设防烈度为 8 度，设计基本地震加速度值为 0.20g：

文昌，定安。

3 抗震设防烈度为 7 度，设计基本地震加速度值为 0.15g：

澄迈。

4 抗震设防烈度为 7 度，设计基本地震加速度值为 0.10g：

临高，琼海，儋州，屯昌。

5 抗震设防烈度为 6 度，设计基本地震加速度值为 0.05g：

三亚，万宁，昌江，白沙，保亭，陵水，东方，乐东，五指山，琼中。

注：全省县级及县级以上设防城镇，除屯昌、琼中为设计地震第二组外，均为第一组。

A.0.20 四川省

1 抗震设防烈度不低于 9 度，设计基本地震加速度值不小于 0.40g：

第二组：康定，西昌。

2 抗震设防烈度为 8 度，设计基本地震加速度值为 0.30g：

第二组：冕宁[*]。

3 抗震设防烈度为 8 度，设计基本地震加速度值为 0.20g：

第一组：茂县，汶川，宝兴；

第二组：松潘，平武，北川（震前），都江堰，道孚，泸定，甘孜，炉霍，喜德，普格，宁南，理塘；

第三组：九寨沟，石棉，德昌。

4 抗震设防烈度为 7 度，设计基本地震加速度值为 0.15g：

第二组：巴塘，德格，马边，雷波，天全，芦山，丹巴，安县，青州，江油，绵竹，什邡，彭州，理县，剑阁[*]；

第三组：荥经，汉源，昭觉，布拖，甘洛，越西，雅江，九龙，木里，盐源，会东，新龙。

5 抗震设防烈度为 7 度，设计基本地震加速度值为 0.10g：

第一组：自贡（自流井、大安、贡井、沿滩）；

第二组：绵阳（涪城、游仙），广元（利州、元坝、朝天），乐山（市中、沙湾），宜宾，宜宾县，峨边，沐川，屏山，得荣，雅安，中江，德阳，罗江，峨眉山，马尔康；

第三组：成都（青羊、锦江、金牛、武侯、成华、龙泽泉、青白江、新都、温江），攀枝花（东区、西区、仁和），若尔盖，色达，壤塘，石渠，白玉，盐边，米易，乡城，稻城，双流，乐山（金口轲、五通桥），名山，美姑，金阳，小金，会理，黑水，金川，洪雅，夹江，邛崃，蒲江，彭山，丹棱，眉山，青神，郫县，大邑，崇州，新津，金堂，广汉。

6　抗震设防烈度为 6 度，设计基本地震加速度值为 0.05g：

第一组：泸州（江阳、纳溪、龙马潭），内江（市中、东兴），宣汉，达州，达县，大竹，邻水，渠县，广安，华蓥，隆昌，富顺，南溪，兴文，叙永，古蔺，资中，通江，万源，巴中，阆中，仪陇，西充，南部，射洪，大英，乐至，资阳；

第二组：南江，苍溪，旺苍，盐亭，三台，简阳，泸县，江安，长宁，高县，珙县，仁寿，威远；

第三组：犍为，荣县，梓潼，筠连，井研，阿坝，红原。

A.0.21　贵州省

1　抗震设防烈度为 7 度，设计基本地震加速度值为 0.10g：

第一组：望谟；

第三组：威宁。

2　抗震设防烈度为 6 度，设计基本地震加速度值为 0.05g：

第一组：贵阳（乌当*、白云*、小河、南明、云岩溪），凯里，毕节，安顺，都匀，黄平，福泉，贵定，麻江镇，龙里，平坝，纳雍，织金，普定，六枝，镇宁，惠水顺，关岭，紫云，罗甸，兴仁，贞丰，安龙，金沙，赤水，习水，思南*；

第二组：六盘水，水城，册亨；

第三组：赫章，普安，晴隆，兴义，盘县。

A.0.22　云南省

1　抗震设防烈度不低于 9 度，设计基本地震加速度值不小于 0.40g：

第二组：寻甸，昆明（东川）；

第三组：澜沧。

2　抗震设防烈度为 8 度，设计基本地震加速度值为 0.30g：

第二组：剑川，嵩明，宜良，丽江，玉龙，鹤庆，永胜，潞西，龙陵，石屏，建水；

第三组：耿马，双江，沧源，勐海，西盟，孟连。

3　抗震设防烈度为 8 度，设计基本地震加速度值为 0.20g：

第二组：石林，玉溪，大理，巧家，江川，华宁，峨山，通海，洱源，宾川，弥渡，祥云，会泽，南涧；

第三组：昆明（盘龙、五华、官渡、西山），普洱（原思茅市），保山，马龙，呈贡，澄江，晋宁，易门，漾濞，巍山，云县，腾冲，施甸，瑞丽，梁河，安宁，景洪，永德，镇康，临沧，凤庆*，

295

陇川*。

4 抗震设防烈度为7度，设计基本地震加速度值为0.15g；

第二组：香格里拉，泸水，大关，永善，新平*；

第三组：曲靖，弥勒，陆良，富民，禄劝，武定，兰坪，云龙，景谷，宁洱（原普洱），沾益，个旧，红河，元江，禄丰，双柏，开远，盈江，永平，昌宁，宁蒗，南华，楚雄，勐腊，华坪，景东*。

5 抗震设防慰度为7度，设计基本地震加速度值为0.10g：

第二组：盐津，绥江，德钦，贡山，水富；

第三组：昭通，彝良，鲁甸，福贡，永仁，大姚，元谋，姚安，牟定，墨江，绿春，镇沅，江城，金平，富源，师宗，泸西，蒙自，元阳，维西，宣威。

6 抗震设防烈度为6度，设计基本地震加速度值为0.05g：

第一组：威信，镇雄，富宁，西畴，麻栗坡，马关；

第二组：广南；

第三组：丘北，砚山，屏边，河口，文山，罗平。

A.0.23 西藏自治区

1 抗震设防烈度不低于9度，设计基本地震加速度值不小于0.40g：

第三组：当雄，墨脱。

2 抗震设防烈度为8度，设计基本地震加速度值为0.30g：

第二组：申扎；

第三组：米林，波密。

3 抗震设防烈度为8度，设计基本地震加速度值为0.20g：

第二组：普兰，聂拉木，萨嘎；

第三组：拉萨，堆龙德庆，尼木，仁布，尼玛，洛隆，隆子，错那，曲松，那曲，林芝（八一镇），林周。

4 抗震设防烈度为7度，设计基本地震加速度值为0.15g：

第二组：札达，吉隆，拉孜，谢通门，亚东，洛扎，昂仁；

第三组：日土，江孜，康马，白朗，扎囊，措美，桑日，加查，边坝，八宿，丁青，类乌齐，乃东，琼结，贡嘎，朗县，达孜，南木林，班戈，浪卡子，墨竹工卡，曲水，安多，聂荣，日喀则*，噶尔*。

5 抗震设防烈度为7度，设计基本地震加速度值为0.10g：

第一组：改则；

第二组：措勤，仲巴，定结，芒康；

第三组：昌都，定日，萨迦，岗巴，巴青，工布江达，索县，比如，嘉黎，察雅，友贡，察隅，江达，贡觉。

6 抗震设防烈度为6度，设计基本地震加速度值为0.05g：

第二组：革吉。

A.0.24 陕西省

1 抗震设防烈度为 8 度，设计基本地震加速度值为 0.20g：

第一组：西安（未央、莲湖、新城、碑林、灞桥、雁塔、阎良*、临潼），
　　　　渭南，华县，华阴，潼关，大荔；

第三组：陇县。

2 抗震设防烈度为 7 度，设计基本地震加速度值为 0.15g：

第一组：咸阳（秦都、渭城），西安（长安），高陵，兴平，周至，户县，
　　　　蓝田；

第二组：宝鸡（金台、渭滨、陈仓），咸阳（杨凌特区），千阳，岐山，
　　　　凤翔，扶风，武功，眉县，三原，富平，澄城，蒲城，泾阳，
　　　　礼泉，韩城，合阳，略阳；

第三组：凤县。

3 抗震设防烈度为 7 度，设计基本地震加速度值为 0.10g：

第一组：安康，平利；

第二组：洛南，乾县，勉县，宁强，南郑，汉中；

第三组：白水，淳化，麟游，永寿，商洛（商州），太白，留坝，铜川
　　　　（耀州、王益、印台*），柞水*。

4 抗震设防烈度为 6 度，设计基本地震加速度值为 0.05g：

第一组：延安，清涧，神木，佳县，米脂，绥德，安塞，延川，延长，
　　　　志丹，甘泉，商南，紫阳，镇巴，子长*，子洲*；

第二组：吴旗，富县，旬阳，白河，岚皋，镇坪；

第三组：定边，府谷，吴堡，洛川，黄陵，旬邑，洋县，西乡，石泉，
　　　　汉阴，宁陕，城固，宜川，黄龙，宜君，长武，彬县，佛坪，
　　　　镇安，丹凤，山阳。

A.0.25 甘肃省

1 抗震设防烈度不低于 9 度，设计基本地震加速度值不小于 0.40g：

第二组：古浪。

2 抗震设防烈度为 8 度，设计基本地震加速度值为 0.30g：

第二组：天水（秦州、麦积），礼县，西和；

第三组：白银（平川区）。

3 抗震设防烈度为 8 度，设计基本地震加速度值为 0.20g：

第二组：宕昌，肃北，陇南，成县，徽县，康县，文县；

第三组：兰州（城关、七里河、西固、安宁），武威，永登，天祝，景
　　　　泰，靖远，陇西，武山，秦安，清水，甘谷，漳县，会宁，静
　　　　宁，庄浪，张家川，通渭，华亭，两当，舟曲。

4 抗震设防烈度为 7 度，设计基本地震加速度值为 0.15g：

297

第二组：康乐，嘉峪关，玉门，酒泉，高台，临泽，肃南；

第三组：白银（白银区），兰州（红古区），永靖，岷县，东乡，和政 J 广河，临潭，卓尼，迭部，临洮，渭源，皋兰，崇信，榆中，定西，金昌，阿克塞，民乐，永昌，平凉。

5　抗震设防烈度为 7 度，设计基本地震加速度值为 $0.10g$：

第二组：张掖，合作，玛曲，金塔；

第三组：敦煌，瓜洲，山丹，临夏，临夏县，夏河，碌曲，泾川，灵台，民勤，镇原，环县，积石山。

6　抗震设防烈度为 6 度，设计基本地震加速度值为 $0.05g$：

第三组：华池，正宁，庆阳，合水，宁县，西峰。

A.0.26　青海省

1　抗震设防烈度为 8 度，设计基本地震加速度值为 $0.20g$：

第二组：玛沁；

第三组：玛多，达日。

2　抗震设防烈度为 7 度，设计基本地震加速度值为 $0.15g$：

第二组：祁连；

第三组：甘德，门源，治多，玉树。

3　抗震设防烈度为 7 度，设计基本地震加速度值为 $0.10g$：

第二组：乌兰，称多，杂多，囊谦；

第三组：西宁（城中、城东、城西、城北），同仁，共和，德令哈，海晏，湟源，湟中，平安，民和，化隆，贵德，尖扎，循化，格尔木，贵南，同德，河南，曲麻莱，久治，班玛，天峻，刚察，大通，互助，乐都，都兰，兴海。

4　抗震设防烈度为 6 度，设计基本地震加速度值为 $0.05g$：

第三组：泽库。

A.0.27　宁夏回族自治区

1　抗震设防烈度为 8 度，设计基本地震加速度值为 $0.30g$：

第二组：海原。

2　抗震设防烈度为 8 度，设计基本地震加速度值为 $0.20g$：

第一组：石嘴山（大武口、惠农），平罗；

第二组：银川（兴庆、金凤、西夏），吴忠，贺兰，永宁，青铜峡，泾源，灵武，固原；

第三组：西吉，中宁，中卫，同心，隆德。

3　抗震设防烈度为 7 度，设计基本地震加速度值为 $0.15g$：

第三组：彭阳。

4　抗震设防烈度为 6 度，设计基本地震加速度值为 $0.05g$：

第三组：盐池。

A.0.28 新疆维吾尔自治区

1 抗震设防烈度不低于9度，设计基本地震加速度值不小于0.40g：

第三组：乌恰，塔什库尔干。

2 抗震设防烈度为8度，设计基本地震加速度值为0.30g：

第三组：阿图什，喀什，疏附。

3 抗震设防烈度为8度，设计基本地震加速度值为0.20g：

第一组：巴里坤；

第二组：乌鲁木齐（天山、沙依巴克、新市、水磨沟、头屯河、米东），乌鲁木齐县，温宿，阿克苏，柯坪，昭苏，特克斯，库车，青河，富蕴，乌什*；

第三组：尼勒克，新源，巩留，精河，乌苏，奎屯，沙湾，玛纳斯，石河子，克拉玛依（独山子），疏勒，伽师，阿克陶，英吉沙。

4 抗震设防烈度为7度，设计基本地震加速度值为0.15g：

第一组：木垒*；

第二组：库尔勒，新和，轮台，和静，焉耆，博湖，巴楚，拜城，昌吉，阜康*；

第三组：伊宁，伊宁县，霍城，呼图壁，察布查尔，岳普湖。

5 抗震设防烈度为7度，设计基本地震加速度值为0.10g：

第一组：鄯善；

第二组：乌鲁木齐（达坂城），吐鲁番，和田，和田县，吉木萨尔，洛浦，奇台，伊吾，托克逊，和硕，尉犁，墨玉，策勒，哈密*；

第三组：五家渠，克拉玛依（克拉玛依区），博乐，温泉，阿合奇，阿瓦提，沙雅，图木舒克，莎车，泽普，叶城，麦盖提，皮山。

6 抗震设防烈度为6度，设计基本地震加速度值为0.05g：

第一组：额敏，和布克赛尔；

第二组：于田，哈巴河，塔城，福海，克拉玛依（马尔禾）；

第三组：阿勒泰，托里，民丰，若羌，布尔津，吉木乃，裕民，克拉玛依（白碱滩），且末，阿拉尔。

A.0.29 港澳特区和台湾省

1 抗震设防烈度不低于9度，设计基本地震加速度值不小于0.40g：

第二组：台中；

第三组：苗栗，云林，嘉义，花莲。

2 抗震设防烈度为8度，设计基本地震加速度值为0.30g：

第二组：台南；

第三组：台北，桃园，基隆，宜兰，台东，屏东。

3 抗震设防烈度为8度，设计基本地震加速度值为0.20g：

第三组：高雄，澎湖。

299

4　抗震设防烈度为 7 度，设计基本地震加速度值为 $0.15g$：

第一组：香港。

　　5　抗震设防烈度为 7 度，设计基本地震加速度值为 $0.10g$：

第一组：澳门。

参 考 文 献

[1] 中华人民共和国国家标准. GB 50011—2010 建筑抗震设计规范 [S]. 北京：中国建筑工业出版社，2010.

[2] 中华人民共和国国家标准. GB 50010—2010 混凝土结构设计规范 [S]. 北京：中国建筑工业出版社，2011.

[3] 中华人民共和国国家标准. GB 50009—2012 建筑结构荷载规范 [S]. 北京：中国建筑工业出版社，2012.

[4] 中华人民共和国行业标准. JGJ 3—2010 备案号·J 186—2010 高层建筑混凝土结构技术规程 [S]. 北京：中国建筑工业出版社，2011.

[5] 中华人民共和国国家标准. GB 50017—2003 钢结构设计规范 [S]. 北京：中国计划出版社，2003.

[6] 中华人民共和国国家标准. GB/T 17742—2008 中国地震烈度表 [S]. 北京：中国标准出版社，2009.

[7] 中华人民共和国国家标准. GB 50223—2008 建筑工程抗震设防分类标准 [S]. 北京：中国建筑工业出版社，2008.

[8] 中国工程建设标准化协会标准. CECS160：2004 建筑工程抗震性态设计通则（试用）[S]. 北京：中国计划出版社，2004.

[9] 李宏男. 建筑抗震设计原理 [M]. 北京：中国建筑工业出版社，1996.

[10] 包世华. 新编高层建筑结构设计 [M]. 北京：中国建筑工业出版社，2013.

[11] 胡聿贤. 地震工程学 [M]. 北京：地震出版社，1988.

[12] 李国强，李杰，苏小卒. 建筑结构抗震设计 [M]. 北京：中国建筑工业出版社，2007.

[13] 白国良. 工程结构抗震设计 [M]. 武汉：华中科技大学出版社，2012.

[14] 陈国兴，柳春光，邵永健等. 工程结构抗震设计原理 [M]. 北京：中国水利水电出版社，2009.

[15] 祝英杰，谷伟. 结构抗震设计 [M]. 北京：北京大学出版社，2010.

[16] 李爱群，高振世. 工程结构抗震设计 [M]. 北京：中国建筑工业出版社，2005.

[17] 王昌兴主编. 建筑结构抗震设计及工程应用. 北京：中国建筑工业出版社，2008.

[18] 吕西林等编著. 建筑结构抗震设计理论与实例 [M]. 上海：同济大学出版社，2011.

[19] 易方民，高小旺，苏经宇. 建筑抗震设计规范理解与应用 [M]. 北京：中国建筑工业出版社，2011.

[20] 霍林生，李宏男，肖诗云，王东升. 汶川地震钢筋混凝土框架结构震害调查与启示 [J]. 大连理工大学学报，2009，49 (5)：718-723.

[21] 周福霖. 工程结构减震控制 [M]. 北京：地震出版社，1997.

[22] 日本免震构造协会编. 隔震结构入门 [M]. 叶列平译. 北京：科学出版社，1998.

[23] Kelly J. M. Aseismic Base Isolation：Review and Bibliography. Soil Dynamics and Earthquake Engineering，1986，5 (3)：202~216.

[24] 李杰，李国强. 地震工程学导论. 北京：地震出版社，1992.

[25] 李宏男. 结构被动减震与隔震技术研究现状（结构工程研究新进展）[M]. 沈阳：东北大学出版社，2000.

[26] 林均岐、王云剑. 调谐质量阻尼器的优化分析 [J]. 地震工程与工程振动，1996，16（1）：116～121.

[27] 龙复兴等. 调谐质量阻尼器系统控制结构地震反应的若干问题 [J]. 地震工程与工程振动，1996，16（2）：87～94.

[28] Vandiver J K et al. Effect of Liquid Storage Tanks on the Dynamic Response of Offshore Platform [J]. Applied Ocean Research，1979 1（2）：67～74.

[29] Kareem A et al. Stochastic Response of Structure with Fluid Containing Appendages [J]. Journal of Sound and Vibration，1987，119（3）：389～408.

[30] Wakahara T et al. Suppression of Wind-induced Vibration of a Tall Building Using Tuned Liquid Damper [J]. Journal of Wind Engineering and Industrial Aerodynamics，1992，43（1-3）：1895～1906.

[31] 李宏男，阎石. 中国结构控制研究与应用综述 [J]. 地震工程与工程震动，1999，19（1）：107～112.

[32] 李宏男，贾影. 利用 TLD 减小高柔结构多震性反应的研究 [J]. 地震工程与工程振动，2000，20（2）：122～128.

[33] 贾影，李宏男. TLD-结构减震体系的简化计算 [J]. 地震工程与工程振动，1999，19（3）：109～114.

[34] 王永学等. 圆柱容器液体晃动问题的数值计算 [J]. 空气动力学学报，1991，9（1）：112～119.

[35] 贾影，李宏男. 调液阻尼器液体动水压力的模拟 [J]. 地震工程与工程振动，1998，18（3）：82～87.

[36] Sakai F，Takaeda S and Tamaki T，1989. Tuned liquid column damper—new type device for suppression of building vibrations [C]. Proceedings of the International Conference on Highrise Buildings，Nanjing，China.

[37] 瞿伟廉，李肇胤，李桂青. U 形水箱对高层建筑和高耸结构风振控制的试验和研究 [J]. 建筑结构学报，1993，14（5）：37～41.

[38] 阎石，李宏男，林皋. 可调频调液柱型阻尼器振动控制参数研究 [J]. 地震工程与工程震动，1998，18（4）：96-102.

[39] 阎石，李宏男等. 变截面 U 形水箱减振性能的研究 [J]. 地震工程与工程振动，1999，19（1）：197～201.

[40] 李宏男，宋本有. 高层建筑利用悬吊质量摆的减震研究 [J]. 地震工程与工程振动，1995，15（4）：55～61.

[41] Pall A S and Marsh C，1981. Friction-Damped Concrete Shear-walls [J]. ACI Journal，78（3）：187～193.

[42] Pall A S and Marsh C，1982. Response of Friction Damped Braced Frames [J]. ASCE，Journal of Structural Division，108（6）：1313～1323.

[43] Pall A S and Pall R，1993. Friction-Dampers Used for Seismic Control of New and Existing Buildings in Canada [J]. Proc. ATC17-1 on Seismic Isolation Energy Dissipation and Active Control，2：675～686.

[44] Filiatrault A and Cherry S，1987. Performance Evaluation of Friction Damped Braced Frames under Simulated Earthquake Loads [J]. Earthquake Spectra，3（1）：57～78.

[45] Filiatrault A. and Cherry S, 1990. Seismic Design Spectra for Friction-Damped Structures [J]. ASCE, Journal of Structural Engineering, 116 (5): 1334～1355.

[46] Nims D K, Richter P J and Bachman R E, 1993. The Use of the Energy Dissipating Restraint for Seismic Hazard Mitigation [J]. Earthquake Spectra, 9 (3): 57～78.

[47] Mahmoodi P, 1969. Structural Dampers [J]. ASCE, Journal of Structural Division, 95 (8): 1661～1672.

[48] 吴波, 李惠. 建筑结构被动控制的理论与应用 [M]. 哈尔滨: 哈尔滨工业大学出版社, 1997.

[49] Chang K. C., Soong T T, Lai M L and Nielsen E J, 1993. Viscoelastic Dampersas Dissipation Energy Devices for Seismic Applications [J]. Earthquake Spectra, 9 (3): 371～388.

[50] Soong T T and Dargush G F, 1999. Passive Energy Dissipation Systems in Structural Engineering [M]. John Wiley and Sons.

[51] Ferry J D, 1980. Viscoelastic Properties of Polymers [M]. John Wiley and Sons.

[52] Pekcan G, Mander G B and Chen S S, 1995. The Seismic Response of a 1：3 Scale Model R. C. Structure with Elastomeric Spring Damper [J]. Earthquake Spectra, 11 (2): 249～267.

[53] Maris N, Dargursh G F and Constantinou M C, 1995. Dynamic Analysis of Viscoelasctic Fluid Dampers [J]. ASCE, Journal of Engineering Mechanics, 121 (10): 1114～1121.

[54]   Maris N andConstantinou M C, 1991. Fractional Derivative Model for Viscous Dampers [J]. ASCE, Journal of Structural Engineering, 117 (9): 2708～2724.

[55] Arima F, Miyazaki M., Tanaka H and Yamazaki Y, 1988. A Study on Buildings with Large Damping Using Viscous Damping Walls [C]. Proc. of the 9th World Conference on Earthquake Engineering, Tokyo, V: 821～826.

[56] Constantinou M C, Symans M D, 1993. Experimental Study of Seismic Response of Buildings with Supplemental Fluid Dampers [J]. The Structural Design of Tall Buildings, 3 (2): 93～132.

[57] 李钢, 李宏男. 新型软钢阻尼器的减震性能研究 [J]. 振动与冲击, 2006, 25 (3), 66～73.

[58] Boller C and Seeger T, 1987. Material Data for Cyclic Loading, Part A: Unalloyed Steels [J]. Amsterdam, Elsevier.

[59] 欧进萍, 吴斌. 摩擦型与软钢屈服型耗能器的性能与减震效果的试验比较 [J]. 地震工程与工程振动, 1995, 15 (3): 73～87.

[60] 欧进萍. 结构振动控制—主动、半主动和智能控制 [M]. 北京: 科学出版社, 2003.

[61] Spencer B F, Dyke S J and Deoskar H S, 1998. Benchmark Problems in Structural Control-Part I: Active Mass Driver System; Part II: Active Tendon System [J]. Earthquake Engineering and Structural Dynamics, 27 (11): 1127～1147.

[62] 李忠献, 张伟, 姜忻良等. 高层建筑地震反应全反馈主动 TMD 控制理论研究 [J]. 地震工程与工程振动, 1997, 17 (3): 60～65.

[63] 李宏男, 李忠献, 祁皑, 贾影. 结构振动与控制 [M]. 北京: 中国建筑工业出版社, 2005.

[64] 孙作玉，刘季．可变阻尼器性能及半主动控制律研究［J］．哈尔滨建筑大学学报，1998，31（4）：9～13.

[65] 李宏男，霍林生．结构多维减震控制［M］．北京：科学出版社，2008.

[66] 陶宝祺．智能材料结构［M］．北京：国防工业出版社，1997.

高等学校土木工程学科专业指导委员会规划教材（专业基础课）
（按高等学校土木工程本科指导性专业规范编写）

征订号	书　名	定价	作　者	备　注
V21081	高等学校土木工程本科指导性专业规范	21.00	高等学校土木工程学科专业指导委员会	
V20707	土木工程概论（赠送课件）	23.00	周新刚	土建学科专业"十二五"规划教材
V22994	土木工程制图（含习题集、赠送课件）	68.00	何培斌	土建学科专业"十二五"规划教材
V20628	土木工程测量（赠送课件）	45.00	王国辉	土建学科专业"十二五"规划教材
V21517	土木工程材料（赠送课件）	36.00	白宪臣	土建学科专业"十二五"规划教材
V20689	土木工程试验（含光盘）	32.00	宋　彧	土建学科专业"十二五"规划教材
V19954	理论力学（含光盘）	45.00	韦　林	土建学科专业"十二五"规划教材
V20630	材料力学（赠送课件）	35.00	曲淑英	土建学科专业"十二五"规划教材
V21529	结构力学（赠送课件）	45.00	祁　皑	土建学科专业"十二五"规划教材
V20619	流体力学（赠送课件）	28.00	张维佳	土建学科专业"十二五"规划教材
V23002	土力学（赠送课件）	39.00	王成华	土建学科专业"十二五"规划教材
V22611	基础工程（赠送课件）	45.00	张四平	土建学科专业"十二五"规划教材
V22992	工程地质（赠送课件）	35.00	王桂林	土建学科专业"十二五"规划教材
V22183	工程荷载与可靠度设计原理（赠送课件）	28.00	白国良	土建学科专业"十二五"规划教材
V23001	混凝土结构基本原理（赠送课件）	45.00	朱彦鹏	土建学科专业"十二五"规划教材
V20828	钢结构基本原理（赠送课件）	40.00	何若全	土建学科专业"十二五"规划教材
V20827	土木工程施工技术（赠送课件）	35.00	李慧民	土建学科专业"十二五"规划教材
V20666	土木工程施工组织（赠送课件）	25.00	赵　平	土建学科专业"十二五"规划教材
V20813	建设工程项目管理（赠送课件）	36.00	臧秀平	土建学科专业"十二五"规划教材
V21249	建设工程法规（赠送课件）	36.00	李永福	土建学科专业"十二五"规划教材
V20814	建设工程经济（赠送课件）	30.00	刘亚臣	土建学科专业"十二五"规划教材